Piccola Biblioteca Einaudi 591
Nuova serie
Scienza

www.einaudi.it

ISBN 978-88-06-21593-4

Guido Chelazzi

L'impronta originale

Storia naturale della colpa ecologica

Piccola Biblioteca Einaudi
Scienza

Indice

Introduzione

Da quando è stata inventata negli anni novanta del secolo scorso, l'etichetta *ecological footprint* – che Mathis Wakernagel e William E. Rees appiccicarono al loro metodo per calcolare l'effetto ambientale delle attività umane – ha riscosso un grande successo sia tra gli ecologi che presso il pubblico interessato alle questioni ambientali, perché esprime con efficacia e immediatezza l'idea di un pesante calpestio umano sugli ecosistemi del pianeta per la necessità di estrarne risorse, installarvi le proprie infrastrutture e riversarvi i propri rifiuti.

Che l'impronta ecologica umana non sia ugualmente distribuita nelle varie regioni della Terra e che si stia rapidamente allargando in conseguenza dell'incremento demografico e dello sviluppo tecnologico piú recente è sotto gli occhi di tutti e nessuno può negare che la Rivoluzione industriale prima e il secondo dopoguerra poi abbiano segnato due drammatici momenti di accelerazione della sua crescita. L'incremento dei gas serra conseguente alla utilizzazione dei combustibili fossili e gli effetti che questo ha sull'equilibrio termico del pianeta, l'alterazione degli habitat naturali e lo sfruttamento esasperato delle risorse biotiche, con la conseguente riduzione della biodiversità terrestre e marina, le molte forme di inquinamento dell'aria e delle acque interne e oceaniche, la diffusione di specie aliene a scapito di quelle naturalmente residenti nei biotopi terrestri e marini, sono i principali effetti di una presenza umana che si è fatta troppo ingombrante negli ultimi tre secoli di storia della Terra. Trecento anni sono un nulla in confronto agli oltre quattro miliardi e mezzo di anni dalla formazione del pianeta; un segmento minuscolo dei due milioni e mezzo di anni di presenza umana negli ecosistemi terrestri; un battere di ciglia anche se ci si limita ai duecentomila anni di occupazione della Terra da parte dell'uomo «anatomicamente moderno».

Gli scienziati aggiungono sempre nuovi dettagli all'elenco delle pressioni che l'attività dell'uomo contemporaneo esercita nei confronti della funzionalità degli ecosistemi e offrono previsioni sugli scenari futuri che questo comporta. L'opinione pubblica fa fatica a orientarsi di fronte a questo incalzare di notizie e previsioni sullo stato di salute del pianeta, oscillando tra incredulità e allarmismo. Quello che dovrebbe essere chiaro a tutti è che, se le cose non cambieranno, le probabilità di un disastro ecologico globale non sono trascurabili. Di fronte a questo rischio la sfida piú grande è quella di individuare soluzioni realmente compatibili con le esigenze di una popolazione globale che ha ormai superato i sette miliardi, che pretende di disporre di quantità enormi di energia, di suoli agricoli, di materie prime. Si resiste all'esigenza di introdurre revisioni sostanziali del modello di sviluppo per meri interessi di parte e per la paura di imboccare una drammatica strada di regressione socioeconomica. Ma il non fare, o il fare sbagliato, ci spingeranno comunque e forse piú rapidamente verso questo risultato.

Discipline diverse, come la paleoclimatologia, l'antropologia, l'archeologia, la genetica, sono oggi in grado di scandagliare il nostro passato nei minimi dettagli, per ricostruire la storia naturale dei rapporti fra l'uomo e i sistemi ambientali e comprendere i processi attraverso i quali si sono definite la biologia e la cultura che ci fanno essere una specie unica nel panorama della biodiversità planetaria e paradossalmente originale dal punto di vista ecologico. La genetica permette di ricostruire luoghi e tempi della nostra origine e di ripercorrere a ritroso le tappe che hanno portato la nostra specie a invadere gli ecosistemi della Terra. L'archeologia ci informa con sempre maggiore efficacia delle modificazioni preistoriche del pensiero e dell'azione umana, gettando luce sullo sviluppo delle idee che l'uomo ha progressivamente maturato, su di sé e sui rapporti con le altre specie che popolano insieme a lui i sistemi naturali. Abbiamo imparato a estrarre dai ghiacci polari e dai sedimenti oceanici informazioni che rivelano le modificazioni del clima prima della comparsa dell'uomo, ma le stesse spie paleoclimatiche mettono in evidenza le variazioni che si sono verificate in corrispondenza delle diverse tappe del nostro sviluppo culturale, tecnologico e socioeconomico.

Il nostro futuro è denso di dubbi e incognite, ma anche il nostro passato è molto complesso e può essere letto in modi diversi. L'enorme messe di informazioni oggettive proveniente da discipline molto differenti, di matrice scientifica e umanistica, non dà risposte automatiche ma richiede di essere interpretata e ricomposta per ottenere un quadro coerente dell'origine della nostra dimensione ecologica. Proprio dall'interpretazione, però, nascono le diversità delle opinioni circa i rapporti tra uomo e clima, tra natura e cultura, che animano il confronto scientifico e filosofico. Ho pensato di dare a questa esplorazione la forma di una sorta di processo giudiziario, per dar modo alle differenti tesi – purché qualificate ed espresse con onestà intellettuale – di essere rappresentate, e consentire al lettore di formarsi una sua idea. L'armamentario teorico-sperimentale della moderna ecologia, che integra la biologia degli organismi con la dinamica delle popolazioni, delle comunità biotiche e degli ecosistemi, è uno strumento fondamentale per tentare di mettere a fuoco i punti chiave di questa vicenda, unica nella storia della Terra, attraverso la quale una sola dei milioni di specie esistenti è divenuta arbitro dei maggiori processi che determinano le variazioni delle comunità biotiche, le modificazioni dei paesaggi terrestri e dei grandi cicli biogeochimici, fino a imporre al pianeta un regime climatico nuovo.

Il mito di un lungo idillio pre-industriale tra l'uomo e gli ecosistemi naturali, infranto da un insostenibile modello di sviluppo basato sullo sfruttamento dell'energia fossile, è ancora ben radicato tra il grande pubblico e costituisce un leitmotif di certe forme di ambientalismo radicale. Ma è proprio vero che tutto è iniziato cosí improvvisamente e recentemente? Una quantità prepotente di prove tratte dalla paleontologia umana e dall'archeologia preistorica, dalla paleobotanica e dalla paleoclimatologia ci costringono oggi a mettere in discussione il paradigma di Eugene F. Stoermer e di Paul J. Crutzen, secondo il quale l'inizio dell'Antropocene – come viene definita l'epoca attuale nella quale gli ecosistemi, da *nature controlled* sono divenuti *human dominated* – coincide con la Rivoluzione industriale. Sostenuta da William F. Ruddiman e da altri scienziati, si fa strada l'idea di spostare la data d'origine del ruolo egemone dell'uomo sulla funzionalità degli ecosistemi naturali ad almeno 8000 anni fa, in coincidenza con quella grande transizione culturale, demografica e socioeconomica nota con il nome di rivoluzione del Neolitico. Ma è sufficiente andare indietro nel tempo di ottomila anni per rintracciare le origini dell'impronta ecologica?

I primi due capitoli, dedicati rispettivamente al clima e alla nascita dell'uomo, sono in un certo senso introduttivi. Riprendono, in forma funzionale allo scopo di questo libro, quanto si può ricavare dagli studi piú recenti sulle variazioni climatiche della Terra dal momento della sua formazione e le teorie che tentano di rendere coerenti le informazioni paleontologiche, archeologiche e genetiche sull'origine e la diffusione planetaria di *Homo sapiens*. I tre capitoli centrali affrontano invece direttamente il tema delle ragioni delle nostre impronte remote e piú recenti, a iniziare da quella che abbiamo lasciato sull'assetto antropologico del pianeta su cui siamo nati. L'interferenza che i cacciatori-raccoglitori del Paleolitico Superiore esercitavano sulla vegetazione attraverso il controllo degli incendi e quella che derivava dall'eliminazione delle grandi faune del Quaternario sono viste come le premesse della transizione culturale, socioeconomica ed ecologica della fine del Pleistocene e dell'inizio dell'Olocene. In particolare, gli ultimi due capitoli affrontano il tema della costruzione e disseminazione di nicchie ecologiche da parte dell'uomo, dal Neolitico all'Età del Bronzo e oltre, fino alla storia recente, e considerano le manifestazioni emergenti della presenza umana sul pianeta attraverso la crescita demografica e tecnologica degli ultimi diecimila anni. Fornendo una serie di informazioni essenziali sulla situazione attuale del pianeta ho tentato di saldare il presente al nostro passato, per una piú consapevole riflessione sui possibili scenari futuri.

L'esercizio introspettivo che viene proposto non ha intenti giustificatori (tutto questo era inevitabile) e neppure accusatori (tutto questo poteva e doveva essere evitato), ma il confronto critico delle varie tesi è il modo per mettere in evidenza i punti critici della discussione sulle vicende che hanno prodotto il profilo ecologico di *Homo sapiens*, per una comprensione della storia naturale della sua «colpa ecologica». Intraprendere un viaggio alla ricerca delle origini dell'impronta antropica sugli ecosistemi del pianeta è un modo per tentare di ridimensionare preconcetti e miti fuorvianti che impediscono di affrontare correttamente il problema del dilagare contemporaneo delle sue dimensioni. La presa di coscienza delle origini remote e delle ragioni della nostra singolarità ecologica è infatti uno dei requisiti importanti per comprendere la reale portata dei problemi ambientali di oggi e per cercare soluzioni all'emergenza ambientale che rischia di travolgere la vita del pianeta e la stessa umanità nel corso del III millennio, a soli duecentomila anni dalla comparsa di *Homo sapiens*.

Nel presentare ai lettori il proprio lavoro è consuetudine che l'autore elenchi i nomi di coloro che in qualche modo l'hanno aiutato. La lista qui è lunga, perché le fonti per questa ricostruzione sono costituite da centinaia di ricerche di paleontologia umana, archeologia, paleoclimatologia, etnologia, paleobotanica, archeozoologia, genetica ed ecologia che stanno gettando una luce sempre piú chiara sul nostro passato. Data la velocità con cui fluiscono le informazioni in questi campi, ho voluto tracciare il mio personale «processo» attingendo direttamente alla letteratura scientifica originale piú recente. Studiando questa grande quantità di lavori, la maggior parte dei quali scritti nell'ultimo decennio, ho spesso anche intravisto il carattere dei loro autori principali. Diversi per origine ed estrazione culturale, per genere ed età, esperti o alle prime armi, prudenti o audaci nell'esporre le loro tesi ma tutti animati da una grande passione per lo studio delle nostre origini e per la storia del nostro pianeta, e da una grande preoccupazione per il suo futuro. Il fatto che tra loro vi siano anche tanti giovani è un elemento che ci dà speranza per il domani dell'umanità, nonostante tutto. Sono tutti questi ricercatori che dobbiamo ringraziare perché ci aiutano a sapere qualcosa di piú e di importante di noi stessi, senza pregiudizi.

Dicembre 2012.

GUIDO CHELAZZI

Ho potuto portare a termine questo lavoro grazie all'incoraggiamento di Sergio Givone. Ringrazio Jacopo Moggi Cecchi, amico e consulente prezioso in fatto di paleoantropologia, Roscoe Stanyon, con il quale ho spesso discusso di rapporti tra antropologia e ecologia, e Davide Caramelli, che mi ha aiutato nella lettura delle fonti archeogenetiche. Durante lo studio della letteratura scientifica ho avuto importanti scambi di idee anche con Claudio Ciofi e Giacomo Santini. Un ringraziamento particolare a Carlo Bonadies per la pregevole regia editoriale e a Mario Spina per l'attenta e partecipe revisione del testo.

Mi sono divertito a raccontare in anteprima alcune di queste storie al mio pubblico piú intimo: Cosimo, David, Tycho e Guglielmo, e Lina; la loro curiosità e il loro affetto hanno dato allegria al mio lavoro.

Dietro le righe di questo racconto c'è molto di quanto ho imparato nella vita vissuta accanto a Ada.

L'IMPRONTA ORIGINALE

Al signor Geiser,
perché riacquisti almeno un po' della sua memoria.

Prologo

Ne avremmo fatto a meno volentieri ma quando è troppo è troppo. È stato fermato, colto in flagrante nell'ennesimo atto criminale. Ha fatto finta di niente, caduto dalle nuvole, ha negato tutto. Ripete di aver agito sempre a fin di bene. È impossibile credere alla sua innocenza. Non si può lasciarlo ancora una volta libero di ricominciare da capo. È arrivato il momento di andare fino in fondo a questa storia e di inchiodarlo alle sue responsabilità, ma non vogliamo far giustizia sommaria, verrà sottoposto a un regolare processo.

Ora l'imputato siede sul banco. Cognome e nome: *Homo sapiens*. Viene formalizzato il capo d'imputazione: lo scempio della sua casa e l'eliminazione sistematica degli altri inquilini, compresi i suoi parenti piú stretti. Ne ha devastato orto e giardino e in ultimo ne ha ammorbato l'aria con molti veleni. Il processo si annuncia complicato, perché gli aspetti da considerare e i dettagli da verificare sono tanti. E anche molto delicato, perché ne dipende il futuro dell'imputato, e non solo. L'accusa, prima di cominciare a rovesciare sul tavolo una valanga di prove accumulate a carico del presunto colpevole, intende tracciarne il profilo, per mettere in evidenza il fatto che i delitti di cui lo si accusa non sono qualcosa di occasionale o preterintenzionale, ma derivano dalla natura intima del soggetto, che fin da molto giovane ha dato mostra di una profonda inclinazione a delinquere. Chi è questo «uomo»? Qual è la sua vera natura? Come ha avuto origine la sua capacità a concepire e attuare i crimini di cui lo si accusa? Ci sono precedenti in famiglia? In quale clima è nato e cresciuto?

Capitolo primo
Clima domestico

Il processo prende in esame fatti accaduti in un arco di tempo molto ampio e, a costo di suscitare perplessità nella giuria e proteste da parte della difesa, il pubblico ministero si rifà all'infanzia, anzi alla nascita del suo imputato, e oltre. È una storia che si snoda attraverso un periodo di oltre sei milioni di anni e che va indietro fino al momento in cui l'uomo, o almeno i suoi antenati piú lontani, si sono separati definitivamente da altri membri del club dei Primati. Una storia turbolenta che inizia nella parte finale del Cenozoico, l'ultima delle grandi ere geologiche, e percorre parte del Pliocene (da 5,3 a 2,6 milioni di anni) e tutto il Pleistocene (da 2,6 milioni a 12 000 anni fa) per completarsi nell'Olocene, tra 10 000 anni fa e i nostri giorni. Le origini biologiche degli «uomini moderni» risalgono a circa 200 000 anni fa, mentre le basi del nostro pensiero erano probabilmente già formate almeno 50 000 anni fa. È nel corso delle complesse vicende geologiche, climatiche ed ecologiche che attraversano questo lungo periodo – breve se lo si confronta con l'età del pianeta oggi stimata a oltre 4 600 000 000 di anni – che si afferma la natura biologica e la personalità culturale del presunto colpevole. Che tipo di mondo era quello? Quali sconvolgimenti ambientali accompagnarono l'origine e l'evoluzione di questo gruppo di Primati fino alla comparsa e alla diffusione globale dell'uomo moderno?

1. *Gelide spie.*

La cittadina di Mazzarino, nell'entroterra della Sicilia meridionale, ha una lunga storia segnata da eventi drammatici di guerre e distruzioni, alternate a brevi periodi di pace e tranquillità. Dai primi abitanti Siculi ai Cartaginesi, dai Greci ai Romani, dagli Arabi ai Normanni, ogni vincitore ha tolto o aggiunto qualcosa e le ha cambiato aspetto e nome. Ma vicino a questa perla del barocco siciliano c'è un rilievo di soli 500 m sul livello del mare, chiamato esageratamente monte, il Gibliscemi, i cui fianchi rocciosi scoperti dall'erosione rivelano una storia di alternanze ben piú remote. Le rocce del Gibliscemi, come quelle di varie località dell'Italia meridionale, mostrano una fitta zebratura di bande orizzontali o quasi orizzontali, chiare e scure, che si succedono dall'alto in basso per decine di metri. I geologi hanno capito di cosa si tratta: i vari strati corrispondono a differenti fasi di deposizione dei sedimenti sul fondo di un antico Mare Mediterraneo durante il Miocene, una delle epoche del Cenozoico. Gli strati chiari coincidono con periodi di normale ossigenazione del mare, mentre quelli scuri, che i geologi chiamano sapropeliti, si sono depositati durante periodi di scarsa ossigenazione dei fondali, dovuti alla stagnazione prodotta dall'apporto di ingenti quantità di acqua dolce da parte dei fiumi africani che sboccavano nel Mediterraneo. È possibile assegnare un'età ai vari strati utilizzando come orologi l'uranio, il torio o l'argon contenuti nelle rocce, che decadono con andamento costante emettendo radiazioni, e scoprire cosí che l'alternanza tra strati chiari e sapropeliti ci racconta una lunga e tormentata storia di variazioni climatiche verificatesi in Africa tra 9 e 7 milioni di anni fa. La cronologia esatta degli eventi rivela che l'alternanza dei periodi di aridità e di umidità nell'Africa del Miocene seguiva cicli di circa ventimila anni e che l'intensità delle precipitazioni, legate ai venti monsonici, aumentava o diminuiva con un ritmo di piú lungo periodo, di circa quattrocentomila anni.

Non sempre abbiamo la fortuna che il sollevamento dei rilievi, provocato dalla collisione tra le zattere della crosta terrestre galleggianti sul sottostante mantello semifluido, ci offra la possibilità di leggere gli strati della sedimentazione marina facendo una passeggiata in campagna. Per ampliare la conoscenza sulla stratificazione delle sapropeliti, o di altre formazioni rocciose che ci possano dare informazioni sugli eventi climatici del passato, bisogna quindi andarsele a cercare laddove si sono formate: sul fondo degli oceani. Dalla metà del secolo scorso vari gruppi internazionali di geologi si sono dati alle crociere e con apposite navi, munite di straordinari impianti di trivellazione, sono andati in giro per il mondo a bucare i fondali oceanici per estrarne carote di sedimenti profonde decine o centinaia di metri. Da questi archivi, fatti di strati di rocce sedimentarie, si sono ricavate le informazioni che hanno permesso a poco a poco di ricostruire gran parte della storia climatica della

Terra nel periodo che ci interessa, l'Era Cenozoica, tra 65 milioni di anni fa e oggi. Quali sono le informazioni che servono per ricostruire questa storia? Gli studiosi dei climi del passato utilizzano il termine *proxy* per indicare le caratteristiche chimiche e fisiche del campione di roccia che testimoniano quali fossero le condizioni al momento della sua formazione, o da dove provenivano i materiali che si sono depositati in quel punto. Insomma, una o piú caratteristiche che fanno la spia su quelle che dovevano essere le condizioni climatiche del momento, come la temperatura, l'intensità delle precipitazioni, le correnti aeree e marine. La paleoclimatologia ha messo a punto una serie impressionante di proxy che permettono di ricostruire nei dettagli le vicende climatiche del passato in una determinata regione. I metodi di datazione assoluta, basati sul decadimento radioattivo, hanno poi permesso di collegare tra loro le serie stratigrafiche e i relativi proxy di regioni anche molto distanti della Terra, dai Poli all'Equatore, facilitando cosí la ricostruzione delle variazioni globali del clima nelle ultime decine o centinaia di milioni di anni.

Un geologo italiano, negli anni cinquanta del Novecento, ebbe un'idea geniale: farsi dire qual era la temperatura del mare milioni di anni fa da piccoli organismi marini unicellulari protetti da un guscio calcareo. Cesare Emiliani conosceva bene questi organismi, i Foraminiferi, che i geologi hanno sempre utilizzato per ricostruire la storia degli strati dei fondali marini, ma decise di sfruttarne una caratteristica molto intima: il peso dell'atomo di ossigeno contenuto nelle molecole di carbonato di calcio che compongono i loro gusci. L'ossigeno, come molti altri atomi, è presente in natura sotto diverse forme fisiche, gli isotopi, cioè atomi con ugual numero di protoni e di elettroni e quindi con uguale comportamento chimico, ma con differente numero di neutroni e quindi di peso diverso. Dell'ossigeno esistono tre isotopi stabili, tutti con 8 protoni e 8 elettroni, ma con 8, 9 e 10 neutroni, rispettivamente: ^{16}O, ^{17}O e ^{18}O. Circa il 99,76 per cento di tutto l'ossigeno presente nelle varie parti del pianeta è rappresentato da ^{16}O, seguito da ^{18}O che è presente per circa 0,2 per cento, mentre il resto è ^{17}O. Emiliani ebbe l'idea di sfruttare il fatto che, quando i Foraminiferi formano il loro guscio calcareo, il rapporto quantitativo tra gli isotopi dell'ossigeno che vi entrano non è esattamente uguale a quello presente nell'acqua, ma varia in funzione della temperatura: tanto piú fa freddo tanto maggiore è la quantità di ^{18}O rispetto all'ambiente. Il rapporto $^{18}O/^{16}O$ potrebbe essere quindi un buon paleotermometro. Le prime prove per vedere se il sistema funzionava furono eseguite su carote di sedimenti estratte dai fondali del Mar dei Caraibi e rivelarono una successione di periodi caldi e freddi che, partendo dal presente, andavano indietro nel tempo di centinaia di migliaia di anni, a coprire una buona parte del Pleistocene. Fu coniato il termine di stadio isotopico marino (MIS, Marine Isotope Stage), con una numerazione che va da uno a un numero che è tanto piú grande quanto piú si approfondiscono le trivellazioni. Nella serie di Emiliani i MIS dispari corrispondono a periodi di clima relativamente caldo, mentre quelli pari segnano periodi piú freddi. Tra i periodi piú interessanti ai fini della nostra vicenda umana ci sono quelli della serie MIS1-MIS6, cioè tra oggi e circa 190 000 anni fa. Il bello è che una ricostruzione delle paleotemperature fatta, ad esempio, con campioni di Barbados, è sostanzialmente in linea con una fatta in ogni altra parte del pianeta; quindi i MIS fotografano variazioni di clima a livello globale, oltre che regionale.

Il rapporto tra isotopi dell'ossigeno rivela però anche un altro aspetto della storia della Terra: l'estensione delle masse di ghiacci. Le molecole d'acqua contenenti l'isotopo piú leggero ^{16}O hanno infatti una maggiore facilità a evaporare dalla superficie oceanica e a circolare come vapor d'acqua in atmosfera. Questa momentanea fuga dagli oceani viene a terminare con le precipitazioni e lo scorrimento delle acque interne che tornano al mare, ma se l'acqua viene bloccata sotto forma di ghiaccio nelle calotte polari, o sulle montagne, l'equilibrio non si ristabilisce e negli oceani si concentra una quantità relativamente maggiore di ^{18}O. Quindi il rapporto tra i due isotopi porta due informazioni: la temperatura e la quantità di ghiacci presenti sulla Terra. Ad esempio, il MIS2 corrisponde al massimo dell'ultima glaciazione di poco piú di 20 000 anni fa, mentre il MIS5 comprende la fase interglaciale di circa 125 000 anni fa, cioè quella precedente all'attuale. Insomma il $\delta^{18}O$, come lo indicano gli addetti ai lavori, è il proxy ideale per stabilire l'esatta successione dei periodi glaciali e interglaciali, per la cui ricostruzione i paleoclimatologi, prima del geniale Emiliani, si erano sempre arrampicati un po' sugli specchi.

Cos'altro si può leggere negli strati che vengono estratti nelle campagne oceanografiche del *Deep Ocean Drilling*? Per esempio la quantità delle polveri terrigene, cioè dei materiali trasportati dai venti che spirano sulle masse continentali prima di allungare il proprio percorso in mare aperto. Questo dà varie indicazioni, perché ci informa sia sulla variazione delle correnti aeree, quindi delle dinamiche atmosferiche del passato, che sui periodi di umidità-aridità: piú polveri, piú aridità, piú venti. La firma chimica e fisica delle polveri ci dice poi da dove venivano quando sono finite in mare. È stato cosí possibile ricostruire la dinamica delle grandi correnti aeree, come gli alisei o i monsoni, che spiravano centinaia di migliaia o milioni di anni fa su Africa, Arabia, India, Cina e Mediterraneo e dei climi di quelle regioni nei periodi critici dell'evoluzione umana.

I proxy giusti possono dare informazioni dirette anche sulla struttura degli ecosistemi, aiutandoci cioè a passare dalla paleoclimatologia alla paleoecologia. Tra questi c'è un analogo del rapporto tra isotopi dell'ossigeno, basato però sul carbonio, l'elemento fondamentale delle molecole presenti in tutti gli organismi viventi. Anche per il carbonio vale la stessa storia: ne esistono diversi isotopi differentemente presenti nell'ambiente. I principali isotopi stabili sono il ^{12}C e il ^{13}C, di cui il primo è il piú abbondante, con il 98,93 per cento. C'è anche un isotopo instabile del carbonio, il ^{14}C, che viene prodotto dalla collisione della radiazione cosmica sul ^{12}C nella stratosfera e poi si trasforma per decadimento radioattivo in azoto. Ma questa è una storia che ci servirà piú tardi. Tra il ^{12}C e il ^{13}C la ripartizione interessante riguarda le piante. Piante diverse hanno meccanismi di fotosintesi differenti. Le piante dei climi freddi hanno una fotosintesi che fissa il carbonio atmosferico in molecole a tre atomi di carbonio e sono dette C3, mentre quelle di climi relativamente piú caldi lo fissano in molecole a quattro atomi di carbonio e sono dette C4. Entrambi i tipi di piante discriminano a favore dell'isotopo di carbonio piú pesante, il ^{13}C, ma quelle con fotosintesi C3 lo fanno maggiormente di quelle C4. Quindi il rapporto $\delta^{13}C$ distingue tra piante di ambienti freddi e di ambienti caldi. I residui delle piante contenuti nelle polveri terrigene dei fondali oceanici o nei carbonati biogenici dei suoli di una determinata regione consentono quindi di stabilire come è variato nel tempo il rapporto tra i differenti tipi di piante e, ad esempio, ha permesso di ricostruire l'alternanza tra ecosistemi a prateria, savana e foresta tropicale nell'Africa durante il Pliocene e il Pleistocene, quando i Primati si esercitavano a diventare uomini.

Un proxy eccezionalmente informativo dell'assetto climatico ed ecologico a livello regionale è rappresentato dal polline. Molto resistenti alla degradazione e facilmente distinguibili tra loro sulla base della forma, i pollini delle varie piante, trasportati dai venti, si stratificano nel terreno, nei sedimenti dei laghi, nei fondali oceanici. La palinologia utilizza queste piccole spie botaniche per ricostruire con straordinario dettaglio le successioni vegetazionali nelle varie parti del pianeta, soprattutto nei periodi del Pleistocene e dell'Olocene, e per metterle in relazione con le variazioni climatiche ottenute con gli altri proxy. Da carote di sedimenti estratte al largo del Portogallo, ad esempio, si può osservare come in un film la transizione da una vegetazione steppica siberiana a una costituita da macchia mediterranea, che si verificò in Europa tra la fine del penultimo stadio glaciale e l'inizio di quel caldo periodo Eemiano di circa 130 000 anni fa che rappresenta un analogo della fase climatica in cui viviamo adesso. Oppure osservare come circa 12 millenni fa, già nella fase di riscaldamento dopo l'ultima grande glaciazione, l'uomo moderno, definitivamente affermatosi in tutta l'Eurasia, abbia dovuto affrontare un brusco ritorno alle condizioni glaciali. La piccola glaciazione del Dryas Recente (*Younger Dryas*) ha questo nome perché è stata rivelata dalla presenza, negli strati sedimentari risalenti a quel periodo, dei pollini della *Dryas octopetala*, una pianticella della tundra fredda, che in corrispondenza di quella fase climatica si estese anche alle latitudini piú meridionali dell'Europa.

Tra i paleoclimatologi, però, da un po' di tempo si è diffuso l'hobby di chi riesce a estrarre il ghiacciolo piú lungo dalle calotte polari. È uno sport un po' costoso, che richiede un lavoro di squadra straordinario e tanto allenamento, per vivere mesi in piccoli laboratori situati nel mezzo della Groenlandia o nel cuore dell'Antartide, con temperature esterne fino a – 80 °C. Ma ne vale la pena, perché i ghiacci, come i sedimenti marini, sono dei fantastici archivi del clima del passato. Una carota di ghiaccio antartico è come una capsula temporale, che ci permette viaggi di centinaia di migliaia di anni a ritroso nel tempo. Il primo a tirar fuori uno sgangherato ghiacciolo di 25 m dai ghiacci della Groenlandia nord-orientale, nella prima metà del Novecento, usando una specie di enorme cavatappi, fu il celebre geologo Alfred Wegener, il padre della sofferta ma fortunatissima teoria della deriva dei continenti. Dopo di lui varie squadre internazionali hanno preso a bucare ghiacci in varie località della Groenlandia e dell'Antartide, fino a profondità di oltre 3000 m, corrispondenti a età di molte centinaia di migliaia di anni. Le trivellazioni antartiche piú profonde sono quelle della stazione russa di Vostock, dove nel 2003 si è bucato fino a 3623 m. La carota di Vostok copre un intervallo di 420 000 anni. Anche il gruppo internazionale EPICA (European Project for Ice Coring in Antarctica), finanziato dalla Comunità Europea, ha trivellato in varie località dell'Antartide e il buco piú profondo lo ha fatto a Dome C, circa 560 km da Vostok, dove si è raggiunto il fondo dello strato di ghiaccio a una profondità di 3270 m, pari a un'età di quasi ottocentomila anni! La corrispondenza tra profondità ed età viene ottenuta con modelli di deposizione del manto nevoso e di compressione progressiva degli strati. Ci sono poi metodi che permettono di fissare alcuni punti di riferimento temporale lungo la colonna di ghiaccio, rappresentati da tracce di eventi riconoscibili da chiare firme chimiche o fisiche, come le eruzioni di grandi vulcani, di cui si conosce la datazione assoluta per altre vie.

Quali sono i proxy che i paleoclimatologi vanno a studiare nelle carote dei ghiacci? Un po' come nel caso dei sedimenti marini, si utilizza il $\delta^{18}O$, che in questo caso, oltre alla estensione delle calotte polari al momento della nevicata associata allo strato, ne rivela anche la temperatura atmosferica. Si ricostruiscono periodi di diversa intensità glaciale corrispondenti ai MIS, ma in questo caso si parla di OIS (Oxygen Isotope Stage). La temperatura dell'atmosfera al momento della precipitazione nevosa è però anche misurata mediante il δD, cioè la variazione del deuterio nel ghiaccio. Il deuterio è il gemello obeso dell'idrogeno, che nel nucleo ha un neutrone oltre al protone standard di quell'elemento. Quindi H_2O è l'acqua leggera, che evapora con maggiore facilità, mentre D_2O è l'acqua pesante, che riesce a evaporare solo se la temperatura è relativamente piú elevata; un buon paleotermometro. Nel ghiaccio alle varie profondità si va a leggere anche la variazione del sodio, come indicatore dell'intensità dei venti che trasportavano l'aerosol marino, o delle polveri che indicano l'arrivo ai poli di correnti aeree provenienti da masse continentali. Però i ghiacci hanno una marcia in piú rispetto ai sedimenti, che si rivela una fonte cruciale di informazioni per ricostruire i paleoclimi e per alimentare le polemiche tra chi sostiene che oggi ci troviamo sul bordo di un abisso ecologico e chi invece tende a minimizzare. Negli strati di ghiaccio rimangono imprigionate microscopiche bolle di aria, che conservano le caratteristiche chimiche dell'atmosfera di quei remotissimi momenti. Insomma, microatmosfere di centinaia di migliaia di anni fa, dentro alle quali gli scienziati possono misurare la presenza di gas molto importanti per il clima, come l'anidride carbonica o il metano.

Le banche di dati e le figure frutto di questi studi – spesso condensate in poche pagine di riviste scientifiche prestigiose – sono fondamentali per capire come funziona il pianeta, sul quale viviamo senza alternative immediate e dal quale siamo originati proprio in virtú delle sue caratteristiche fisiche e chimiche e proprio perché vi si è verificata una certa storia climatica. Sono anche fondamentali per tentare di capire quanto oggi noi, figli suoi, lo stiamo ferendo e cosa c'è nel suo e nostro futuro.

2. *Sbalzi di umore.*

In casa si respirava a volte un clima rilassato, ma in certi giorni c'era la tempesta. Altre volte ancora calava un terribile gelo. In questo clima difficile siamo nati e cresciuti. Le ricostruzioni di EPICA ci mostrano otto grandi cicli glaciali negli ultimi 800 millenni. L'andamento generale è relativamente regolare, con il calo graduale della temperatura nel corso di 90-100 000 anni, accompagnato da un concordante aumento delle masse di ghiaccio, fino a raggiungere il massimo dello stadio glaciale. L'accumulo delle polveri e del sodio marino aumenta progressivamente durante l'intensificarsi della glaciazione, e tocca il massimo proprio prima del picco glaciale, quando evidentemente l'aridità è molto elevata e le correnti aeree si fanno piú intense. Poi la temperatura risale improvvisamente e in poche migliaia di anni ritorna ai livelli caldi dell'interglaciale, con una simultanea riduzione della massa di ghiacci. Nel corso dell'ultima parte del Pleistocene questo saliscendi si è ripetuto per ben otto volte. Le ultime di queste glaciazioni, documentate anche dallo studio della carota di Vostok, sono state interrotte da fasi calde, che si sono manifestate rispettivamente 410, 325, 240, 130 e 10 000 anni fa, per una durata di poche migliaia di anni ciascuna. L'attuale interglaciale, iniziato poco piú di 10 millenni fa, è già uno dei piú lunghi della serie.

La vicenda glaciale non si è ripetuta in modo identico nei diversi cicli del Pleistocene. Ogni glaciazione ha avuto la sua storia e i suoi dettagli. Emblematico in questo senso è l'ultimo periodo glaciale che ha preceduto l'attuale fase interglaciale. A iniziare da circa 125 000 anni fa, il caldo Eemiano iniziò a incrinarsi e le temperature scesero, ma di tanto in tanto questa discesa si faceva piú brusca, con improvvisi picchi di gelo di alcune centinaia o al massimo migliaia di anni. Il geologo tedesco Hartmut Heinrich, che per primo ha identificato questi fenomeni, ha proposto che quelle fasi siano state prodotte dal distacco di grandi icebergs, a causa del sovraccarico delle masse ghiacciate della Laurentide, che si estendevano all'estremo nord tra America e Groenlandia, e dal loro progressivo discioglimento nelle acque dell'Oceano Atlantico settentrionale. L'immissione di acque fredde e dolci nella massa oceanica avrebbe avuto effetti macroscopici sul clima. Come è venuta l'idea degli icebergs? Gli eventi di Heinrich, come ormai sono convenzionalmente chiamati, hanno lasciato una firma evidente nei sedimenti marini: la presenza di strati di granuli litici di pochi millimetri, la cui quantità diminuisce all'aumentare della distanza dall'Artico. I geologi parlano di *ice rafted debris*, cioè frammenti trasportati dalle zattere di ghiaccio che, sciogliendosi nell'oceano, li hanno rilasciati gradualmente durante il loro viaggio verso sud. Ne sono stati individuati diversi e oltre al principale, H6, di circa 60 000 anni fa, ci sono H5 di 45 000 anni, H3 di 30 000, H2 di 23 000 e poi, già dopo l'ultimo massimo glaciale, H1, risalente a circa 15 000 anni fa. Sono eventi puntiformi ma importanti dal punto di vista della nostra storia, perché queste improvvise variazioni climatiche devono aver impegnato non poco l'uomo moderno nel corso della sua diffusione sul pianeta, ma in qualche modo potrebbero anche averlo stimolato. Gli eventi di Heinrich sono un segno evidente del fatto che i cambiamenti climatici possono essere anche legati a fenomeni contingenti, non sempre inquadrabili nei grandi cicli della variazione dell'orbita terrestre.

Lo studio dei sedimenti oceanici con i relativi proxy permette anche di capire come si è arrivati a questo clima del Pleistocene Medio e Finale. Partendo questa volta dall'inizio del Terziario, 65 milioni di anni fa, e procedendo attraverso il Paleocene, l'Eocene, l'Oligocene il Miocene e il Pliocene, per arrivare appunto al Pleistocene, che inizia 2,6 milioni di anni fa, si osserva una graduale riduzione della temperatura. Nei tempi piú antichi si sono verificate alcune fasi piú calde, come il grande caldo della transizione tra Paleocene e Eocene, di 55 milioni di anni fa, il picco dell'Eocene Iniziale (52 milioni), quello dell'Eocene Medio (42 milioni) e del Miocene Medio (circa 15 milioni di anni orsono). Proprio come nella storia piú recente, anche in queste epoche remote i proxy climatici non indicano una graduale variazione, ma un continuo saliscendi, le cui oscillazioni si intensificano dal punto di vista dell'ampiezza avvicinandosi all'epoca attuale, diventando al contempo piú lente. Gli sbalzi di umore planetario si sono fatti progressivamente piú regolari, lenti e ampi nel corso degli ultimi cinque milioni di anni.

Anzi, a un certo punto si è verificato un vero e proprio cambiamento di ritmo: prima di 800 000 anni fa i cicli avevano un periodo di 41 000 anni, mentre dopo quella data il periodo è diventato di 100 000 anni. È in questa fase di passaggio a una maggiore regolarità e ampiezza dei cicli glaciali – una vera e propria rivoluzione climatica del Pleistocene Medio – che si osservano modificazioni ecologiche imponenti, come la comparsa degli ecosistemi a prateria e savana in Africa, che hanno fatto da sfondo alle fasi cruciali dell'evoluzione umana.

Sappiamo cose anche dei tempi piú antichi, ma con molto minore dettaglio. Quanto basta però per capire che le glaciazioni dell'Era Cenozoica, che ci interessano piú direttamente, hanno avuto illustri precedenti in una serie di grandi variazioni climatiche di portata planetaria, che si sono presentate quando l'aspetto della Terra era molto differente dall'attuale per la diversa geometria delle masse continentali e degli oceani, per la composizione delle rocce e dell'atmosfera. Contrariamente all'idea di una Terra inizialmente calda che si va raffreddando progressivamente per l'emissione del calore interno e parallelamente diventa sempre piú vecchia, gelida e rugosa – come voleva la teoria nebulare della formazione terrestre di Laplace – sappiamo che anche nel lontano passato vi sono state fasi di intensa glaciazione, alle quali hanno sempre corrisposto eventi di grandissima portata sotto il profilo della storia della vita sulla Terra. La glaciazione Uroniana, occorsa intorno a 2,3 miliardi di anni fa, è associata probabilmente alla prima grande ricarica di ossigeno in un'atmosfera che precedentemente era dominata dal metano e dall'ammoniaca. Da tempo si erano sviluppati organismi autotrofi, i cianobatteri, che attraverso la fotosintesi producevano O_2 che si riversava nelle acque e nell'atmosfera, dove però si legava ai materiali inorganici delle rocce e alle molecole organiche. Quando questi processi di ossidazione andarono in saturazione per eccesso di ossigeno, questo gas cominciò a ossidare il metano atmosferico. La riduzione della concentrazione del CH_4, che è un importante gas serra, determinò un generale forte raffreddamento del pianeta. Inoltre, l'eccesso di O_2 atmosferico consentí la formazione di uno strato di ossigeno triatomico, l'ozono, che si andò accumulando nella stratosfera a costituire uno schermo protettivo contro le radiazioni ultraviolette, che provocano la modificazione degli acidi nucleici degli organismi. Questo ovviamente segnò un notevole passo in avanti nella storia biologica della Terra, dato che l'ombrello protettivo dell'ozono assicurava una maggiore stabilità della memoria cellulare. Un'altra serie di grandiosi eventi glaciali si verificarono tra 600 e 800 milioni di anni fa, quando la Terra, interamente ricoperta dai ghiacci, assomigliava a una grande palla di neve. Questo periodo, chiamato Criogeniano, fu interrotto probabilmente grazie alla CO_2 e alle polveri atmosferiche emesse da una serie di grandi eruzioni vulcaniche. Quando questo accadde, la biodiversità negli oceani esplose con una prepotenza straordinaria; è la fauna di Ediacara, costituita da animali che sembrano frutto del delirio di un folle inventore. Dunque una storia lunga di cicli glaciali interrotti da periodi di relativo caldo, che cadenzano la vita della Terra, come avevano intuito da tempo i naturalisti – da Karl Friedrich Schimper a Jean de Charpentier e Louis Agassiz – dove le variazioni climatiche hanno avuto come coprotagonisti, insieme ai fattori geologici e astronomici, anche gli organismi viventi, il *bios*, di cui peraltro hanno prodotto grandi trasformazioni.

Il dettaglio fornito dalle prospezioni oceaniche e polari aiuta a capire qualcosa di piú su come si generano questi respiri climatici che a volte diventano convulsioni. Circola l'opinione che un'idea giusta l'abbia avuta un ingegnere serbo internato dagli austro-ungarici a Osijek, sulle sponde della Drava, mentre infuriava la prima guerra mondiale. Milutin Milankovich aveva da sempre avuto il pallino di spiegare come mai le glaciazioni sembrano ripetersi con regolarità ciclica e si concentrò sugli effetti dell'irraggiamento solare. Dato che l'energia che piove su un punto della superficie terrestre è funzione della potenza di emissione del Sole – che pare sia aumentata di circa il 30 per cento dall'origine del pianeta – ma anche della distanza della Terra dalla sua stella e dell'inclinazione della superficie del suolo in quel punto rispetto ai raggi solari, il brillante Milutin ebbe l'intuizione che la regolarità dei cambiamenti climatici vada ricercata nelle variazioni cicliche che subisce l'orbita della Terra. In particolare, nel suo *Matematische Klimalehre und astronomische Theorie der Klimaschwankungen* e poi nel celebre *Canon* del 1939, l'ingegnere serbo elaborò una teoria secondo cui la combinazione tra i cicli di variazione dei principali parametri orbitali fosse la chiave per comprendere il viavai glaciale-interglaciale. I tre parametri orbitali fondamentali, infatti, oscillano con periodicità diverse. L'orbita della Terra intorno al Sole passa da una forma ellittica a una quasi circolare con un ritmo che ha varie componenti, da cento a quattrocentomila anni. L'obliquità dell'asse di rotazione varia invece con un ciclo di 41 000 anni. La precessione, che determina lo spostamento nel tempo della data degli equinozi, ha componenti ritmiche dominanti di 19 000 e di 25 000 anni. Variando i parametri orbitali varia l'irraggiamento solare e quindi il bilancio termico della Terra. Sulla scia dell'ingegnere serbo, i paleoclimatologi si sono convinti che il *forcing* orbitale sia un ingrediente importante delle variazioni climatiche globali. La rivoluzione climatica del Pleistocene Medio, marcata dal passaggio da un'oscillazione di 41 millenni a una di 100 millenni, sarebbe ad esempio il risultato di una accentuazione del peso relativo che hanno i cicli di eccentricità rispetto a quelli dell'obliquità. E, d'altra parte, molte oscillazioni climatiche che si registrano ai tropici, legate alle variazioni dell'attività dei venti monsonici, presentano una ciclicità coerente con le variazioni precessionali di circa 20 millenni.

Ma la Terra non è semplicemente un sasso al sole. È un sistema terribilmente complesso che vuol dire la sua in tutta questa faccenda e questo complica gli effetti del *forcing* esterno di origine astronomica. I fattori endogeni sono dati essenzialmente dall'attività tettonica e dai movimenti dei fluidi sulla superficie terrestre. Da Alfred Wegener in poi sappiamo che le masse continentali si generano per affioramento di parti del mantello e vanno alla deriva sospinte dai movimenti convettivi della sottostante massa semifluida, simili a quelli che vediamo sulla superficie dell'acqua in una pentola che bolle. La geometria della crosta terrestre è molto cambiata nel tempo da quando, fra 300 e 200 milioni di anni fa, esisteva una sola enorme massa continentale, la Pangea, a quando iniziarono a separarsi i due supercontinenti della Laurasia e del Gondwana, che poi andarono ulteriormente a frazionarsi per assumere il familiare aspetto attuale. Nel periodo che ci interessa di piú, il Cenozoico, importanti fenomeni di deriva hanno prodotto l'isolamento dell'Antartide dalle masse continentali dell'emisfero australe, a seguito dell'apertura del Passaggio di Drake tra l'America meridionale e l'Antartide, circa 40 milioni di anni fa, e di quello di Tasmania, 35-30 milioni di anni fa. Un altro evento tettonico con enormi conseguenze climatiche, la collisione della placca Indiana con quella Asiatica, si è verificato nella prima parte del Cenozoico. Anche l'istmo di Panama, che connette l'America settentrionale e quella meridionale, si è formato definitivamente nel Cenozoico, ma solo intorno a tre milioni di anni fa. La creazione dell'Oceano Antartico, la chiusura del passaggio tra le due Americhe e la formazione della catena dell'Himalaya hanno prodotto grandiose modificazioni nella circolazione oceanica e atmosferica che hanno contribuito a loro volta a determinare il regime climatico del tardo Cenozoico, cioè del Plio-Pleistocene, quando si sono verificati i fatti che interessano l'origine e l'evoluzione dell'uomo.

Il movimento delle correnti oceaniche è prodotto dallo scorrimento dei venti sulla superficie dell'oceano e dalle differenze di densità tra le masse d'acqua. Questi movimenti si verificano in tutti gli oceani e in tutti i bacini marini minori, sebbene su scale molto diverse. Dal punto di vista macroclimatico interessano ovviamente le grandi correnti oceaniche, come la Atlantic Meridional Overturning Circulation (AMOC), un complesso sistema di flussi caldi che dalle basse-medie latitudini si spingono fino alla Groenlandia, e di correnti fredde che ridiscendono dalle aree polari verso il sud. Le correnti atlantiche proseguono anche nell'emisfero australe lungo le coste dell'America meridionale e dell'Africa, andando a connettersi con un altro grande sistema, quello della Corrente Circumpolare Antartica (Antarctic Circumpolar Current, ACC). I flussi di acqua non sono solo superficiali ma sprofondano anche negli abissi oceanici. Quando le acque profonde risalgono in superficie fanno affiorare i nutrienti che assicurano la produzione primaria dell'ecosistema oceanico. AMOC ha preso il suo aspetto attuale a seguito della chiusura dell'istmo di Panama e questo è un esempio di come la tettonica possa avere conseguenze grandissime sul clima. Lo stesso vale per ACC la cui nascita, determinata dall'apertura dei passaggi tra l'Antartide e le masse continentali australi, ha rivoluzionato il clima del pianeta nel corso del Terziario, consentendo le prime grandi formazioni di ghiacci antartici e creando le premesse per l'assetto climatico attuale. L'importanza di questi enormi movimenti è data dal fatto che funzionano da trasportatori di calore e di umidità, quindi di energia, tra regioni molto diverse; costituiscono cioè grandi sistemi di raccordo, trasferimento e amplificazione degli effetti locali, veri e propri meccanismi di telecomunicazione tra aree polari e tropicali e tra l'Antartide e l'Artide. Una modificazione di questi sistemi può quindi avere ripercussioni devastanti sul clima dell'intero pianeta. È per questo che i climatologi stanno monitorando con attenzione e preoccupazione AMOC, per cercare di capire come mai la sua intensità stia variando e se questo potrà sfociare in un collasso del sistema di correnti oceaniche addirittura entro il XXI secolo.

I processi endogeni legati alle correnti aeree e oceaniche hanno avuto effetti molto importanti sul clima e sugli ecosistemi di specifiche aree della Terra, e tra queste l'Africa, che interessa da vicino l'infanzia dell'uomo. Tanto per dare un'idea, in corrispondenza degli eventi di Heinrich degli ultimi 125 000 anni si sono registrati incrementi delle piante a fotosintesi C3 di climi piú freschi rispetto alle C4: il distacco e lo scioglimento degli icebergs artici ha determinato modificazioni nelle correnti oceaniche atlantiche, che a loro volta hanno prodotto la variazione del regime dei venti alisei e dei monsoni che interessano l'Africa e conseguentemente la modificazione della struttura vegetazionale, con ovvie ripercussioni sulla composizione delle comunità biotiche locali, uomo compreso. L'antropologo Clive Finlayson, del Gibraltar Museum, ha mostrato come i processi a cascata che hanno prodotto la riduzione delle foreste tropicali e la conseguente espansione degli ecosistemi aridi nell'area del Sahara, abbiano provocato fenomeni di dispersione nelle faune africane, con notevoli conseguenze paleoantropologiche. È a proposito di questi effetti che i paleoclimatologi e i paleoecologi parlano di sistemi a feedback e di risposte non lineari: una piccola variazione di irraggiamento solare può generare una cascata di effetti che vengono amplificati dai meccanismi endogeni, producendo modificazioni improvvise del clima che influenzano la struttura degli ecosistemi e la dinamica delle comunità e delle singole popolazioni biotiche, comprese quelle umane.

Anche le correnti aeree partecipano a questi complessi meccanismi di trasferimento energetico e alla cascata di effetti che arrivano fino agli ecosistemi e all'uomo. Ne è un esempio la circolazione degli alisei orientali che spirano sull'Oceano Pacifico, che si è sviluppata nel corso del Pleistocene, con conseguenze notevoli sugli ecosistemi tropicali, inclusi quelli africani. A causa delle differenze di temperatura fra l'Oceano Pacifico occidentale e quello orientale, si formano correnti convettive d'aria calda nel primo e correnti discendenti di aria fresca nel secondo. La circolazione si chiude nell'alta troposfera con correnti aree verso est e, al livello del mare, con flussi d'aria verso ovest. Questa circolazione, che i meteorologi chiamano Corrente di Walker, influenza a sua volta le correnti marine superficiali, normalmente rivolte dalle coste dell'America del Sud alle zone centrali dell'Oceano Pacifico. È grazie a queste che vengono richiamate acque profonde, fredde e ricche di nutrienti, in prossimità delle coste del Perú. La risalita – *upwelling* come si dice in gergo oceanografico – garantendo un buon rifornimento di nutrienti al fitoplancton fotosintetico che popola la fascia superiore ben illuminata dell'oceano – la zona eufotica – assicura un'elevata produzione primaria negli ecosistemi oceanici. La Corrente di Walker non è costante ma subisce oscillazioni sia di intensità che di direzione a seguito della variazione delle zone calde e fredde della superficie oceanica, sulle quali incidono le variazioni di irraggiamento solare. Queste variazioni, note come Southern Oscillation, comportano lo stravolgimento delle correnti oceaniche, che possono anche invertirsi, portando sulle coste sudamericane acque calde e povere di nutrienti; quando questo accade, la produzione del fitoplancton crolla e con essa tutta la catena trofica subisce un flop. È il fenomeno di El Niño, che si sviluppa irregolarmente nel corso del tempo e che si sta facendo piú frequente e ampio negli ultimi tempi, in connessione con il riscaldamento globale in atto. I pescatori di *anchovetas* si disperano quando arriva El Niño perché la pesca cola a picco e intere economie vanno a gambe all'aria. Il problema ulteriore è che l'aumento dei costi delle proteine d'origine marina associato a questo crollo determina una spinta all'immissione sul mercato di altre proteine per far fronte alla richiesta, tra cui quelle d'origine vegetale ricavate dalla coltivazione della soia. L'accresciuta domanda di questo legume provoca l'espansione delle sue aree di coltivazione, che viene ottenuta aumentando il ritmo della deforestazione. Ma questo a sua volta riduce la captazione della CO_2 da parte delle foreste, con la conseguenza di un aumento di questo gas serra nell'atmosfera e quindi di un ulteriore riscaldamento. Insomma una perversa catena di effetti non proprio positivi. Ma gli effetti delle oscillazioni della Corrente di Walker e il fenomeno di El Niño – complessivamente si parla di El Niño Southern Oscillation (ENSO) – non riguardano solo l'America del Sud e l'Oceano Pacifico centrale e orientale, perché durante le fasi di inversione delle correnti si regista una marcata variazione delle precipitazioni anche in altre parti del mondo e particolarmente in Africa. I proxy delle carote oceaniche ci dicono che la Corrente di Walker si è intensificata nella sua configurazione oscillante intorno a 1,9 milioni di anni fa, proprio quando l'evoluzione umana segnava un punto fondamentale.

3. *Personaggi influenti.*

Effetto serra. Se ne parla di continuo a proposito di cambiamenti climatici e, anche se il suo ruolo nella storia del pianeta e nel suo futuro deve essere ancora compreso nei dettagli, è chiaro che si tratta di un fattore climatico di straordinaria importanza. Alcune molecole, e tra queste l'anidride carbonica, il metano, la stessa molecola d'acqua e l'ozono, assorbono radiazione elettromagnetica «calda» in varie parti della banda infrarossa, per poi riemetterla in tutte le direzioni, compresa quella di provenienza. L'atmosfera che contiene questi gas si comporta quindi come il vetro di una serra che rimanda verso la superficie del pianeta una parte della radiazione solare assorbita dalla Terra e poi riemessa a maggiore lunghezza d'onda. La modificazione del bilancio termico del pianeta a opera di queste molecole dipende dalle loro caratteristiche chimico-fisiche, dalla concentrazione di ciascuna di esse e da quanto permangono in atmosfera. Si stima che se l'atmosfera non contenesse gas serra la temperatura media della superficie del pianeta sarebbe oggi di circa – 18 °C contro i 15 °C realmente misurati. Il contributo maggiore all'effetto serra spetta alla CO_2 che, sebbene abbia una capacità intrinseca di riscaldamento inferiore ad esempio al metano e al vapor d'acqua, esercita un'azione globale piú ampia a causa della sua maggiore concentrazione e persistenza.

I proxy paleoclimatici fanno vedere come anidride carbonica e metano abbiano accompagnato fedelmente le variazioni della temperatura terrestre, sia nelle grandi modificazioni di milioni di anni che nelle brevi oscillazioni millenarie o secolari; quando la glaciazione incede entrambi i gas diminuiscono, raggiungono il minimo durante le fasi piú acute e poi improvvisamente risalgono insieme al riscaldamento del pianeta. I ghiacci di Dome C e di Vostok ci mostrano come durante tutto il Pleistocene la concentrazione della CO_2 abbia oscillato tra 180 e 280 parti per milione (ppm) di volume atmosferico, rispettivamente negli stadi freddi e in quelli caldi; il CH_4 passa invece da un valore medio di circa 350 parti per miliardo (ppb) durante il massimo glaciale a 750-800 durante il caldo interglaciale. Lo studio dettagliato di ciascuna terminazione, come i paleoclimatologi chiamano la transizione tra uno stadio glaciale e il periodo interglaciale che lo segue, rivela i particolari della variazione di questi due gas. Soprattutto il CH_4 ha un comportamento peculiare, perché il suo aumento è inizialmente lento, ma a un certo punto, quando la CO_2 ha raggiunto un livello elevato, la sua concentrazione fa un grande balzo e raggiunge in poche migliaia di anni i valori del massimo interglaciale.

Ci sono state fasi della storia della Terra in cui le variazioni climatiche hanno avuto avvio proprio da variazioni della concentrazione di questi gas, senza che probabilmente intervenissero variazioni di irraggiamento a innescare il processo. Quando i continenti si muovono, i vulcani si svegliano. Succede sempre, ma un'epoca di vulcanismo molto intenso si è certamente verificata circa 200 milioni di anni fa, quando la Pangea ha iniziato a frazionarsi, prima nella Laurasia e Gondwana poi nelle varie masse continentali che si sono ridistribuite sulla faccia del pianeta fino a raggiungere gradualmente la configurazione attuale. L'enorme agitazione è stata accompagnata da una tale emissione di CO_2 in atmosfera che il pianeta si è riscaldato di molti gradi, scrollandosi di dosso la spessa coltre di ghiaccio che ricopriva il supercontinente parcheggiato in prossimità del Polo Sud che, senza l'intervento dei vulcani, sarebbe rimasta a lungo o forse per sempre a dare un aspetto candido e luminoso alla Terra.

Ma i dettagli delle analisi dei ghiacci polari e dei sedimenti mostrano che nella storia piú recente cause ed effetti si intrecciano: i due gas vengono trasferiti dall'oceano e dalle terre emerse all'atmosfera a seguito del riscaldamento del pianeta, ma a loro volta ne provocano l'ulteriore riscaldamento. Probabilmente, la rapidità con cui dagli stadi glaciali si passa all'interglaciale dipende proprio da questo feedback positivo. Ci piacerebbe conoscere nei minimi dettagli il ciclo globale della CO_2 anche per sapere cosa ci aspetta, ma sappiamo che è terribilmente complesso e pieno di fenomeni di interazione tra le grandi stanze dell'ecosistema globale: l'atmosfera, le rocce, gli oceani, i suoli, la vegetazione e in generale gli organismi. Il geologo russo Vladimir Ivanovich Vernadsky, pubblicando nel 1926 il suo capolavoro scientifico, *La Biosfera*, ha dato grande impulso alla biogeochimica, una scienza che si occupa di studiare i cicli degli elementi che transitano dagli organismi ai comparti abiotici degli ecosistemi e viceversa. Quello del carbonio è un ciclo biogeochimico fondamentale per la vita della Terra e per il suo clima. Se riuscissimo a marcare con un piccolo lampeggiatore un atomo di questo elemento e lo seguissimo nel corso del tempo, lo vedremmo passare da una stanza all'altra del pianeta, da un ecosistema all'altro, da un organismo all'altro, subendo trasformazioni chimiche che lo portano avanti e indietro da uno stato ossidato come la CO_2 a forme ridotte come il CH_4, gli idrocarburi e le molecole biologiche in generale – grassi, proteine, zuccheri, acidi nucleici.

I climatologi parlano di *source-sink*. Le sorgenti e i pozzi della CO_2 si trovano nelle acque oceaniche, nei carbonati delle rocce e dei fondali oceanici e negli organismi, vivi o morti. Quando gli organismi respirano emettono CO_2, quindi il *bios* è una grande sorgente di questo gas, ma ne è anche un pozzo, perché i produttori primari – dai cianobatteri al fitoplancton fino alle piante piú complesse – quando producono nuova materia biologica mediante la fotosintesi rimuovono questo gas dall'atmosfera e lo trattengono per tempi piú o meno lunghi. A volte lunghissimi, come quando, dopo essere morti e precipitati sui fondali oceanici, partecipano alla formazione dei sedimenti profondi dai quali si originano i giacimenti di idrocarburi biogenici come il petrolio. Le quantità di CO_2 catturate e rilasciate dalla vegetazione, dalle terre emerse e dagli oceani durante i cicli glaciali-interglaciali non sono state ancora completamente definite ma qualcosa di importante lo conosciamo. Si sa che i differenti tipi di fotosintesi sono diversamente dipendenti dalla concentrazione atmosferica di questo gas. Le piante C4, come le erbe delle praterie africane, si sono evolute nel corso del Cenozoico proprio in risposta alla riduzione progressiva della concentrazione atmosferica della CO_2, mettendo a punto meccanismi biochimici e fisiologici che consentono loro di lavorare bene anche a basse concentrazioni. D'altra parte, le piante C3, comprese quelle arboree, non dispongono di questi meccanismi di compensazione e sono molto dipendenti dalla concentrazione del gas in atmosfera: in una foresta di clima temperato un incremento di 200 ppm di CO_2 comporta un aumento di oltre il 20 per cento nella produzione primaria. Questo porta a ritenere che l'aumento della concentrazione atmosferica di questo gas possa trovare una parziale compensazione nell'aumento dell'attività fotosintetica e che le foreste siano molto importanti per la regolazione del ciclo del carbonio. Durante i periodi glaciali, però, la superficie terrestre disponibile per la vegetazione diminuisce a causa dell'estendersi della copertura della massa di ghiacci; questa riduzione è solo parzialmente bilanciata dall'incremento di superficie emersa dovuta all'abbassamento del livello degli oceani che si registra durante queste fasi. In definitiva, anche se è chiaro che la vegetazione terrestre partecipa a feedback positivi e negativi sul clima, il suo ruolo a livello globale nel modificare il *forcing* orbitale e far transitare la Terra dalle fasi glaciali a quelle interglaciali e viceversa non è ancora valutabile esattamente in termini quantitativi.

Una parte considerevole della CO_2 atmosferica sprofonda negli oceani grazie a processi biologici e chimico-fisici. Un importante meccanismo vede protagoniste le alghe unicellulari che popolano la zona eufotica, cioè quella fascia superficiale dell'oceano dove arriva luce sufficiente ad attivare la fotosintesi. Il materiale prodotto dal fitoplancton e in generale da tutti gli organismi della catena trofica di superficie, che non viene immediatamente riciclato nella zona eufotica, cade come neve di carbonio organico verso i fondali, dove alimenta una catena trofica bentonica o abissale. A questa pompa biologica si accompagna un processo di natura chimico-fisica che conduce alla solubilizzazione della CO_2 nelle acque profonde e fredde. Questo processo è favorito dalla circolazione termoalina, basata sulle differenze di temperatura e salinità delle masse d'acqua, che fa parte dei grandi movimenti oceanici alle latitudini piú elevate. Se queste correnti subiscono rallentamenti, deviazioni o interruzioni, un effetto collaterale drammatico è proprio rappresentato dalla riduzione della solubilità della CO_2 e quindi dal suo rilascio in atmosfera. D'altra parte, quando le acque profonde risalgono alla superficie e si riscaldano si ha un'emissione di CO_2 che ritorna all'atmosfera. A rendere ulteriormente complessi i feedback del carbonio che hanno luogo negli oceani, si sa che le pompe oceaniche del carbonio vengono anche modulate dalla presenza di micronutrienti che attivano la produzione primaria nella zona eufotica. Durante gli aridi periodi glaciali, per effetto dell'aumento delle correnti aeree, è aumentato anche il flusso di polveri dalle terre emerse all'atmosfera e alla superficie degli oceani; il ferro contenuto in questi materiali potrebbe aver innescato un ulteriore feedback stimolando la produzione primaria e quindi lo sprofondamento del carbonio.

Anche il metano, gas serra meno noto al grande pubblico rispetto all'anidride carbonica, è un attore primario delle variazioni climatiche passate, presenti e future. Il suo contributo al riscaldamento della Terra anzi è maggiore, per unità di massa, rispetto a quello della CO_2, solo che la sua concentrazione è inferiore di tre ordini di grandezza (parti per miliardo e non per milione) e la durata della vita di ciascuna molecola in atmosfera non è dell'ordine delle centinaia di anni come per la CO_2 ma della decina di anni. Nell'atmosfera di una volta ce n'era molto piú di oggi, ma si tratta di un passato remoto di miliardi di anni fa, di un'atmosfera pre-biotica. Poi, con l'aumento dell'ossigeno prodotto dalla fotosintesi, l'atmosfera è divenuta ossidante e si sono avviate le trasformazioni chimiche che spazzano via questo gas convertendolo a CO_2. Dato che questo è il suo naturale destino, se ne possono esprimere quantità ed effetti anche in termini di CO_2-equivalenti.

Anche le variazioni del metano accompagnano il lento saliscendi delle temperature e degli altri proxy che segnano la cadenza delle glaciazioni pleistoceniche. Lo studio delle carote estratte dai ghiacci dalla Groenlandia, che arriva a una risoluzione di poche decine di anni, consente di vedere quanto fedelmente l'incremento della concentrazione di CH_4 ricalchi anche i brevissimi e improvvisi riscaldamenti di 8-12 °C che si sono ripetuti almeno venticinque volte durante l'ultima glaciazione. I paleoclimatologi, dal nome dei loro scopritori, li chiamano eventi di Dansgaard-Oeschger e pensano che siano consistiti in deviazioni momentanee dalla tendenza al raffreddamento glaciale. Piccole variazioni di irraggiamento solare avrebbero innescato feedback positivi legati allo scioglimento di ghiacci artici, riduzione o interruzione momentanea delle correnti profonde dell'Atlantico settentrionale, cessione di CO_2 all'atmosfera, ulteriore riscaldamento, aumento del CH_4 e quindi ancora maggiore aumento termico, finché l'irraggiamento solare non riprendeva a scendere in modo tale da invertire questa catena di amplificazione. Analoghi rapidi fenomeni di riscaldamento si sono alternati a brevi ma intensi periodi di ritorno alle condizioni glaciali durante il disgelo che ha seguito l'ultimo massimo glaciale. E, anche in questo caso, l'alternanza rapida tra le fasi calde del Bølling-Allerød di 16 500-13 000 anni fa e quelle fredde dello Younger Dryas di 12 900-11 700 anni fa è stata accompagnata da rapidi incrementi e decrementi del CH_4. Ma perché la concentrazione del metano aumenta quando la Terra si riscalda? Le principali sorgenti naturali di questo gas sono i suoli saturi d'acqua e le paludi dove i batteri metanogeni metabolizzano le sostanze organiche in assenza di ossigeno e producono appunto metano e anidride carbonica. Durante i periodi caldi aumenta la superficie totale ricoperta dalle paludi tropicali e si sciolgono i terreni ghiacciati delle latitudini subpolari. Quindi piú sono estese le paludi e gli acquitrini, piú metano fluisce in atmosfera. Si stima che questa sorgente produca ogni anno 225 milioni di tonnellate di gas, una quantità pari a circa l'80 per cento delle emissioni naturali. Se il permafrost siberiano si scongela è inevitabile che il metano in esso contenuto prenda la via dell'atmosfera. Con l'attuale riscaldamento globale questa è oggi una possibilità tutt'altro che teorica. Altro metano viene prodotto dai batteri che vivono nell'apparato digerente degli organismi che si nutrono di materiali contenenti cellulosa senza disporre degli enzimi per metabolizzarla, dalle termiti ai bovini. Oggi questa quota, di circa 120 milioni di tonnellate all'anno, pari al 20 per cento di tutta l'emissione, ha una grande componente antropogenica legata all'allevamento del bestiame. In questo caso c'è una relazione tra biomassa animale ed emissione: piú grande è la biomassa complessiva di termiti o mucche o brontosauri e piú metano viene immesso nell'atmosfera.

Un *sink* di questo gas si trova nei sedimenti oceanici profondi e nella crosta terrestre, dove è intrappolato in strutture cristalline ghiacciate, i clatrati. Il rilascio del metano dai clatrati a seguito del riscaldamento del pianeta è ritenuto un meccanismo di feedback che ha portato a grandi fenomeni di riscaldamento globale nel passato, come quando 55 milioni di anni fa, al passaggio tra Paleocene e Eocene, si è registrato un grande incremento di temperatura. E anche questo è un meccanismo che può scatenarsi nuovamente con il riscaldamento globale in atto. Il meccanismo principale di rimozione del metano è localizzato però nell'atmosfera dove questo gas viene rapidamente trasformato in CO_2 da parte di vari agenti ossidanti, il principale dei quali è il radicale ossidrilico •OH. Il puntino della rappresentazione simbolica sta a significare che questa molecola è un radicale, vale a dire contiene un elettrone spaiato e perciò è alla ricerca di un'altra molecola che gli ceda un suo elettrone per completare una configurazione elettronica stabile. Ossidare significa prendere elettroni, cosí come ridurre significa donare elettroni. Quindi •OH è un agente ossidante, come altri radicali liberi presenti in atmosfera. L'incontro del radicale ossidrilico con il metano ha come risultato, appunto, la formazione di anidride carbonica e di acqua. In qualche modo quindi questa molecola funziona da spazzino atmosferico, ma è uno spazzino un po' particolare perché elimina un gas serra ma ne produce altri due: CO_2 e H_2O. Il radicale ossidrilico ha una vita di pochi secondi ma viene riformato in continuazione nel corso delle reazioni fotochimiche che si verificano nella parte bassa dell'atmosfera, la troposfera, soprattutto in presenza di piccole molecole organiche volatili prodotte dalla vegetazione. Anche qui si possono intuire complicati feedback positivi e negativi tra riscaldamento, produzione di metano e altri gas serra.

Da soli duecentocinquant'anni a questa parte – una finestra da nulla in confronto alla lunga storia raccontata dai ghiacci polari e dai sedimenti degli oceani – la concentrazione di entrambi questi gas ha iniziato a impennarsi e attualmente ha superato quota 380 ppm per la CO_2 e 1750 ppb per il CH_4. Vale a dire, aumenti dell'ordine del 50 per cento per la prima e di circa il 150 per il secondo, rispetto a quanto si è registrato nei precedenti ottocentomila anni. Le stime dell'Intergovernmental Panel on Climate Change (IPCC) parlano di una emissione antropogenica annuale di gas serra CO_2-equivalenti ormai ben oltre i 30 miliardi di tonnellate, delle quali circa il 50 per cento risiede in atmosfera e il restante si divide a metà tra assorbimento da parte della vegetazione terrestre e sprofondamento negli oceani, delle cui acque produce una evidente acidificazione. Questi dati fanno parte di uno dei principali capi d'imputazione su cui il dibattimento tornerà nella sua fase finale.

4. *Culla caotica.*

I venti e l'Africa, i vulcani e l'Africa, la vegetazione e l'Africa; c'è qualcosa che attrae di continuo il ragionamento verso questo continente. E non è un caso. Lí è successo molto della storia dell'imputato, che ascolta con apparente disinteresse la ricostruzione del clima familiare turbolento in cui si sarebbe sviluppata la sua personalità. Il continente africano è accarezzato e scosso da imponenti movimenti delle masse d'aria, che vi trasferiscono umidità e calore dagli oceani e dalle altre masse continentali. Gli alisei nordorientali dell'emisfero boreale e quelli sudorientali dell'emisfero australe si incontrano al confine tra le celle di convezione di Hadley – i grandi circuiti troposferici delle masse d'aria – in quella che viene chiamata la Intertropical Convergence Zone (ITCZ), la cui posizione oscilla tra 10 e 20 gradi di latitudine Nord attraversando Mauritania, Senegal, Mali, Niger, Ciad, Sudan e Etiopia. La posizione della ITCZ è stagionale – piú meridionale in inverno, piú settentrionale in estate – ma varia anche in funzione delle variazioni dell'irraggiamento solare su periodi piú lunghi. Durante le fasi glaciali si sposta verso l'Equatore, partecipando in qualche modo al ritmo di aridità-umidità associato alle glaciazioni. C'è una regola generale: quando i poli sono freddi, i tropici sono aridi; quando i poli sono caldi, i tropici sono umidi. Non sempre è andata cosí. Si ha evidenza ad esempio che delle oscillazioni climatiche degli ultimi novemila anni, le «piccole glaciazioni» dell'Olocene, ce ne sono state alcune in cui la riduzione della temperatura è stata accompagnata da incremento delle precipitazioni alle basse latitudini. Le variazioni nel lontano passato degli alisei africani, che si ricostruiscono con lo studio delle polveri terrigene nelle carote di sedimenti al largo delle coste dell'Africa occidentale, mettono in chiaro quanto sia stata ballerina la situazione.

Quando si guarda la mappa attuale dell'Africa, è evidente che il continente è tagliato in due dal grande deserto del Sahara, che costituisce un'imponente barriera geografica ed ecologica tra l'Africa equatoriale e australe, e quella settentrionale che si affaccia sul Mediterraneo e che, attraverso il Levante, si connette all'Asia. Ma è stato sempre cosí? Gli archeologi hanno coniato il termine di «culture acqualitiche» per definire gli elaborati armamentari da pesca ritrovati presso le rive di antichi laghi e fiumi sparsi un po' per tutta l'area che oggi appartiene al piú grande deserto del mondo. Pesci, coccodrilli, elefanti, ippopotami hanno lasciato i loro resti fossilizzati in zone dove oggi non c'è che un immenso mare di sabbia arida. E gli uomini li cacciavano e li pescavano dove oggi c'è solo deserto. Le immagini riprese da satelliti per il telerilevamento, che sono anche in grado di vedere cosa c'è sotto la superficie della Terra, ci mostrano le impronte di una rete idrologica straordinaria – di cui facevano parte grandi laghi come il megalago Ahnet-Moudir, il Megachad, il Megafezzan – e una ragnatela di corsi d'acqua che si sviluppava in tutta l'area sahariana. Le carote di sedimenti, prelevate dall'Oceano Atlantico e dal Mediterraneo in posizioni raggiunte dalle correnti a getto che spirano da est passando sul Sahara, restituiscono detriti di vegetazione arborea risalenti a 9-10 millenni fa. Abbiamo quindi la prova che all'inizio dell'Olocene lí tirasse tutta un'altra aria: il Sahara era verde. Ma quello non è stato l'unico periodo di felicità ecologica. Lo studio degli isotopi del carbonio nelle carote di sedimenti estratte al largo del Senegal e della Guinea hanno permesso di ricostruire nei dettagli le transizioni ecologiche tra differenti ecosistemi che si sono alternati nel Sahara nel corso degli ultimi duecentomila anni. Le cere delle foglie contengono infatti un tipo di idrocarburi, gli n-alcani, i cui atomi di carbonio ^{13}C e ^{12}C indicano se le piante che le hanno prodotte avevano una fotosintesi C_3 o C_4, se erano cioè piante arboree e comunque adattate a climi relativamente piú umidi, oppure se si trattava di piante erbacee di prateria e savana tropicale. Oltre che all'inizio dell'Olocene, il Sahara è stato un enorme *green* almeno altre due volte nel tardo Pleistocene: durante la fase caldo-umida tra 120 000 e 110 000 anni fa, e tra 50 000 e 45 000 anni fa. Sono due periodi importanti nella nostra preistoria, durante i quali, evidentemente, qualcuno poteva scorrazzare tranquillamente e vivere in quella che in altri periodi era una invalicabile barriera. Queste variazioni climatico-ecologiche erano associate alle variazioni della temperatura superficiale dell'Oceano

Atlantico, cioè alle variazioni delle correnti oceaniche che fanno parte del sistema AMOC e quindi risentivano del sistema macroclimatico globale, oltre che delle variazioni dell'irraggiamento locale delle fasce tropicali, associate ai cicli di precessione orbitale.

Il Sahara non si limita a subire le variazioni climatiche, ma ne è anche partecipe, almeno per due motivi. Il primo è legato all'albedo, la riflessione della luce da parte della superficie terrestre. La radiazione elettromagnetica solare che arriva alla superficie del pianeta si divide in due parti: una viene assorbita dalla vegetazione e dal suolo, mentre un'altra parte viene semplicemente riflessa come tale. La prima contribuisce al riscaldamento della Terra, perché l'assorbimento comporta il riscaldamento della troposfera e della superficie terrestre. Una parte di questa energia assorbita viene poi riemessa verso l'esterno dopo aver subito uno «stiramento» verso lunghezze d'onda maggiori e quindi piú «calde». È questa la radiazione che interagisce con i gas serra presenti nella troposfera, determinando un ulteriore riscaldamento. Invece, la porzione riflessa – l'albedo, appunto – non è soggetta a effetto serra. Quando le masse ghiacciate iniziano a espandersi per effetto del raffreddamento globale dovuto al *forcing* orbitale, l'incremento di albedo che ne consegue fa aumentare il processo di raffreddamento del pianeta ben piú di quanto non accadrebbe a causa della sola riduzione di irraggiamento. Se i ghiacci diminuiscono o perdono il loro candore, mettiamo a causa della deposizione di polveri atmosferiche, la loro albedo diminuisce e la temperatura aumenta. Deve essere stato anche per questo motivo che la Terra è uscita dallo stato stabile di palla di neve in cui era venuta a trovarsi durante il Criogeniano. Se un'area è di nuda terra o sabbia, o è ricoperta da vegetazione erbacea, o se invece sostiene una complessa struttura forestale, l'albedo cambia e di molto. Piú foresta, meno albedo, piú caldo; ecco un altro interessante feedback che deve aver lavorato nelle dinamiche del Sahara e di conseguenza sul clima dell'intera Africa.

Ma la vegetazione è protagonista anche di un importante feedback di natura biochimica, legato alla dipendenza che la fotosintesi ha dalla concentrazione atmosferica di anidride carbonica. Come si è visto, mentre le piante C4 sono relativamente insensibili alle variazioni di CO_2, quelle C3 riducono la loro capacità di fotosintesi quando questo gas diminuisce e l'aumentano quando la concentrazione sale. Ne risulta quindi che le seconde sono svantaggiate durante i periodi glaciali quando, come ci indicano le carote di Vostok e di EPICA, la CO_2 diminuisce. All'inizio delle fasi di riscaldamento, come è avvenuto ad esempio 125 e 19 millenni fa, le piante C3 iniziano a diffondere sulla superficie terrestre e la loro attività aumenta all'aumentare della temperatura, cosa che comporta un maggior consumo della CO_2 atmosferica, quindi una riduzione dell'effetto serra. In questo caso il feedback è negativo: quando fa piú caldo la fotosintesi aumenta, la CO_2 atmosferica diminuisce e quindi si riduce l'effetto serra, con conseguente raffreddamento. L'effetto netto della vegetazione sul clima dipende quindi dal bilancio tra il feedback positivo dell'albedo e quello negativo legato alla fotosintesi. Lo studio dei proxy e i modelli paleoclimatici dimostrano che i cicli giallo-verde del Sahara, molto legati a dinamiche complesse dominate da questi feedback, si sono ripetuti anche piú recentemente, producendo fasi alterne di espansione e contrazione della presenza umana nell'area sahariana fino alla fase di spopolamento tra i 5000 e i 3500 anni fa.

E a sud del Sahara? La domanda che il pubblico ministero ha rivolto al suo gruppo di esperti non è casuale, perché si ha ragione di ritenere che quello che è accaduto in queste regioni possa aver avuto un'influenza notevole sull'origine dell'imputato e forse sul suo carattere. Anche nell'Africa tropicale a sud del Sahara, fino alle regioni piú meridionali del continente, i capricci del clima si sono fatti sentire durante tutto il Cenozoico e particolarmente durante il Miocene e il Pleistocene. Sono stati episodi importanti dal nostro punto di vista, perché hanno determinato quella instabilità ecologica che, paradossalmente, si ritiene sia stata uno dei motori fondamentali dei processi di evoluzione delle faune africane e tra queste dei Primati. Gli ingredienti di questa instabilità sono stati fondamentalmente i venti e i vulcani e l'interazione tra i due.

Sulle piccole isole che si allungano parallele alla costa della Somalia a sud di Chisimaio, antiche barriere coralline pleistoceniche ora emerse, prima che la guerra civile della fine del XX secolo sconvolgesse quel meraviglioso paese, viveva un popolo di pescatori molto abili nella navigazione. I Bajuni hanno un termine per indicare i periodi di novembre e di marzo: *tangambili*, che in lingua swahili vuol dire «due vele». In quei giorni, infatti, occorre disporre in modo variabile la velatura dei *dhow*, per il fatto che i venti cambiano sovente di direzione, mentre durante gli altri periodi dell'anno la direzione del monsone è costante. Questi venti, che spirano da sud-ovest tra maggio e ottobre e da nord-est tra dicembre e febbraio, hanno condizionato la storia dell'Oceano Indiano e la preistoria dell'uomo. I monsoni non sono che delle grandi brezze generate dalla differente temperatura fra la superficie del mare e della terra emersa, come quelle che spirano sottocosta anche nel Mediterraneo, ma con due differenze: i monsoni si estendono su aree enormi e il loro ciclo è stagionale e non giornaliero. Le variazioni stagionali di irraggiamento generano differenze nella temperatura superficiale dell'Oceano Atlantico e di quello Indiano, dell'Arabia, dell'India e dell'interno dell'Africa, che mettono in moto i monsoni. La variazione dei monsoni non è soltanto stagionale ma appare soggetta ai cicli del *forcing* orbitale, particolarmente a quello di circa ventimila anni dovuto alla precessione, e la loro intensità viene anche amplificata o ridotta dal ciclo dell'eccentricità dell'orbita terrestre, con ritmi di circa centomila anni.

I monsoni, si sa, portano umidità e quindi piogge, soprattutto quello estivo che spira da sud-ovest. Maggiore attività monsonica estiva, maggiore volume di precipitazioni, piú vegetazione. Se poi l'acqua trova un bacino in cui raccogliersi, si forma un lago. L'alternanza della vegetazione forestale, delle boscaglie, savane e praterie a sud del Sahara e la formazione di grandi laghi della regione ha dunque seguito cicli legati alla variazione dei monsoni estivi, dipendenti dai cicli orbitali terrestri, con i relativi feedback determinati anche qui dalla vegetazione. Sulle vicende di questa rete di laghi e fiumi dell'Africa orientale ha lavorato un altro fattore: la dinamica tettonica. La geologia moderna ci spiega come la crosta terrestre che forma i fondali oceanici e le masse continentali sia strutturata in placche distinte che si muovono ed entrano in collisione tra loro dando forma dinamicamente alle terre emerse. Il sollevamento delle catene montuose come le Alpi, l'Himalaya e le Montagne Rocciose deriva da questi scontri tra placche; d'altra parte le grandi fosse oceaniche, come quella che corre al largo delle coste occidentali dell'America del Sud, si formano per lo sprofondamento di una placca sotto l'altra. Questi movimenti, sollevamenti e sprofondamenti sono chiamati dai geologi movimenti tettonici. A essi sono associate le attività vulcaniche che comportano la fuoriuscita di materiale profondo in corrispondenza delle zone di affioramento dell'astenosfera – lo strato superficiale semifluido del mantello – lungo le dorsali oceaniche e delle zone di subduzione. Lo scorrimento delle placche e il suo scaricarsi attraverso le faglie tettoniche genera i terremoti.

L'attività tettonica ha enormi conseguenze sia sul clima globale a lungo termine che su quello regionale a breve termine. Ne ha avute moltissime sul clima africano e sulla evoluzione delle faune e delle piante di quel continente. Intanto, il regime monsonico afro-asiatico si è organizzato nella sua forma attuale a seguito della disposizione delle placche africana, araba e asiatica e del sollevamento dell'altopiano tibetano. Inoltre, la struttura geologica e la geografia dell'Africa orientale sono state determinate da un fenomeno tettonico grandioso che si è svolto nel corso del Terziario e del Quaternario ed è ancora in atto: la formazione della Rift Valley. Tra la valle dell'Awash in Etiopia, i laghi Victoria, Turkana e Tanganika, corre una linea che un giorno costituirà l'asse centrale di un nuovo oceano. Questa incisione, che si dirama in un complesso sistema di valli e di montagne, di laghi e di vulcani, ha iniziato a formarsi circa 35 milioni di anni fa, quando una enorme bolla rovente della astenosfera prese a premere sotto la placca continentale africana, affiorando nella regione dell'Afar. La rottura della crosta terrestre si è propagata poi da nord verso sud, accompagnata da una tempesta di eruzioni vulcaniche, da solcature e sollevamento dei fianchi della Rift Valley. I laghi che giacciono lungo questa spaccatura sono amplificatori delle variazioni climatiche, perché l'evaporazione che si produce nelle fosse tettoniche del rift e le precipitazioni che i venti portano sulle montagne che le fiancheggiano esaltano le differenze tra i periodi umidi e aridi che accompagnano gli stadi glaciali-interglaciali e le variazioni millenarie dell'attività monsonica.

I laghi dell'Africa orientale non sono un particolare trascurabile nella nostra storia perché tanti indizi ci dimostrano che fasi importanti dell'evoluzione dell'uomo si sono verificate lí. La mappa delle tracce paleoantropologiche e archeologiche che i ricercatori ci mettono sotto il naso è fittamente popolata di puntini che ricalcano la sequela dei laghi della Rift Valley da nord a sud. Abhè, Ziway e Awassa nel triangolo dell'Afar, Turkana, Suguta, Nakuru, Naivasha Eyasi, Tanganika, Rukwa in Kenya e in Tanzania: mete ambite dei safaristi e dei fotonaturalisti alla ricerca di antilopi, bufali e leoni, ma anche dei cercatori di fossili chiave per la ricostruzione delle nostre origini. Sulle rive dei laghi africani si sono rifugiate le popolazioni degli uomini del Pleistocene durante i periodi climaticamente difficili; dentro e intorno a essi hanno pescato e cacciato e si sono incontrati scambiandosi geni, chiacchiere e ciottoli scheggiati, per poi tornare a dividersi in piccoli gruppi erranti nelle savane, da uno dei quali è nato l'uomo moderno. Il prosciugarsi dei laghi li ha indotti a cercare luoghi migliori e li ha spinti verso il Levante, attraverso i corridoi verdi, o sulle coste dell'Oceano Indiano e del golfo Arabico.

Nel complesso, la storia climatica dell'Africa a sud del Sahara è stata caratterizzata da un aumento progressivo dell'aridità durante l'epoca plio-pleistocenica, che ha determinato una contrazione delle foreste tropicali e un contemporaneo incremento delle savane e delle praterie aperte. Questa tendenza generale è stata però interrotta da fasi di elevata umidità dovuta all'incremento dell'attività dei monsoni estivi, che ha determinato periodi di espansione della rete di laghi della Rift Valley. Come abbiamo visto, in Africa come nel resto del mondo, il clima di questo periodo è stato determinato dall'interazione tra fattori diversi d'origine astronomica e terrestre. Quando hanno dominato i fenomeni di *forcing* orbitale si sono avute oscillazioni climatiche relativamente piú regolari, ma in altri periodi la complessità della rete di interazione climatica interna al pianeta e la non linearità di molti feedback ha prodotto dinamiche caotiche. I climatologi – e non solo – usano il termine «caos deterministico» per definire le variazioni apparentemente casuali di un sistema, che invece sono determinate da relazioni causa-effetto precise ma molto complesse e non lineari. I fenomeni caotici sono molto sensibili alle piccole variazioni: basta una minuscola differenza nelle condizioni di partenza, come lievi differenze di irraggiamento o di concentrazione atmosferica di gas serra, per dare avvio a una traiettoria climatica completamente originale. Allineando i vari proxy climatici si scopre che il grado di caoticità non è stato sempre uguale durante il Plio-Pleistocene. In particolare, le variazioni climatiche in Africa si sono fatte piú irregolari alla metà del Pliocene (fra 3,3 e 3,1 milioni di anni fa), nel Pleistocene iniziale (2,25-1,6 milioni di anni) e in quello medio (1,1-0,7 milioni di anni). La prima fase di instabilità fu dovuta a oscillazioni nelle correnti atlantiche, la seconda fu la diretta conseguenza di variazioni della Corrente di Walker e la terza corrispose a quella che viene definita la rivoluzione climatica del Pleistocene che, come si è visto, consiste nella transizione dai cicli di 41 000 anni dovuti alle variazioni di obliquità, a quelli di 100 000 anni determinati dalla modulazione imposta dalle variazioni di eccentricità dell'orbita terrestre.

Negli ambienti accreditati della paleoantropologia circolano varie ipotesi su come tutto questo possa aver avuto un'influenza sull'origine dell'uomo. La prima è quella del grande ricercatore sudafricano Raymond Dart, scopritore dei primi fossili di Australopitecine, secondo il quale l'incremento progressivo di aridità e l'estendersi di ecosistemi aperti a scapito delle foreste sarebbe stato il fattore scatenante dell'evoluzione degli Ominini. La paleontologa Elisabeth Vrba ha invece lanciato l'ipotesi dei picchi di ricambio (Turnover Pulse Hypothesis), secondo cui i cambiamenti che si sono verificati periodicamente nelle faune africane del Plio-Pleistocene, corrispondenti a incrementi del tasso di estinzione e origine di nuove specie, erano associati a brusche transizioni climatiche. Questa idea è stata ripresa e ampliata piú recentemente da vari paleoclimatologi e paleoantropologi, tra i quali Rick Potts, direttore del programma sull'origine dell'uomo dello Smithsonian Institute, secondo cui, piú che la transizione dai periodi umidi a quelli aridi, è stata proprio l'irregolarità climatica in sé a favorire il ricambio delle faune e delle flore. Una conferma di questa ipotesi viene dalla constatazione che i periodi in cui il clima africano è passato da oscillazioni aridità-umidità relativamente regolari, dovute alla variabilità monsonica prodotta dai cicli orbitali, a fasi in cui l'interazione tra fattori globali e locali generava transizioni climatiche molto irregolari, hanno interessato meno di un terzo dell'intero periodo del Plio-Pleistocene, ma dodici specie di Ominini delle quindici totalmente descritte dai paleoantropologi sono comparse proprio in corrispondenza di quei periodi caotici. La Variability Selection Hypothesis di Potts, integrata da elementi che si riferiscono alle variazioni geomorfologiche prodotte dalle dinamiche tettoniche della Rift Valley, è quella attualmente piú accreditata. L'ipotesi generale che si va affermando a seguito della crescente integrazione tra dati paleoclimatici, paleoecologici e paleoantropologici è quindi che l'evoluzione umana sia stata favorita dall'instabilità climatica. Proprio da qui potrebbe aver avuto origine il carattere trasgressivo dell'imputato. Come dire: un carattere difficile, frutto di un clima familiare veramente complesso. Se l'idea è giusta lo vedremo piú avanti nella cronaca del processo, ma certamente accusa e difesa cercheranno di utilizzarla a sostegno delle proprie opposte tesi di colpevolezza-innocenza.

Capitolo secondo
L'ultimogenito

Un giorno, intorno alla metà del XVIII secolo, lo zelante naturalista svedese Carl von Linné decise che era ora di mettere ordine tra le innumerevoli forme della presenza della vita sulla Terra e affrontò la questione con tre idee ben chiare in testa. La prima era che l'enorme varietà degli esseri viventi non si distribuisce con continuità, ma è rappresentata da entità distinte, riconoscibili attraverso le loro caratteristiche anatomiche, funzionali ed ecologiche: le singole specie. La seconda convinzione era che le specie si mantengono immutabili nel tempo: cosí sono, cosí erano, cosí saranno. E infine una fede incrollabile circa il fatto che le specie, come noi le osserviamo oggi, sono state create *ab initio* da un soggetto esterno, l'*Infinitum Ens*. Dei tre assiomi del naturalista svedese, il secondo e il terzo sono stati travolti dallo sviluppo degli studi bio-naturalistici degli ultimi due secoli e mezzo, ma il primo è generalmente accettato dalla biologia moderna, anche se con maggior riferimento ai meccanismi di separazione riproduttiva tra le popolazioni che non a una definizione tipologica della specie.

L'uomo, nel sistema naturale di Linneo, rappresenta dunque una delle moltissime specie in cui si esprime la diversità biologica creata. La nostra specie si trova a essere trattata come ogni altra entità specifica, con alcuni privilegi particolari però: l'essere stata creata per ultima e, soprattutto, a immagine del Creatore. Le procedure di classificazione introdotte da Linneo vogliono che, quando si definisce una specie, se ne descrivano le caratteristiche che la fanno esser tale e si dichiari un esemplare di riferimento, per evitare qualunque ambiguità e ulteriore contestazione: l'esemplare tipo. Ma, per l'uomo, Linneo non se la sentí di designare il «tipo», forse per non far torto ad alcuna delle tante apparenti varietà sotto cui si presentava ai suoi occhi l'umanità, pur riconosciuta come monospecifica. La seconda licenza dalle proprie regole il naturalista svedese se la prese in materia di descrizione. Nella prima edizione del *Systema*

Naturae, del 1735, invece di elencare i caratteri diagnostici della specie, vista la relazione particolare della creatura con il Creatore, si limitò a un laconico *Nosce te ipsum*. Come a dire: non perdiamo tempo a descrivere l'ovvio, sappiamo bene di cosa stiamo parlando.

Sappiamo di avere molte cose in comune con gli altri esseri viventi, con i quali abbiamo condiviso la parte maggiore della nostra storia evolutiva e ai quali ci accomunano i meccanismi piú profondi della biologia, dalla struttura fondamentale della memoria cellulare ai dispositivi molecolari che regolano il funzionamento delle cellule e la loro riproduzione. Condividiamo con gli altri vertebrati il piano organizzativo generale già tracciato nei cordati nostri progenitori comuni. La notevole somiglianza anatomo-funzionale tra *Homo sapiens* e gli altri mammiferi non è semplicemente il risultato di analogie prodotte dal caso o da convergenze evolutive, ma riguarda anche molti caratteri realmente omologhi, ereditati da antenati comuni. Le omologie si fanno strettissime quando ci confrontiamo con gli altri appartenenti all'ordine dei Primati, con i quali condividiamo anche la struttura generale dell'apparato a cui diamo maggiore importanza nel tentativo di individuare una linea di demarcazione tra noi e tutte le altre specie: il cervello. E anche nel prodotto dell'attività cerebrale, il comportamento, gli etologi hanno riscontrato omologie tra l'uomo e i Primati non umani. Alcuni di loro hanno comportamenti sociali complessi e plastici, fanno uso di strumenti e si tramandano forme di cultura, conoscono la fedeltà e il tradimento. Cosa ci distingue allora dagli altri esseri viventi e soprattutto dagli altri Primati? Se oggi dovessimo compilare una scheda aggiornata a corredo della definizione delle caratteristiche di *Homo sapiens* ci dovremmo condensare tutto quanto la biologia molecolare, la genetica e l'etologia hanno scoperto della nostra specie negli ultimi cinquant'anni dei tre secoli che ci separano da Linneo, ma la scheda sarebbe incompleta se non aggiungessimo una breve notazione ecologica: la specie che lascia sul pianeta un'impronta mostruosamente piú grande di tutte le altre. Com'è nato questo «mostro»? Come ha invaso il mondo? Come ha iniziato a cambiarlo?

1. *Laboratorio Africa.*

Naturalmente siamo indotti a investigare quale fosse il luogo di nascimento dell'uomo in quel periodo genealogico in cui i nostri progenitori hanno deviato dallo stipite Catarrino.

Queste le parole di Charles Darwin nel libro *L'origine dell'uomo e la scelta in rapporto col sesso*, pubblicato nel 1871, dove è riportata in modo molto diretto l'intuizione sull'origine geografica dell'uomo:

> In ogni grande regione del mondo i mammiferi esistenti sono intimamente affini alle specie estinte della stessa regione. È quindi probabile che l'Africa fosse abitata primieramente da scimmie estinte strettamente affini al gorilla e allo scimpanzé; e siccome queste due specie sono ora i piú prossimi affini dell'uomo, è in certo modo piú probabile che i nostri primi progenitori vivessero nel continente africano che non altrove.

È l'enunciazione del ruolo dell'Africa come culla dell'umanità, che oltre un secolo di studi paleontologici e poi di genetica hanno confermato appieno.

È nel turbolento scenario climatico ed ecologico dell'Africa di 200 millenni fa che comparvero le prime tracce di una anatomia umana moderna. Una vasta rete di popolazioni di Ominini era dispersa probabilmente su tutto il continente; i suoi membri vantavano una genealogia di oltre 7 milioni di anni, da quando i primi antenati dell'uomo si erano separati da quelli delle grandi scimmie antropomorfe come gorilla e scimpanzé. In una popolazione residente forse a sud del Sahara, per effetto della deriva genica e a seguito di qualche mutazione a carico di parti del genoma che controllavano la forma del cranio e dell'architettura cerebrale, comparve un gruppo di uomini diversi da quelli che la Terra aveva fino ad allora conosciuto e straordinariamente affini, da un punto di vista anatomico, a ciò che Linneo ha chiamato *Homo sapiens*. I primi fossili vengono dalla valle dell'Awash, che si apre a formare il triangolo dell'Afar tra l'altopiano Etiopico, i monti Ahmar e la costa etiope ed eritrea sul Mar Rosso e sul golfo di Aden. L'area dell'Afar è un luogo mitico della paleoantropologia, che ha restituito fossili che tracciano l'evoluzione umana dalle Australopitecine a *Homo sapiens*. E infatti, nel 1996 a Herto Bouri, nel mezzo dell'Afar, il paleontologo statunitense Tim White scoprí i resti di alcuni individui straordinariamente moderni, con una capacità cranica di oltre 1400 cm^3 ai quali, con una pubblicazione su «Nature» del 2003, fu assegnato il nome di *Homo sapiens idaltu*. Le datazioni isotopiche dimostrarono che lo strato contenente i resti si era formato tra 160 e 145 millenni fa. L'anzianità di *idaltu* – che in lingua Afar significa proprio «anziano» – è stata però battuta da alcuni reperti ossei attribuibili a *Homo sapiens* trovati sulle rive del fiume Omo a Kibish, nell'Etiopia sudoccidentale, da un gruppo di ricerca diretto dal paleoantropologo keniota Richard Leakey; gli strati di ceneri vulcaniche che li contenevano risalgono a circa 195 000 anni fa. Gli uomini di Kibish e di Herto Bouri non avevano una anatomia identica a quella dell'uomo attuale, ma ci si avvicinavano molto, sia nell'architettura del cranio, ormai globulare, con arcate sopraciliari relativamente ridotte e un mento pronunciato – di cui non erano dotati i precedenti uomini – sia nel tronco e negli arti, piú snelli di quelli di piú antichi resti umani.

A partire da 150 millenni fa, la nuova architettura anatomica si diffuse nel continente africano, portandosi dietro un adeguato equipaggiamento culturale: verso nord-ovest, fino alle coste dell'Atlantico nelle località marocchine di Dar es Soltane, Tèmara, Zoura, dove arrivò intorno a 100 000 anni fa; in direzione sud, verso l'Africa australe, che raggiunse circa 120 000 anni fa per stabilirsi sulle coste della provincia del Capo, tra Klasier River, Border Cave, Die Kelders e Blombos, fino a 60-70 000 anni fa, lasciando i primi segni inequivocabili di quella rivoluzione culturale e tecnologica che ne accompagnerà l'avanzata in altre parti del mondo. Una interessante espansione investí il nord-est del continente, prima verso il Sudan, dove nella località di Singa sono stati trovati resti di quello che è possibile definire come un uomo moderno di tipo transizionale, datati a 150 000 anni fa. Poi nel sud dell'Egitto, dove a Taramsa si sono scoperti fossili umani di anatomia moderna risalenti a 80 000 anni fa. Da queste postazioni, consolidata la presenza nel continente d'origine alle spese di stirpi piú arcaiche, il nuovo uomo africano si preparò al successivo balzo, verso l'Eurasia.

La paleontologia del XIX e XX secolo ha dimostrato che *Homo sapiens* è solo l'ultimo risultato di una serie complicata di esperimenti evolutivi verificatisi all'interno dei discendenti delle Australopitecine negli ultimi 2,5 milioni di anni. Il primo fossile di australopiteco, relativo a un esemplare di circa tre anni, fu scoperto nel 1924 a Taung in Sudafrica e studiato da Raymond Dart, che ne intuí l'enorme importanza per la paleoantropologia. Per il «bambino di Taung», morto probabilmente in seguito all'attacco di un leopardo o di un'aquila, venne istituita la specie *Australopithecus africanus*. Tutti i resti di questa specie, vissuta all'inizio del Pleistocene, 2,8-2,5 milioni di anni fa, sono stati scoperti nell'Africa australe. Successivamente, sempre in Africa, si sono ripetuti i ritrovamenti di molti altri fossili riconducibili al gruppo delle Australopitecine, il piú noto dei quali è «Lucy», uno scheletro quasi completo di un esemplare di sesso femminile, ritrovato nel 1974 dal gruppo del paleontologo statunitense Donald C. Johanson nell'Hadar, in Etiopia. Per Lucy fu istituita ancora una nuova specie, *Australopithecus afarensis*, della quale sono stati ritrovati numerosi altri fossili fra Tanzania ed Etiopia, risalenti a 3,9-2,9 milioni di anni fa.

L'anatomia delle Australopitecine è caratterizzata da un particolare insieme di caratteri che ha indotto i paleoantropologi a considerarle uno snodo fondamentale sulla via dell'evoluzione umana. La loro capacità cranica era modesta, intorno ai 400 cm^3, la faccia prognata; i canini e i molari, sebbene di dimensioni piú ridotte rispetto a quelli delle altre scimmie antropomorfe come gli scimpanzé, erano relativamente piú grandi di quelli umani. Ma è nello scheletro «post-craniale», di dimensioni molto inferiori a quelle dei successivi uomini, che compaiono i caratteri piú interessanti. La forma del bacino, dell'anca e del ginocchio fanno ritenere che Lucy fosse in grado di camminare con una efficace andatura bipede. Con loro sembra quindi essersi affermato il bipedismo, un passaggio evolutivo chiave nella storia naturale dell'uomo. La postura eretta durante la deambulazione conferiva loro una varietà di vantaggi, tutti probabilmente concorrenti alla sua affermazione: migliore controllo dell'ambiente circostante, per evitare predatori e localizzare prede, migliore termoregolazione, con la testa stabilmente a una certa distanza dal terreno, ma soprattutto mani libere. Libere per toccare, maneggiare oggetti e scagliarli efficacemente contro i predatori e gli intrusi, tenere per mano un compagno o un figlio.

C'è una straordinaria conferma di tutto ciò, data dalla scoperta, nel 1976, da parte dell'antropologa Mary Leakey. Lucy ha lasciato delle tracce sul terreno di cenere lavica del cratere del vulcano Sadiman, a Laetoli, una località della Tanzania. Sono impronte dei piedi di due individui, uno piú grande e uno piú piccolo: madre-figlio, maschio-femmina? Sono assolutamente nitide e ben conservate e ci confermano un'andatura bipede e spedita – circa un metro al secondo. Il piede, incurvato e adatto al cammino, mostra però una traccia imbarazzante per un piccolo bipede vispo come Lucy: il pollice è ancora sporgente lateralmente e probabilmente opponibile. Forse Lucy alternava brevi passeggiate su spazi aperti alla frequentazione delle aree piú forestate del suo Eden, al riparo dai predatori che incrociavano nei paraggi e che dovevano costituire per lei una preoccupazione non da poco.

A partire dalle Australopitecine, circa tre milioni di anni fa, nel laboratorio Africa furono imboccate due strade diverse: una sfociò in un classico vicolo cieco della specializzazione evolutiva, la seconda riservò grandi sorprese. Al primo gruppo appartengono fossili datati tra 2,7 e 1,2 milioni di anni, con un cranio non piú voluminoso di quello della celebre Lucy, ma piú robusto, provvisto di una cresta sagittale un po' come quella dei gorilla e grandi molari adatti alla masticazione di materiali vegetali, che vengono riuniti nel genere *Paranthropus*, legato ad ambienti di foresta e scomparso senza un seguito evolutivo. Del secondo fanno parte forme piú leggere, con un cranio che conteneva un cervello grande solo la metà di quello umano moderno, ma la faccia è già piú familiare, con due grandi orbite oculari che ci guardano con un'aria inquietante. Jonathan Leakey, nel 1960, durante una gita in Tanzania nella Gola dell'Olduvai con i genitori – Louis Leakey e sua moglie Mary, la scopritrice delle impronte di Laetoli – raccolse una mandibola che ha fatto la storia della paleoantropologia africana, l'esemplare tipo di *Homo habilis*. Perché questo piccolo fossile si è meritato un nome cosí doppiamente impegnativo? Il fatto è che con questo e altri ritrovamenti di fossili tutti datati tra 2,5 e 1,5 milioni di anni fa, sparsi tra le località simbolo dell'evoluzione umana, soprattutto in Africa orientale, si fa strada la convinzione di trovarsi per la prima volta di fronte ai resti di una specie che non può essere esclusa dalla nostra genealogia diretta. Seconda questione: i fossili delle Habiline sono spesso associati a sassi che non sono semplicemente sassi, ma presentano chiare e inequivocabili tracce di scheggiatura: è nato l'uomo, o almeno una sua forma arcaica.

Se qualcuno credeva ancora che la nostra storia remota fosse un lungo e costante processo lineare che ci ha portati lentamente, ma inesorabilmente, a «sedere sul pinnacolo dell'evoluzione», ecco la prova che le cose sono andate diversamente; in questo momento, piú o meno all'inizio del Pleistocene, abbiamo la certezza della contemporanea presenza in un'area relativamente ristretta dell'Africa sub-sahariana di una complessa comunità biotica, che comprendeva varie specie di ominidi con nicchie ecologiche diverse: erbivori di foresta (*Paranthropus*), forme dell'interfaccia tra foresta e prateria, onnivore ma tendenti alla saprofagia (*Australopithecus*) e specie rivoluzionarie come le Habiline, probabilmente piú mobili e legate agli spazi aperti, che stavano tentando di capire cosa si può trarre di buono dai sassi per salire – o scendere – i gradini della catena trofica. Se si analizzano i fossili e si studiano le inserzioni dei muscoli che servono a masticare, la struttura dei denti e le microstriature dei loro piani di usura, si riesce a determinare quali cibi venivano masticati e a capire come ognuno di questi attori avesse le proprie preferenze in fatto di cibo e di ambiente. Questi studi dimostrano come la linea evolutiva che portò all'uomo si sia mantenuta sempre tra uno spettro trofico largo – onnivoro – e un certo grado di polarizzazione verso la carnivoria.

Fra l'uomo anatomicamente moderno dell'Awash e *Homo habilis* c'è uno iato temporale di oltre due milioni di anni, che la paleontologia degli ultimi due secoli ha riempito con una lunga serie di fossili ai quali ha dato differenti nomi. Semplificando molto, possiamo individuarvi due segmenti principali, il primo dei quali si apre circa due milioni di anni fa. Sulle rive del lago Turkana, alla metà degli anni ottanta del XX secolo, il paleontologo keniota Kamoya Kimeu ritrovò uno dei reperti piú sensazionali di tutta la paleoantropologia. Uno scheletro praticamente completo di un ominide alto quasi 170 cm, con un cranio di grande capacità – 900 cm^3 – databile con sicurezza a oltre 1,5 milioni di anni fa. Lo stacco rispetto alle Habiline e alle Australopitecine è notevole, sia in termini di mole che di modellazione del cranio e degli arti. La postura è fieramente eretta, il bipedismo ormai completo e molto efficace. Insomma, uno spilungone robusto ma non pesante, con arti proporzionati e forti gambe per camminare: *Homo erectus*. Il «ragazzo di Nariokome», come viene chiamato data la giovane età del personaggio (8-11 anni), non è il piú antico fossile di questo nuovo gruppo. Altri ne erano stati già scoperti in varie località del Kenya, Tanzania, Etiopia, anche con datazioni di oltre 1,8 milioni di anni. Ma la prima traccia della presenza di *Homo erectus* era stata trovata molto tempo prima dal naturalista olandese Marie Eugène Dubois in tutt'altra parte del mondo: l'isola di Java.

Quella di *Homo erectus* è stata una lunghissima esperienza, che ha segnato la prima diffusione dell'uomo in Eurasia. Originato dalle Habiline circa due milioni di anni fa, in qualche luogo lungo la Rift Valley dell'Africa orientale, ha subito sfruttato le proprie gambe, robuste ma agili, per diffondere dall'Africa fino all'Indonesia e alla Cina, coprendo quasi diecimila chilometri in poche decine o centinaia di migliaia di anni. Piú a nord, esplorando altri territori che mai avevano visto la presenza umana, si è spinto in Eurasia attraverso le estese praterie che si formavano nei periodi glaciali del Pleistocene alle medie latitudini, all'inseguimento di grandi erbivori dei quali stava diventando abile cacciatore. Ha stabilito un avamposto alle porte dell'Europa nella località di Dmanisi, in

Georgia, dove è vissuto intorno a 1,7 milioni di anni fa, ma è soprattutto all'Asia orientale che è legato il successo di questa specie. Anzi, alcuni paleontologi ritengono che quello asiatico sia il vero *Homo erectus*, mentre assegnano le forme africane, come il ragazzo di Nariokome, alla specie *Homo ergaster*. Ha vissuto per oltre seicentomila anni nelle grotte di Zhoukoudian, vicino a Beijing, e in altre località della Cina settentrionale, dove era arrivato attraversando l'Asia centrale e il sud della Mongolia. Piú a sud ha avuto una lunghissima residenza a Java, sulle rive del fiume Solo, praticamente fino all'altro ieri; era ancora lí poco piú di 40 000 anni fa, quando la Terra veniva invasa dall'*Homo sapiens*.

La storia di *Homo erectus* e delle forme umane direttamente derivate da lui abbraccia una gran parte del Pleistocene ed è almeno dieci volte piú lunga della nostra; dopo aver attraversato vari cicli glaciali e interglaciali si è conclusa, molto probabilmente, per causa nostra. La sua presenza sul pianeta è stata contrassegnata da una strategia ecologica basata sulla predazione, in sostanziale equilibrio con gli altri membri delle comunità biotiche dei diversi ecosistemi, ai quali si adattava grazie a una plasticità comportamentale ben piú ampia di quella già dimostrata dalle Australopitecine che erano rimaste intrappolate nel ristretto circuito degli ecosistemi di foresta-prateria africani. Abbandonata la rozza tecnica di scheggiatura dei suoi antenati *habilis* dell'Olduvai, *Homo erectus* fu presto in grado di costruire piú complessi strumenti in pietra e di utilizzarli per affermare il proprio ruolo di cacciatore intelligente e di raccoglitore curioso. È stato sostanzialmente un predatore di grandi mammiferi, ma ha catturato anche pesci e uccelli, ha raccolto molluschi marini e cereali selvatici, ha probabilmente utilizzato con efficacia il fuoco per cacciare, per riscaldarsi e per cuocere carne, foglie e tuberi. In qualche modo è stato in grado di costruire semplici oggetti galleggianti per attraversare i bracci di mare che si paravano davanti alla sua ansia di spingersi avanti verso l'ignoto, verso la Terra che lo attendeva. Ha invaso l'Eurasia, ma non è mai arrivato in Nuova Guinea, in Australia e soprattutto non ha neppure immaginato l'America. Non ha mai raggiunto grandi densità di popolazione, anche se ha dato vita a comunità locali stabili e durature. Forse ha parlato, a modo suo. Fosse stato lui l'ultimo anello della catena, oggi e per lungo tempo ancora la Terra sarebbe molto diversa da come l'abbiamo ridotta. Non si sarebbe realizzato però un segmento straordinario della storia del pianeta e dell'uomo.

Secondo i paleontologi, intorno a 800 000 anni fa, all'interno di qualche popolazione di *Homo ergaster* rimasta in Africa, si verificò un'altra discontinuità evolutiva notevole. Uno dei reperti chiave di questi nuovi uomini è la mandibola di Mauer, scoperta nel 1907 da un operaio in una cava di sabbia nei pressi di Heidelberg, che costituisce il tipo della specie descritta come *Homo heidelbergensis*. L'uomo di Heidelberg aveva un aspetto imponente, alto quasi 2 m, una robusta muscolatura e una capacità cranica paragonabile a quella dell'uomo moderno. Insieme ad altre forme simili, i cui fossili sono stati rinvenuti in varie località europee e africane – come *Homo rhodesiensis* che forse lo ha preceduto – è la testimonianza dei complessi processi nell'evoluzione dell'uomo che si sono verificati tra Pleistocene Inferiore e Medio. Con questi uomini si apre un ulteriore capitolo evolutivo, caratterizzato dall'acquisizione di capacità adattative piú ampie, che consentirono loro di colonizzare l'Europa, dai Balcani alla Penisola iberica e, probabilmente, di spingersi nuovamente fino all'estremità orientale dell'Asia, come già aveva fatto *Homo erectus* piú di un milione di anni prima. A *Homo rhodesiensis/heidelbergensis*, o a forme umane consimili di questo periodo, sono associate tracce archeologiche che denotano un notevole balzo in avanti sul piano delle tecnologie, con un evidente progresso nella capacità di procurarsi le risorse e di fronteggiare le condizioni climatiche piú estreme. Le loro strategie di caccia erano rese piú efficaci dalla costruzione di strumenti sempre piú sofisticati, come le lance lignee di quattrocentomila anni fa rinvenute a Schöningen in Germania, che integravano efficacemente le asce acheuleane inventate dai loro progenitori *ergaster* in Africa quasi un milione di anni prima. Prime tracce di sepolture e di abitazioni associate a questi uomini sono state ritrovate in varie località dell'Europa, come nel sito di Atapuerca, nella Spagna settentrionale, e quello di Terra Amata in Provenza.

Entrando piú addentro al Pleistocene Medio, la storia raccontata dalla paleoantropologia si concentra sull'Eurasia e in particolare su una fascia compresa tra la Penisola iberica e la Siberia meridionale, dove accadde qualcosa che ci riguarda molto piú da vicino e che probabilmente ha lasciato tracce dentro di noi. A partire da oltre 300 000 anni fa, da forme come l'uomo di Heidelberg, si assiste a una progressiva trasformazione che culmina, fra 130 000 e 60 000 anni fa, con la realizzazione di un *blend* di caratteristiche anatomiche che prende il nome di uomo di Neandertal. Conformazione tarchiata, cassa toracica che si allarga verso il basso, cranio ampio ma massiccio, appiattito e lungo, fronte molto sfuggente, arcate sopraciliari marcate, faccia prognata, naso largo e arti robusti sono segni distintivi di una vasta popolazione che si concentra nell'Europa centrale e occidentale, ma che si spinge in Spagna e in Italia, nel Vicino Oriente, in Iraq e Iran, forse nell'Afghanistan nordoccidentale e, sicuramente, fino all'avamposto siberiano di Okladnikov sui monti Altai. Sono stati scoperti centinaia di reperti fossili e manufatti «musteriani» associati a essi; sono stati pubblicati innumerevoli articoli scientifici sul *neanderthal*, sulle sue impronte e sui resti da lui lasciati; sono stati scritti romanzi e prodotti film; è difficile sintetizzare una storia di centinaia di migliaia di anni che inevitabilmente ci coinvolge, tra curiosità, nostalgia e sensi di colpa. L'uomo di Neandertal e il suo fratello di Denisova dei monti Altai rappresentano forme umane specializzate, evolutesi nelle regioni euroasiatiche delle medie latitudini. Non si hanno prove che abbiano mai popolato l'Africa dei loro antenati. Ma se in Eurasia si era imboccata la via della specializzazione morfo-funzionale, in Africa il laboratorio genetico-evolutivo non aveva cessato di produrre i suoi esperimenti. Nel Pleistocene intermedio una complessa metapopolazione di qualche decina o centinaia di migliaia di individui di una specie discendente di *Homo ergaster* era ancora presente sul continente. Fu proprio da qualche popolazione locale di questa che si originò l'ultimogenito del genere *Homo*.

La genetica ha portato una serie di conferme sia sui tempi che sui luoghi di questa ricostruzione paleontologica dell'origine di *Homo sapiens*. Nel 1987 l'antropologa Rebecca Cann, ricercatrice all'Università delle Hawaii, pubblicò insieme ad alcuni collaboratori uno studio della regione di controllo del DNA mitocondriale di popolazioni umane attuali. Una particolare tecnica statistica, l'analisi di coalescenza, le permise di ricostruire, andando a ritroso nel tempo, tutta la catena di eventi di convergenza genetica tra le principali varianti di questa regione, una sequenza di poche centinaia di lettere, molto variabile e informativa. Fu un po' come ricostruire la struttura di un albero con tutte le ramificazioni che dal tronco portano agli apici avendo a disposizione solo la fotografia della superficie della chioma. Lo studio di Cann, che assumeva come riferimento temporale una divergenza tra gli antenati dell'uomo e quelli dello scimpanzé intorno ai 6-7 milioni di anni fa e una probabilità di mutazione dell'ordine di un miliardesimo per ogni generazione, indicava una data di circa duecentomila anni per l'antenata comune piú recente dell'umanità intera. Il mondo della paleoantropologia fu scosso da questa stima genetica e la metafora di «Eva mitocondriale», come venne definita quella che piú tecnicamente si chiama MRCA (Most Recent Common Ancestor), ebbe un gran successo presso il pubblico. Poi fu il turno di Adamo, per il quale un primo studio su parti del cromosoma paterno Y forní un'indicazione di anzianità piú modesta, di circa 90 000 anni. Analisi successive hanno poi permesso di spostare indietro nel tempo anche la data del MRCA maschile: 140 000 anni. Queste date sono soggette a errore statistico legato alla frequenza di mutazione e possono variare per le differenti parti del genoma, visto che questo è un mosaico formatosi nel corso della complessa storia dell'uomo. Tutto però sembra concordare con un'origine relativamente recente di *Homo sapiens* in un'area geografica ristretta, seguita da una diffusione in tutto il mondo.

Ma dov'è la culla genetica, il paradiso terrestre dell'incontro fatale, tanto per rimanere all'immagine biblica? Secondo i genetisti ci sono elementi convincenti che confermano l'evidenza paleoantropologica di un'origine africana, a sud del Sahara. Il primo è che la variabilità genetica è maggiore nelle popolazioni africane dell'area sub-sahariana che non in quelle di tutte le altre regioni del pianeta. Questa differenza non riguarda soltanto il DNA mitocondriale e quello del cromosoma Y, trasmessi rispettivamente per via materna e paterna, ma vale anche per altre porzioni dei cromosomi che compaiono in duplice copia nel corredo cromosomico, soprattutto se si considerano i loro segmenti non soggetti a selezione e che proprio per questo funzionano in un certo senso da marcatori neutrali degli eventi che riguardano l'origine delle popolazioni attuali. Secondo i genetisti, la maggiore variabilità delle popolazioni africane oggi residenti a sud del Sahara dipenderebbe dal fatto che queste sono piú antiche rispetto alle altre o, per dirla diversamente, che l'umanità è stata per molto tempo piú numerosa in queste regioni dell'Africa che non altrove. A rafforzare questa tesi c'è poi il fatto che la variabilità diminuisce all'aumentare della distanza geografica delle popolazioni dal continente africano. Si ritiene che questo cline genetico mondiale sia dovuto alla dinamica della diffusione di *Homo sapiens* a partire dalla popolazione originaria, segnata da una lunga serie di eventi successivi di fondazione da parte di piccoli nuclei umani che si staccavano dai precedenti e fondavano nuove colonie; il collo di bottiglia demografico associato alla fondazione di una nuova popolazione da parte di un piccolo nucleo di individui elimina infatti una parte consistente della variabilità della popolazione d'origine.

Ulteriori conferme dell'origine africana di *Homo sapiens* vengono dallo studio dettagliato della distribuzione geografica delle varianti di specifici segmenti del DNA mitocondriale. Le singole varianti, distinte tra loro per una o piú mutazioni caratteristiche, sono definite aplotipi, mentre le categorie che riuniscono piú aplotipi simili per discendenza comune sono detti aplogruppi. Se andiamo a vedere come sono rappresentati i vari aplogruppi nelle diverse popolazioni umane attuali, scopriamo che alcuni di questi sono presenti esclusivamente in alcune popolazioni africane che vivono a sud del Sahara. In particolare, le popolazioni di cacciatori-raccoglitori dell'Africa australe, come i cacciatori Khoisan che parlano con il linguaggio dei «click», hanno una grande prevalenza di aplotipi molto antichi, che si trovano rappresentati anche in popolazioni dell'Africa orientale e sudorientale. In talune parti dell'Africa occidentale e anche orientale sono presenti invece aplotipi di un terzo gruppo, L3, che secondo le stime dei genetisti si è originato circa 85 000 anni fa. La scoperta chiave è stata che in tutte le popolazioni non africane – cioè in Europa, Asia, Oceania e America – si ritrovano soltanto aplotipi di tre gruppi non presenti in Africa, ma derivati dall'aplogruppo L3 intorno ai 63-60 000 anni fa. Una classificazione genetica analoga è disponibile anche per il cromosoma Y e anche in questo caso si sono individuati aplogruppi antichi presenti solo in Africa e aplogruppi africani che hanno generato quelli relativamente piú recenti presenti nei maschi di tutte le altre popolazioni della Terra. Tutta questa storia di antenati comuni e di genealogie di aplotipi sembra proprio confermare e dare molto maggiore dettaglio a quanto suggerisce lo studio dei reperti fossili: che l'origine dell'umanità attuale vada ricercata in una popolazione differenziatasi in Africa nel Pleistocene Medio, intorno a 200-150 000 anni fa, dalla quale sarebbe uscito un nucleo molto ristretto di individui che, riproducendosi e migrando, avrebbe colonizzato tutto il pianeta. Ne è nata la teoria Recent African Origin (RAO), i cui dettagli sono oggetto di furibonde schermaglie tra i genetisti umani e tra questi e i paleoantropologi.

Il DNA dei mitocondri e quello del cromosoma Y delle popolazioni umane attuali non portano tracce di parentele genetiche piú remote, come se tra noi e gli uomini piú antichi descritti dalla paleontologia ci fosse una cesura genetica profonda. Da questa constatazione è nata una versione ancora piú radicale del RAO:

la sostituzione totale (*replacement*) delle precedenti forme di uomo da parte del *sapiens*: dopotutto oggi siamo l'unica specie umana rimasta nel mondo! Ma qui le cose cominciano a complicarsi, perché studi che prendono in considerazione anche altre parti del DNA rivelano che oltre a un *out-of-Africa* iniziato circa 130 000 anni fa, ve ne sono stati anche di piú remoti, che hanno lasciato firme genetiche stimabili a 650 millenni e addirittura 1,9 milioni di anni fa. Questi tre esodi – che guarda caso coincidono rispettivamente con la comparsa in Eurasia di *Homo sapiens*, dell'uomo di Heidelberg ritenuto progenitore del *neanderthal*, e di *Homo erectus* – potrebbero in realtà rappresentare solo gli eventi di maggiore successo di una serie di migrazioni dall'Africa verificatesi durante il Pleistocene, tutte le volte che le condizioni climatiche ed ecologiche lo consentivano.

Per sottolineare questo concetto un paleoantropologo molto influente della Washington University, Alan Templeton, ha intitolato una sua pubblicazione *Out of Africa again and again*. Templeton e altri paleontologi e genetisti ritengono che vi siano indizi di una evoluzione piú complessa di quella descritta dalla versione radicale della teoria RAO. Queste ondate successive di forme umane evolutesi in Africa, ma diffusesi in tutta l'Eurasia, diverse geneticamente tra loro ma non tanto da risultare riproduttivamente separate, avrebbero portato allo stabilirsi di popolazioni locali che hanno mantenuto collegamenti genetici tra di loro in una sorta di grande metapopolazione eurasiatica che, tutta insieme, si sarebbe evoluta fino a produrre l'umanità attuale. La teoria della Multi Regional Evolution (MRE) non nega l'origine africana, ma sostiene che non vi sia stata sostituzione dell'antico da parte del moderno, come vorrebbero i sostenitori del RAO, ma una lunga serie di eventi di ibridazione. Un punto di equilibrio tra le due posizioni è espresso dalla teoria della Primary African Origin di John H. Relethford, che combina l'origine iniziale africana con un moderato flusso genico tra l'uomo moderno e gli uomini derivati da precedenti emigrazioni e stabilitisi in varie aree dell'Eurasia. E cosí *replacement vs. admixture* è diventato l'argomento su cui paleontologi e genetisti discutono nelle piú prestigiose riviste scientifiche internazionali, con clamorosi colpi di scena, rovesciamenti di campo e progressi del quadro conoscitivo a ogni nuova scoperta. Comunque stiano le cose un dato è certo: la grande maggioranza del nostro genoma porta le tracce di un'origine africana e di un complicatissimo e arduo percorso compiutosi attraverso le vicende climatiche ed ecologiche del Pleistocene in Africa, che alla fine ha portato alla comparsa delle caratteristiche biologiche che hanno consentito a *Homo sapiens* di raggiungere le parti piú remote del pianeta e a farla da padrone negli ecosistemi piú diversi.

2. *Inquietudine migratoria.*

Il 29 maggio 1953, l'esploratore neozelandese Sir Edmund Percival Hillary e lo sherpa nepalese Tenzing Norgay raggiunsero la vetta piú alta del mondo, il Chomolungma, di 8848 m sul livello del mare. Il 23 gennaio 1960, il batiscafo *Trieste*, con a bordo il comandante svizzero Jacques Piccard, toccò il fondo della Fossa delle Marianne al largo delle Filippine, il punto piú profondo di tutti gli oceani, 10 916 m. Questi due eventi simbolici segnano i limiti della diffusione geografica ed ecologica che *Homo sapiens* ha raggiunto dopo duecentomila anni di vita sulla Terra. Per cogliere l'inizio di questa smania di colonizzare il mondo occorre fare un viaggio nella parte orientale del bacino del Mediterraneo, che ci porta indietro nel tempo di quasi 120 millenni.

I pellegrini che percorrono l'ultimo tratto della strada che dalla pianura di Emeq Yizre'el sale a Nazaret in Galilea, raramente notano un'apertura che si apre nella roccia sul fianco del monte del Precipizio. Qui, non lontano dalla loro meta, la grotta dove «Dio si è fatto uomo», un'altra grotta segna un momento significativo della presenza dell'uomo sul pianeta: il primo episodio documentato della diffusione degli uomini anatomicamente moderni fuori dalla loro terra d'origine. Fu il console francese in Palestina, René Neuville, che negli anni trenta del XX secolo vi rinvenne alcune sepolture di Età paleolitica. Gli scavi portarono complessivamente alla luce i resti di una quindicina tra adulti e bambini, alcuni di evidente anatomia moderna. Le recenti datazioni hanno confermato età comprese tra 120 000 e 95 000 anni fa. Ma la grotta che si apre sul Wadi el Hadj non è stata l'unica residenza precoce del *sapiens* nel Levante; altri resti di simile anzianità sono stati trovati a poche decine di chilometri, nelle caverne di Es Skhūl, sul Monte Carmelo. Complessivamente, queste scoperte hanno prodotto la prova della prima espansione dell'uomo anatomicamente moderno nell'area eurasiatica. Pare proprio che questo primo tentativo sia finito male, probabilmente per ragioni climatiche; la colonizzazione di Qafzeh-Skhūl non ebbe un seguito e nell'area tornarono gli uomini di Neandertal che già prima, tra 180 000 e 120 000 anni fa, vivevano nelle grotte di Tabun e che si ristabilirono nella vicina Kebara, dove rimasero fino a circa 60 000 anni fa. Del resto, già molto prima, tra 200 000 e 250 000 anni fa, sulle rive del Mare di Galilea vivevano uomini anatomicamente piú arcaici. Insomma, una storia intricata di sostituzioni alterne in una terra già allora contesa, che probabilmente anticipa il complesso rapporto tra uomo di Neandertal e uomo di Cro-Magnon che avrà come teatro l'Europa tra 45 000 e 30 000 anni fa. Ma in questo secondo caso le cose andranno a finire diversamente.

Come erano arrivati gli uomini moderni nel Levante? Partendo dalla tesi dell'origine africana, l'attenzione dei geologi e dei paleoantropologi si concentra su quattro scenari principali. Il primo è il corridoio del bacino del Nilo, che con alterne vicende si andava definendo a partire dal Pleistocene precoce e che nei periodi climaticamente favorevoli avrebbe consentito di raggiungere le rive mediterranee dell'Africa del Nord e il Levante. Il secondo è l'attraversamento del Sahara, sfruttando il sistema di canali e grandi laghi che, come era già accaduto a piú riprese durante il Miocene e il Pleistocene, si formarono durante una fase di clima umido fra 130 000 e 120 000 anni fa. Le altre due possibilità di transito riguardano il Mar Rosso; si può ipotizzare che l'uomo moderno ne abbia risalito la costa occidentale fino al suo limite settentrionale, oppure che si sia deciso per un attraversamento nel suo punto piú stretto tra l'Africa orientale e la Penisola arabica, quello che oggi è il Bāb al-Mandab. È probabile che, se non tutte, almeno alcune di queste vie siano state tentate a piú riprese da diversi nuclei umani. Ed è anche probabile che molti di quei primi tentativi siano stati segnati dall'insuccesso.

L'integrazione fra paleontologia, archeologia e genetica permette di studiare cosa accadde dopo. Nonostante le sensazionali scoperte degli ultimi decenni, mancano ancora molti dettagli sulla diffusione di *Homo sapiens* sulla Terra, ma le linee generali sembrano tracciate. Fra i primi tentativi di dispersione dall'Africa e le tracce di una reale invasione dell'Eurasia c'è un intervallo di oltre cinquantamila anni, durante il quale non sappiamo esattamente che cosa sia accaduto. Può darsi che, dopo i primi fallimenti, l'altalena climatica dell'ultimo periodo glaciale abbia imposto una lunga attesa, ma potrebbe essere anche accaduto che alcuni nuclei si siano precocemente attestati in località extra africane che consentivano a piccole popolazioni di sopravvivere ma non di espandersi. Ci sono indizi archeologici a favore di questa ipotesi: un insediamento di 130 000 anni fa a Jebel Faya, vicino allo stretto di Hormuz, in una posizione decisamente strategica per aprirsi le porte verso l'Asia orientale, ma anche per diffondere lungo le coste del golfo Persico verso lo Shaṭṭ al-'Arab e di qui risalire Tigri ed Eufrate, fino al Levante e alle porte dell'Europa.

Sembra proprio che la grossa ondata diffusiva si sia però verificata non prima di 80-70 000 anni fa e che abbia percorso le coste meridionali della Penisola arabica, della Persia, del Pakistan e dell'India occidentale, per poi proseguire fino al sud-est asiatico e di qui alla Nuova Guinea e all'Australia, dove *Homo sapiens* è arrivato tra 50 000 e 40 000 anni fa. L'ipotesi di una *southern coastal route* lungo le coste del Mare Arabico e dell'Oceano Indiano, formulata da Marta M. Lahr e Robert A. Foley dell'Università di Cambridge, è suffragata da una grande quantità di indizi di tipo genetico e archeologico e offre una convincente spiegazione della rapidità di questa ondata migratoria. Secondo questa tesi, la dispersione fu possibile grazie allo sviluppo di una strategia di sussistenza polivalente, basata sulla raccolta di organismi – pesci, crostacei, molluschi, alghe – che fanno parte delle comunità biotiche della fascia intertidale, l'ecosistema di transizione fra terra e mare compreso tra il limite superiore delle alte maree e quello inferiore delle basse maree. Nell'Oceano Indiano, come in altre parti della Terra, l'ampiezza verticale di questa fascia può raggiungere vari metri e durante le basse maree si verifica l'esposizione di ampie piattaforme orizzontali popolate da una biodiversità strabiliante – almeno un tempo. Lo sfruttamento della biomassa intertidale non richiede tecniche estrattive particolarmente complesse, trattandosi generalmente di alghe, piante e animali sessili o dotati di scarsa mobilità; è sufficiente staccarli dalla roccia o spezzettare le formazioni coralline che ospitano molluschi e crostacei utilizzando semplici strumenti litici che l'uomo sapeva costruire da milioni di anni. In secondo luogo, la biomassa intertidale ha un contenuto energetico sicuramente non inferiore rispetto alla carne dei grandi mammiferi e contiene una grande varietà di grassi e di microelementi che favoriscono accrescimento, riproduzione e ottime prestazioni muscolari e cerebrali.

Due località costiere, distanti tra loro decine di migliaia di chilometri e separate da oltre centomila anni di storia del pianeta e dell'uomo, ci aiutano a inquadrare meglio questo aspetto dell'ecologia degli uomini lanciati all'invasione della Terra. Sul golfo di Zula, vicino alla località di Abdur in Eritrea, un antico reef pleistocenico, ora emerso, forma un rilievo di alcuni chilometri. Le sue rocce brune sono il risultato della compattazione di detriti marini di circa 125 000 anni fa e contengono resti fossili di una complessa comunità biotica del litorale di allora: grandi colonie di coralli, conchiglie di ostriche, grandi tridacne e altri molluschi bivalvi, gasteropodi ed echinodermi. Tutto quanto basta a entusiasmare un appassionato di biologia marina. Ma un gruppo di geologi e paleontologi ci ha trovato dentro una sorpresa: un bel po' di lame e strumenti di ossidiana, quarzo e fine pietra vulcanica, mescolati ai resti di conchiglie. Qualcuno, da queste parti, oltre centomila anni fa, se ne andava in giro in bassa marea a fare il pieno d'ogni ben di dio. La seconda località è Monte Verde, a pochi chilometri dalla baia di Puerto Montt, nel Cile meridionale. Qui un sito archeologico tra i piú importanti dell'America del Sud ha restituito la batteria da cucina, la dispensa e la farmacia di una comunità di *beach combers* di 14 000 anni fa: mortai, mestoli, bracieri ma anche resti di molluschi e tante alghe di differenti specie, usate non solo a scopo alimentare ma anche per tenere a freno il colesterolo, per agevolare il metabolismo del calcio e come antinfiammatori; proprio le stesse specie che ancora oggi gli abitanti dell'isola di Chiloè usano come cibo e per curare gli stessi malanni. Abbiamo sempre associato la nostra preistoria alla caccia di grandi mammiferi, ma lo sfruttamento dei *mariscos* della fascia costiera è una vecchia abitudine che *Homo sapiens* ha utilizzato fin dall'inizio per soddisfare la propria voglia di crescere e di colonizzare il mondo e che si è portata dietro fino ai giorni d'oggi. Le coste dei mari del mondo sono piene di testimonianze fossili di questa passione: i paleontologi le chiamano *shell middens* e sono mucchi enormi, talvolta di milioni di conchiglie accumulate dall'uomo dopo averne gustato l'interno. Ne sono state trovate un po' ovunque, dall'America settentrionale e meridionale all'Europa del Nord. Sebbene queste formazioni siano molto piú frequenti tra la fine del Pleistocene e l'inizio dell'Olocene, le piú antiche risalgono proprio alla fase di dispersione mondiale di *Homo sapiens*.

Lo sfruttamento dell'ecosistema litorale, oltre ad assicurare le risorse trofiche per la crescita demografica, poteva anche garantire l'accesso all'acqua dolce con maggiore facilità rispetto alle zone desertiche interne. Però la raccolta intensiva nell'area di avanzamento – e qui si anticipa già un capo d'imputazione – finiva con il produrre lo spopolamento della fascia costiera e quindi l'esigenza di andare ancora avanti, sempre piú avanti, alla ricerca di aree non ancora sfruttate. Nuclei minori di uomini si staccavano da questa direttrice litoranea di avanzamento per penetrare verso l'interno, soprattutto in corrispondenza degli estuari dei grandi fiumi che sfociavano nell'Oceano Indiano e sulle coste del sud-est asiatico. Gli ecosistemi di estuario sono ancora oggi tra i piú produttivi in termini di biomassa animale e vegetale e spesso nell'area Indopacifica sono caratterizzati da complesse comunità forestali di mangrovie, che ospitano una biodiversità molto elevata. È probabile quindi che questi luoghi siano stati dei veri e propri *hot spot* della colonizzazione e diffusione di *Homo sapiens* verso l'Asia orientale, centri di irraggiamento verso le regioni interne del continente, ma anche luoghi d'incontro e d'interazione dove si sviluppava la complessa rete di scambi genetico-culturali che arricchivano e alimentavano l'onda di espansione.

Uno snodo importante di questa autostrada del mare, che consentí l'accesso all'interno dell'Asia centrale, è stato il subcontinente indiano. Purtroppo l'India è avara di resti paleoantropologici, ma genetica e archeologia confermano questa tesi. La distribuzione del DNA mitocondriale tra i popoli dell'Asia è un caleidoscopio di gruppi genetici tutti discendenti dai tre aplogruppi M, N e R, originatisi dal ramo principale L3 circa sessantamila anni fa. Ogni regione dell'Eurasia ha la sua particolare segnatura genetica, rappresentata da differenti frequenze dei gruppi derivati da questi tre principali rami fondatori, ma è nel subcontinente indiano che il patchwork genetico è piú variopinto, a dimostrare che l'India è stata una stazione importante del passaggio dell'onda di geni nuovi verso le piú lontane regioni della Cina e dell'Indonesia e per la colonizzazione delle regioni interne dell'Asia. Questo ruolo è probabilmente legato al variegato assetto ambientale che il subcontinente indiano aveva intorno a 75 000 anni fa, quando si presume sia arrivata l'onda migratoria di *Homo sapiens* proveniente dall'Africa. A sud del grande arco orografico dell'Hindo Kush, del Punjab, dell'Himalaya e dell'Arakan si estendevano al tempo le aree collinari e pianeggianti solcate dai fiumi che originavano sulle grandi catene montuose del nord e sui rilievi indiani centrali. Durante gli stadi di regressione marina che si sono verificati a piú riprese tra 70 000 e 30 000 anni fa, porzioni considerevoli della piattaforma continentale dell'India rimanevano emerse, soprattutto lungo i margini occidentali del subcontinente. Gli ecosistemi marino-costieri di questa ampia fascia litorale erano molto vari, con tratti rocciosi privi di vegetazione elevata e piattaforme sabbiose e fangose che ospitavano paludi costiere e foreste di mangrovie vicino agli estuari dei grandi fiumi occidentali, come Indo e Narmada. Le condizioni climatiche generali di tipo glaciale determinavano, nell'interno del subcontinente, un mosaico di biotopi diversi: deserti polari e tundra montana nelle regioni settentrionali dell'Himalaya e dell'Hindo Kush, deserti tropicali nella regione occidentale del Thar, estese aree a savana nelle zone centrali dell'India, foreste e boscaglie tropicali nella fascia occidentale compresa tra la pianura del Gange e il delta del Brahmaputra e, limitatamente ad alcune zone della parte sudoccidentale del subcontinente e allo Sri Lanka, ecosistemi di foresta pluviale. La dinamica di questo grande mosaico ambientale era legata alle fluttuazioni del sistema monsonico asiatico determinate dai cicli climatici di questa parte del Pleistocene e alle conseguenti variazioni dell'assetto idrologico dell'area.

L'uomo moderno arrivò nel caleidoscopio ecologico indiano prima di 70 000 anni fa, attraverso le piattaforme costiere nordoccidentali, e prese a diffondere lungo tutta la costa occidentale e nell'interno. La mappa dei siti archeologici suggerisce che la penetrazione nell'interno del subcontinente avvenne lungo varie direttrici, percorrendo i bacini idrografici occidentali, dall'Indo fino alla base dell'Hindo Kush e dal Narmada attraverso tutta l'India centrale fino alle pianure gangetiche. A oriente, una via di penetrazione verso l'interno era rappresentata dal Potwar e dal delta del Gange-Brahmaputra. L'archeologia rivela anche che al suo arrivo *Homo sapiens* trovò qui popolazioni insediatesi a seguito delle precedenti espansioni di *Homo erectus* e di uomini giunti nel Pleistocene Medio. Nella valle del Narmada, nei bacini del Krishna e del Godavari e in tutta la regione delle pianure del Gange, si registra infatti una vera continuità archeologica tra le culture acheuleane del Paleolitico Medio e quelle del Paleolitico Superiore e del Neolitico. Qui devono essersi verificati fenomeni di competizione, assorbimento o sostituzione analoghi a quelli che ebbero a protagonisti *sapiens* e *neanderthal* nello scenario europeo. La diffusione di *Homo sapiens* a scapito dei piú arcaici uomini indiani potrebbe essere stata favorita dalla super eruzione del vulcano Toba, avvenuta 74 000 anni fa. Che a quella data l'uomo moderno fosse già arrivato in India lo sostengono gli archeologi che hanno studiato il sito di Jwalapuram nell'Andhra Pradesh dove, immerse nello strato di ceneri che il catastrofico starnuto del vulcano di Sumatra aveva sparso su mezzo mondo, giacciono grandi quantità di lame e schegge di fattura raffinata, molto simili a quelle trovate in siti sudafricani della Media Età della Pietra.

La generale maggiore variabilità genetica dell'Asia centro-meridionale rispetto alle regioni settentrionali e orientali indica una prevalenza di flussi migratori da sud verso nord. Questi movimenti hanno portato l'uomo moderno in Mongolia e nelle regioni dell'Asia settentrionale. Le dure condizioni ambientali che si determinavano in quelle regioni, anche durante le fasi climatiche relativamente piú miti del tardo Pleistocene, dovevano impegnare non poco i nuclei dei colonizzatori e richiedevano la messa a punto in itinere di nuove strategie di sfruttamento delle risorse e di protezione dalle avversità del clima. La colonizzazione della Siberia è stata infatti molto lenta; si stima una velocità media di avanzamento di circa 150 m all'anno, contro gli oltre 7500 m all'anno durante la diffusione in America. Ma intorno a 45 000 anni fa l'uomo moderno riuscí a raggiungere le località di Kara-Bom e Kara-Tenesh sul fiume Ob, nella regione degli Altai, non lontano da Okladnikov e Denisova, due nomi di località che ritroveremo.

Proseguendo invece lungo le coste dell'India occidentale e del golfo del Bengala, l'uomo moderno raggiunse l'attuale Myanmar, da dove l'onda di avanzamento si divise in due grandi rami; il primo doveva raggiungere il golfo di Thailandia e, verso nord, il Laos e la Cambogia fino alla Cina meridionale, per poi proseguire lungo le coste settentrionali del Pacifico occidentale; l'altro ramo si sarebbe ben presto sviluppato lungo le coste della Malesia, di Sumatra e di Java entrando cosí nel complesso sistema insulare della Sonda e da qui fino alla Nuova Guinea e all'Australia.

Le prove paleontologiche e archeologiche della colonizzazione della Cina da parte di *Homo sapiens* sono complesse e le interpretazioni controverse. Secondo alcuni paleoantropologi cinesi vi sarebbero addirittura indizi di una sostanziale continuità anatomica che dall'*Homo erectus* porterebbe fino a forme piú derivate e quindi all'*Homo sapiens*, in linea con la teoria dell'evoluzione multiregionale. Ma la genetica delle popolazioni del sud-est asiatico e della Cina rivela invece un quadro di sostanziale sostituzione delle popolazioni arcaiche da parte di *Homo sapiens*; lo studio degli aplotipi mitocondriali e di quelli del cromosoma Y avvalorano l'ipotesi di un'origine del popolamento dell'Estremo Oriente da una radice comune di circa 60 000 anni fa, derivante da un substrato genetico africano vecchio di almeno 83 000 anni, come per tutti gli altri popoli dell'Eurasia.

La diffusione dal sud-est asiatico verso le regioni piú centrali e settentrionali della Cina avvenne risalendo i bacini idrografici dei grandi fiumi che scorrono verso sud dall'altopiano tibetano, come il Salween e il Mekong. Tracce di questo impegnativo movimento verso nord attraverso severi ostacoli geografici ed ecologici si trovano nella genetica delle popolazioni Mon-Khmer e Hmong-Mien nel Vietnam, Cambogia, Laos e Cina. Attraverso i colli di bottiglia, i processi di fondazione di nuove colonie e di selezione, prodottisi nel superamento di queste barriere, si è formata la configurazione genetico-culturale originaria dei popoli dell'Asia orientale continentale, che li distingue dalle popolazioni del sud-est asiatico insulare.

Nel corso del Pleistocene finale e all'inizio dell'Olocene si sono poi verificati gli ulteriori flussi e riflussi migratori lungo tutto l'arco del Pacifico occidentale, che hanno portato alla colonizzazione delle aree continentali e insulari settentrionali, dal Giappone centrale (37 000 anni fa) all'isola di Hokkaidō (30 000) fino a Sakhalin (23 000) e alla Kamchatka (14 000 anni fa). Anche in questo caso *Homo sapiens* ha dovuto superare un impressionante numero di ostacoli geografici ed ecologici, resi piú impegnativi anche dallo scenario climatico che andava progressivamente deteriorandosi durante la fase finale dello stadio isotopico MIS3 e nel MIS2, fino al raggiungimento del massimo glaciale di circa 20 000 anni fa.

Dalle regioni insulari dell'Asia orientale provengono informazioni paleontologiche piú tranquille rispetto ai dati intriganti della Cina. I reperti di Yamashita-cho nelle isole Ryukyo, quelli di Tabon nelle Filippine, di Fah Hien e Batadomba Iena nello Sri Lanka e quelli di Moh Kien in Thailandia sono tutti databili in una fascia compresa tra 36 000 e 25 000 anni fa. A una data coerente con queste ci riporta anche il ritrovamento di Deep Skull, un cranio umano di 40 000 anni fa scoperto nella suggestiva grotta di Niah nella foresta del Borneo settentrionale. Deep, che già aveva il vizietto di incendiare le foreste (come dimostrano i residui di cenere negli strati sedimentari della zona), presentava caratteristiche anatomiche da *Homo sapiens* e simili a quelle dei moderni abitanti delle isole Andamane, dei Negrito della Malesia e delle Filippine e degli Aborigeni dell'Australia.

Durante gli stadi glaciali del Pleistocene la geografia del sud-est asiatico era molto diversa dall'attuale, perché le regressioni marine facevano emergere ampie piattaforme che collegavano tra loro molte terre che adesso sono separate. Thailandia, Malesia, Indonesia e Borneo costituivano un unico insieme di terre emerse e collegate al Vietnam e alla Cina: la Sonda. Quest'area della Terra ospita ancora oggi una costellazione di popolazioni di cacciatori-raccoglitori: i Seman della Malesia, i Mlabri della Thailandia, i Negrito delle Filippine, i Punan del Borneo, e vari gruppi di «nomadi del mare» dalle coste della Thailandia e di Myanmar, i cui tratti genetici manifestano una discendenza dai primi migranti pleistocenici di *Homo sapiens*. Il rimodellamento geografico ed ecologico di tutta la piattaforma della Sonda nella parte finale del Pleistocene comportò un profondo riallineamento demografico e l'ulteriore sviluppo delle tecnologie orientate alla pesca e alla navigazione che caratterizzano ancora oggi l'area. Da una gravissima emergenza ambientale, di quelle che avrebbero potuto cancellare la presenza dei suoi predecessori piú antichi, *Homo sapiens* riuscí a trarre spunti per un ulteriore balzo in avanti di ordine demografico e culturale.

Dalla regione della Sonda un altro ramo della via dei geni proseguí verso l'allora disabitato Sahul (la grande area costituita da Nuova Guinea, Australia e Tasmania, riunita da piattaforme emerse durante le fasi di regressione marina del tardo Pleistocene). Una prima diramazione migratoria transitò per Timor e raggiunse il nord-ovest dell'Australia in poche migliaia di anni. Una seconda via interessò invece il Borneo, l'isola di Celebes e, dopo il superamento dello stretto ma profondo tratto di mare che separava la Sonda dal Sahul – la linea di Wallace – arrivò in Papua Nuova Guinea. Questa diffusione di *Homo sapiens* è documentata da una quantità di reperti archeologici, soprattutto legati a dimore in caverne che datano intono a 40 000 anni fa. Il superamento della linea di Wallace dovette comportare traversate di un certo impegno. Se non lo aveva già fatto prima, questo per *Homo sapiens* fu il momento di ingegnarsi per perfezionare le rudimentali tecniche di navigazione di cui probabilmente disponeva anche *Homo erectus* e di inventarsi le prime vere tecniche di navigazione direzionale basate sull'osservazione delle nubi, degli uccelli marini e delle stelle.

I reperti fossili dei primi *Homo sapiens* che giunsero in Australia sono quelli della regione sudorientale dei laghi di Willandra dove a Mungo Lake, in un sito abitato a lungo durante il Pleistocene Superiore, sono state trovate due sepolture con resti umani di anatomia moderna databili a circa 40 000 anni fa. Ancora date che ci indicano quindi una presenza praticamente simultanea in aree distantissime tra loro e dalla culla d'origine, impronte evidenti di un'espansione globale molto rapida. La genetica ci racconta di una colonizzazione dell'Australia per ondate successive intorno a 40-50 000 anni fa da parte di almeno nove gruppi fondatori. Anche la Papua Nuova Guinea e le isole della Melanesia e Micronesia furono raggiunte a piú riprese, intorno a queste date, come dimostrano gli aplogruppi delle loro popolazioni moderne. Sbucciando gli strati genetici dei popoli asiatici attuali come una cipolla possiamo seguire anche gli ulteriori complessi fenomeni migratori, le espansioni demografiche che hanno portato nel corso del successivo Olocene alla colonizzazione nella forma attuale dell'Oceania occidentale e delle isole piú remote del Pacifico fino alla Polinesia.

Rimaneva ancora, 20 000 anni fa, un'ampia parte del globo da esplorare e invadere, le due masse continentali connesse tra di loro che molte migliaia d'anni dopo qualcuno avrà la pretesa di scoprire approdando a Hispaniola per dare inizio a una piú tarda e tragica invasione, e che saranno chiamate le Americhe. Il gesuita spagnolo José de Acosta, missionario in Perú e in Messico, oltre a scrivere catechismi per i nativi americani in varie lingue locali, si dedicò alla storiografia dei popoli americani e nella *Historia natural y moral de las Indias* del 1590 sostenne che gli indigeni d'America avevano una remota origine asiatica. Lo stesso parere fu espresso dal naturalista francese Georges-Louis Leclerc de Buffon nella *Histoire Naturelle* del 1749 ma, speculazioni a parte, una ricostruzione soddisfacente della prima colonizzazione delle Americhe dovette attendere oltre due secoli e ancora una volta arrivò dall'incrocio tra paleoantropologia, archeologia e genetica.

Tra i piú antichi reperti umani utili a una ricostruzione della diffusione iniziale di *Homo sapiens* in America settentrionale vi sono quelli ritrovati a Warm Mineral Spring (Florida), La Brea (California), Spirit Cave (Nevada), Chimalhuacan e Cueva del Tecolote (Mexico), tutti compresi tra 10 000 e 12 000 anni fa. Nell'America del Sud fossili umani di simile anzianità sono stati trovati in varie aree del Brasile, tra cui la celebre località di Lagoa Santa, nello stato di Minas Gerais. Nella parte settentrionale dell'America del Sud si hanno tracce di fossili altrettanto anziani a Sabana di Bogotá (Colombia) e in varie aree del Cile e dell'Argentina, mentre sullo stretto di Magellano sono stati ritrovati fossili umani di circa 8 millenni fa.

La genetica ha aggiunto elementi che in parte chiariscono e in parte complicano il quadro paleoantropologico della colonizzazione del Nuovo Mondo. Tutte le popolazioni native americane, da nord a sud, presentano una «sinfonia genetica» che comprende aplogruppi del DNA mitocondriale e del cromosoma Y originari del nord-est asiatico. Queste informazioni hanno portato a definire un quadro secondo cui, a cavallo dell'ultimo massimo glaciale e a partire da un nucleo genetico comune originario della Siberia nordorientale, si sarebbero verificati da uno a quattro ingressi nelle regioni nordoccidentali dell'America, dando origine a distinte linee di fondatori che poi si sarebbero diffusi nelle diverse regioni settentrionali, centrali e meridionali del continente. La Beringia, l'ampia regione emersa che durante l'ultimo periodo glaciale univa la Siberia orientale all'attuale Alaska, è ritenuto in qualche modo il ponte attraverso cui sono avvenuti questi movimenti. La colonizzazione con ogni probabilità deve essere messa in relazione con il miglioramento climatico che si registrò nella Siberia orientale dopo l'ultimo glaciale, a partire da 20-18 000 anni fa. Archeologia e genetica sembrano confermare che il processo di immigrazione potrebbe essere stato a piú stadi. Intorno a 30-25 000 anni fa, da qualche parte nel bel mezzo della Beringia, si sarebbe costituito un nucleo di alcune migliaia di abitanti di provenienza altaica dal quale, dopo una resistenza eroica di 7-12 millenni, si sarebbero staccati uno o piú gruppi che avrebbero sfondato verso le regioni dell'America nordoccidentale.

Lo studio del DNA mitocondriale suggerisce l'esistenza di varie direttrici di diffusione, che originarono da differenti punti di ingresso. La prima percorreva le coste meridionali dell'ampia piattaforma emersa della Beringia, attraversava l'arco delle Aleutine fino alle coste dell'attuale British Columbia, per poi proseguire lungo le coste del Pacifico nordorientale scendendo per la California e l'America centrale fino alle regioni costiere del Pacifico sudorientale. L'altra invece, che entrava piú a settentrione, portò alla colonizzazione degli attuali Stati Uniti centro-orientali passando per l'Alaska. Una terza via, ancora piú settentrionale, imboccata prima del massimo glaciale potrebbe aver portato un gruppo di colonizzatori legati allo sfruttamento delle comunità biotiche costiere dell'Atlantico, prima nell'area della baia di Baffin e poi proseguendo ancora verso sud, fino ai Caraibi e all'America meridionale. La migrazione lungo i litorali del Pacifico e dell'Atlantico, suggerita anche dalle differenze genetiche tra le popolazioni che vivono a occidente e a oriente della cordigliera delle Ande, conferma l'importanza delle autostrade costiere nella dispersione di *Homo sapiens* già osservata in Asia e spiega la rapidità con cui la diffusione procedette verso l'America del Sud fino alla Terra del Fuoco.

La sintesi delle informazioni genetiche, paleoantropologiche e archeologiche ci permette quindi di disegnare uno scenario della prima colonizzazione delle Americhe, secondo il quale pochi nuclei umani hanno pervicacemente sfondato con varie strategie adattative e di sussistenza il corridoio di nord-ovest per produrre, poi in pochi millenni, una rapida espansione geografica e demografica che ha permesso a *Homo sapiens* di prendere possesso di un vasto sistema ecologico continentale estremamente variegato e ricco di risorse: dalle grandi praterie nordamericane alle foreste dell'America settentrionale e meridionale, dalle aree costiere alle cordigliere, dalle aree fredde delle alte latitudini settentrionali e meridionali alla fascia tropicale dell'America centrale. Anche in questo caso, come per la colonizzazione dell'Eurasia, i numerosi colli di bottiglia corrispondenti al superamento di barriere geografiche hanno prodotto l'ulteriore differenziazione bio-culturale e l'adattamento delle strategie di sussistenza ai molti e diversi ecosistemi del continente. Anche in America la prima colonizzazione creò quindi le premesse per l'ulteriore fase di sviluppo biologico, culturale e demografico che, dopo la fase piú arcaica di caccia-raccolta, sfocerà nei modelli socioeconomici basati sulla manipolazione degli ecosistemi e sul controllo della produzione, in maniera del tutto indipendente rispetto alle analoghe transizioni che si verificheranno nell'Asia occidentale e in Cina.

La diffusione di *Homo sapiens* è stata solo l'ultima di una serie di espansioni geografiche del genere *Homo* avvenute praticamente durante tutto il Pleistocene. È possibile tracciare un quadro delle analogie e delle differenze tra la migrazione del *sapiens* e quelle piú antiche di *Homo ergaster/erectus* e di *Homo rhodesiensis/heidelbergensis*? La prima palese differenza è l'ampiezza: le prime due ondate si sono fermate nell'Eurasia a latitudini non superiori ai 50 gradi di latitudine Nord, mentre *Homo sapiens* ha raggiunto anche l'Oceania e l'America e ha superato quei limiti latitudinali, imposti alle precedenti diffusioni dalla incapacità dei migranti di sviluppare strategie per la colonizzazione delle regioni piú fredde del settentrione eurasiatico. Probabilmente la sua diffusione è stata anche molto piú rapida, almeno nella fase culminante tra 45 e 40 millenni fa, ma la maggiore distanza di tempo che ci separa dagli eventi migratori piú antichi non consente un confronto preciso. La differenza piú importante è però un'altra. Vi sono indizi paleontologici che la diffusione delle precedenti forme umane sia avvenuta nell'ambito di piú generali eventi di espansione biogeografica che coinvolgevano intere comunità biotiche, determinati dalle variazioni climatiche che si verificavano nel corso del Pleistocene. Comunità che includevano gruppi faunistici d'origine africana – sia grandi erbivori come cavalli, bovidi, ippopotami, bisonti, giraffe, sia predatori come leoni e iene – si espandevano e si contraevano seguendo i rimaneggiamenti delle formazioni vegetazionali conseguenti all'alternanza tra climi freddi e caldi, aridi e umidi. Di queste comitive potrebbe aver fatto parte anche *Theropithecus oswaldi* l'unico primate non umano che nel Pleistocene è transitato dall'Africa all'Asia e all'Europa. Molte di queste migrazioni avvenivano all'interno del sistema continentale afro-euro-asiatico attraverso i corridoi ecologici del «Savannastan», un ampio ecosistema di praterie che dall'Africa portava direttamente nel cuore dell'Asia.

All'interno di queste comunità in movimento, gli uomini del Pleistocene Inferiore e Medio occupavano sostanzialmente una nicchia ecologica di superpredatori, con un complemento variabile di prede minori e lo sfruttamento marginale di risorse vegetali. Non c'era quasi nulla da inventare o da cambiare dal punto di vista del ruolo ecologico e delle strategie di sussistenza. Invece l'espansione dell'uomo anatomicamente moderno appare fin dall'inizio basata su una straordinaria plasticità ecologica. *Homo sapiens* diffuse recitando una varietà di ruoli ecologici diversi: raccoglitore di spiaggia, predatore, saprofago, detritivoro, frugivoro, erbivoro, ladro, commutando nell'uso uno strumentario probabilmente non molto diverso da quello dei suoi antenati, ma utilizzato con modalità diverse, inventando continuamente nuove strategie di sussistenza. Lungo le varie direttrici di espansione dovette passare rapidamente da un *toolkit* utile per cacciare nelle praterie a uno adatto a vivere sulle coste oceaniche, ad altri che gli consentivano di volta in volta di vivere di pesca lungo i fiumi e i laghi, di caccia agli uccelli nelle paludi, di piccoli mammiferi e di rettili, di raccolta di molluschi, semi, bacche e tuberi. La rapidità della fase culminante della diffusione e la sua pervasività geografica rivela che si poneva obiettivi di esplorazione intenzionale in territori e in ecosistemi sempre diversi, senza limitarsi a inseguire a vista le prede nelle loro migrazioni, ma immaginandosi paesaggi oltre l'orizzonte, scommettendo sulla scelta di una direzione e valutando i rischi e i possibili vantaggi delle diverse alternative.

C'è qui un elemento che ci aiuta a capire come si sia originato il rapporto complesso tra *Homo sapiens* e gli ecosistemi planetari.

Molto probabilmente, gli uomini anatomicamente moderni che presero a diffondere dall'Africa sub-sahariana erano già in possesso dei requisiti di base che ne facevano una specie dotata di grande capacità invasiva. La capacità di vivere e riprodursi in situazioni climaticamente ed ecologicamente diverse era garantita non solo dagli adattamenti anatomo-funzionali ma anche e soprattutto da una plasticità comportamentale senza precedenti. Ma era soprattutto la notevole versatilità trofica che li portava ad approfittare di tutto quello che la comunità biotica dei piú diversi ecosistemi poteva garantir loro, fuori da rigidi schemi ecologici. Alla base di questa rivoluzionaria polivalenza vi era probabilmente anche una fisiologia diversa, ma fu determinante una piú ampia capacità di sviluppare concetti astratti, complesse mappe spaziali mentali e ampie rappresentazioni temporali degli eventi che interessano il singolo e il nucleo sociale al quale appartiene, la capacità di comunicare tutto questo ai propri compagni con un linguaggio complesso, di sviluppare relazioni sociali elaborate per tenere saldo il gruppo verso i suoi obiettivi di sussistenza, come stabilire un campo, pianificare una caccia collettiva, organizzarsi per proteggere i figli dai predatori.

Ma questo *blend* di caratteristiche, che ne facevano fin dall'inizio una specie ecologicamente molto plastica e gli consentirono la diffusione planetaria, deve essersi ulteriormente ampliato proprio durante il processo di dispersione. Nella maggior parte dei casi, le variazioni climatiche e le barriere geografiche ed ecologiche incontrate lungo gli itinerari costieri e continentali hanno agito come veri e propri filtri selettivi, permeabili solo a quei gruppi umani che avessero acquisito caratteristiche bio-culturali tali da consentire loro la soluzione di nuovi problemi. Questa complessa sequenza di semafori ambientali ha fatto sí che, lungo le varie direttrici di dispersione, la deriva genica, l'effetto fondatore e la selezione modificassero profondamente biologia e cultura delle popolazioni di *Homo sapiens*; gli uomini giunti in Cina e in Siberia, in Europa, in Oceania e nelle Americhe – e poi rifluiti anche nella culla originaria – non erano piú quelli partiti dall'Africa. L'invasione del pianeta ha comportato un complesso processo selettivo ma anche autoorganizzativo, che ha prodotto sull'uomo una vera esasperazione delle caratteristiche che già in partenza lo rendevano una specie terribilmente trasgressiva rispetto alle strette regole della nicchia ecologica e della catena trofica, e lo hanno reso ancora piú moderno – fino a consentirgli, nel 1969, di muovere i primi timidi passi fuori dalla Terra – e ulteriormente pericoloso per se stesso, per i suoi simili e per gli ecosistemi del pianeta.

3. *L'ecologia in testa.*

Che le idee abbiano qualcosa a che fare con la «superiorità» dell'uomo moderno rispetto agli altri Primati e ai suoi antenati è stato sostenuto da generazioni di filosofi e di scienziati. Spesso lo si è fatto pregiudizialmente e solo recentemente la paleoantropologia, l'archeologia, l'etologia, la neurologia, la psicologia sperimentale e la genetica hanno deciso di collaborare un po' per affinare e dare concretezza all'idea che siano le idee a farci non superiori ma diversi. Anche l'ecologia ha cominciato a interessarsi del quando e come le idee abbiano contribuito a determinare il rapporto particolare tra uomo e ecosistemi.

Da sempre si è pensato che le capacità mentali che contraddistinguono l'uomo siano espressione di un cervello di dimensioni maggiori di quello degli altri animali, compresi i Primati non umani. È evidente che nell'evoluzione dei Mammiferi si è registrata una tendenza all'incremento della massa cerebrale e che tale tendenza si è verificata anche nel corso dell'evoluzione interna alla linea che ha portato all'uomo contemporaneo. Se si allineano i reperti fossili di Ominini datati tra 2 milioni e 200 000 anni fa, si ha un'idea del progressivo incremento del volume cerebrale: dai 900 cm^3 iniziali fino a 1200-1300 cm^3; valori che in alcuni casi si avvicinano o superano addirittura quelli dell'uomo moderno. Questo incremento, di circa 16 cm^3 ogni centomila anni, subí un'accelerazione notevole nel Pleistocene Medio, intorno a 600-700 millenni fa. L'espansione cerebrale è rilevabile anche in termini relativi: confrontando l'uomo con gli altri Primati si riscontra un maggiore accrescimento relativo del cervello rispetto al corpo. Il cervello dell'uomo moderno è equivalente a quello che sulla base della relazione allometrica presente nei Primati non umani ci si aspetterebbe da una scimmia di oltre 500 kg! Nel corso della filogenesi degli Ominini il quoziente di cerebralizzazione ha registrato vistosi incrementi, soprattutto al passaggio tra Australopitecine e *Homo habilis/erectus* e poi nella transizione da *Homo erectus* a *Homo rhodesiensis/heidelbergensis* e all'uomo di Neandertal. Tuttavia, lo studio dei calchi endocranici rivela che nell'uomo moderno si è realizzata una ulteriore transizione rispetto alle forme precedenti, l'acquisizione di una forma globulare piú indicativa di una variazione di architettura che di volume.

La crescita cerebrale dell'uomo ha riguardato soprattutto la neocorteccia. Il cervello dell'uomo è circa 21 000 volte piú grande di quello di un topolino, ma la sua corteccia lo è di ben 142 000 volte, un rapporto di espansione rispetto agli altri campi cerebrali di oltre 6,5. Il confronto tra uomo e Primati non umani e le comparazioni paleoantropologiche indicano un incremento relativo delle aree prefrontali, temporali e parietali rispetto alle altre zone della corteccia. La corteccia cerebrale dei Mammiferi contiene sia aree primarie, legate alla elaborazione di stimoli che provengono dai canali sensoriali visivi, olfattivi, acustici, somatestetici, sia aree di integrazione-associazione. Si tratta di aree che presiedono alla miscelazione e integrazione dei diversi stimoli ambientali, alla produzione di risposte plastiche e complesse e, soprattutto, alla elaborazione di rappresentazioni interne dell'ambiente esterno.

Sono state proprio queste aree associative ad avvantaggiarsi dell'incremento del volume cerebrale realizzatosi nel corso dell'evoluzione umana. Come questo possa essere avvenuto non lo sappiamo ancora con certezza, ma potrebbe essere intervenuta una serie di mutazioni a carico dei geni che determinano la struttura del ventricolo, una zona dell'abbozzo cerebrale dell'embrione che contiene una mappa di quella che sarà la corteccia dell'adulto. Nel corso dello sviluppo, il processo di formazione della corteccia cerebrale avviene a partire da questo stampo embrionale e passa attraverso varie fasi di proliferazione e «potatura» differenziale dei neuroni e delle connessioni che li legano. Una prima fase di modellazione comporta la eliminazione di enormi quantità di cellule nervose originariamente prodotte dall'embrione. Questo primo aggiustamento avviene in modo autonomo nel corso degli stadi prenatali e subito dopo la nascita. La successiva riorganizzazione delle varie aree neuronali e delle connessioni che le legano è invece regolata dalla stimolazione proveniente dall'ambiente. Il risultato è l'acquisizione dell'architettura cerebrale definitiva capace di elaborare i comportamenti dell'adulto. La modellazione esogena avviene entro periodi critici la cui lunghezza è legata alla durata della vita di ciascuna specie. Quello che potrebbe essere accaduto nel corso dell'evoluzione dell'uomo è che, oltre a una variazione dell'architettura programmata geneticamente del cervello, sia intervenuto anche un allungamento del periodo critico per la sua calibrazione morfo-funzionale rispetto agli stimoli sensoriali del corpo e dell'ambiente. Il cervello di un neonato di scimpanzé deve crescere ancora di 2,5 volte per raggiungere le dimensioni dell'adulto, ma nell'uomo deve addirittura quadruplicare.

Questo palese rinvio dell'accrescimento del cervello a dopo la nascita è una soluzione che consente alla testa dei piccoli di una specie dotata di grande cervello di transitare attraverso una cintura pelvica materna che non sia cosí esageratamente grande da compromettere una deambulazione efficiente. Il ritardo nell'acquisizione di una massa cerebrale adulta comporta una piú lunga dipendenza dai genitori, ma significa anche che il cervello ha piú tempo per formarsi e strutturarsi in risposta alle sollecitazioni ambientali. Nell'uomo, la formazione della complicata struttura sinaptica che lega tra loro i neuroni corticali si compie prevalentemente tra la nascita e la pubertà. Appare quindi significativo che un uomo raggiunga la pubertà soltanto a 16-18 anni, mentre uno scimpanzé se la sbriga in circa 12 anni. Non sappiamo ancora con esattezza dove si collocavano i nostri progenitori pre-*sapiens* in questa scala di velocità di maturazione cerebrale, ma i primi studi in tal senso dei calchi endocranici sembrano dimostrare che sotto questo profilo *Homo erectus* assomigliava piú allo scimpanzé che all'uomo moderno, mentre *Homo neanderthalensis* era già piú simile, ma non identico, a *Homo sapiens*.

Queste differenze possono aver giocato un ruolo fondamentale nella messa a punto di quella che gli psicobiologi chiamano la «memoria di lavoro avanzata», cioè il dispositivo neuro-cognitivo che garantisce funzioni di *problem solving* di alto livello, che comprendono sia soluzioni di problemi complessi individuati e nuovi, che devono essere prese sotto la spinta dell'urgenza, sia pianificazioni strategiche del comportamento proiettate su un ampio orizzonte spaziale e temporale. Queste prestazioni vengono definite dagli psicologi con il termine di funzioni esecutive (*executive functions*) e richiedono prestazioni cognitive piú avanzate rispetto a quelle che si ottengono mediante risposte a configurazioni di stimoli immediati o basate su schemi comportamentali ottenuti con una lunga sperimentazione. Le funzioni esecutive si rivelano particolarmente quando vengono costruite risposte a molte componenti, temporalmente stratificate, per il conseguimento di un risultato completo che potrà risultare vantaggioso solo successivamente. Esplorare un'area per individuare punti di passaggio verso postazioni che consentano di organizzare agguati alla selvaggina, che poi verranno condotti dopo aver pianificato l'azione e creato il coordinamento necessario tra i componenti di un gruppo, o costruire un dispositivo assemblando con lunghe procedure componenti materiali diverse raccolte in luoghi differenti, o rubate e barattate, comporta una notevole distrazione di tempo dalla immediata attività di caccia, ma rende piú efficiente la caccia futura. La memoria di lavoro avanzata è dunque una componente fondamentale di quella che viene chiamata intelligenza generale ed è fortemente connotata da caratteristiche di fluidità decisionale e innovazione.

La complessità della *working memory* porta a ritenere che il sistema come si configura oggi nell'uomo si sia prodotto evolutivamente attraverso l'integrazione di differenti componenti neurologiche che nei nostri antenati svolgevano singolarmente compiti piú specifici e limitati. Secondo questa ipotesi, la capacità di svolgere funzioni esecutive molto complesse rappresenta quindi una proprietà emergente di un processo di evoluzione exattativo. Gli psicologi comparati ritengono che esistano vari gradi di *working memory* nei Primati e anche in altri Mammiferi, ma riservano all'uomo moderno il possesso di quella che viene definita memoria di lavoro avanzata (Enhanced Working Memory, EWM). Le capacità cognitive e comportamentali espresse dalla memoria di lavoro hanno forti basi ereditarie e si pensa che il livello avanzato sia stato raggiunto piuttosto recentemente durante l'evoluzione dell'uomo, probabilmente per l'intervento di contenute variazioni del dispositivo neurologico dovute a una sola o a poche mutazioni.

Gli archeologi guardano con grande attenzione ai concetti elaborati dalla psicologia moderna e cercano di verificare se e quando potrebbero essere comparse le discontinuità comportamentali associate a gradi diversi di *working memory*. È abbastanza evidente che molte delle tracce materiali lasciate da uomini che hanno preceduto *Homo sapiens* potrebbero essere state prodotte con forme di memoria di lavoro meno avanzate rispetto a quella che possediamo oggi. La costruzione di strumenti litici del Paleolitico Inferiore e Medio, come quelli acheuleani, o anche la tecnica levalloisiana di ottenimento delle lame da nuclei preparati mediante l'uso di un percussore morbido, sebbene implichino procedure elaborate, non sono necessariamente espressione di funzioni esecutive che richiedono una memoria di lavoro avanzata. Molte delle espressioni archeologiche associate agli uomini che hanno preceduto *Homo sapiens* sono quindi compatibili con forme di intelligenza procedurale piú statica e basata maggiormente sull'esperienza e sulla memoria a lungo termine. Dopotutto, i neurologi hanno scoperto che i campioni di scacchi piú consumati, quando giocano le loro partite, non impegnano necessariamente la memoria di lavoro! Molti dei manufatti che iniziarono a comparire in Africa a partire da 200 000 anni fa, come gli strumenti compositi particolarmente complessi nella costruzione, le trappole e le reti da caccia, sono invece ritenuti espressione di una vera e propria EWM. A questo proposito è utile la distinzione che Peter Bleed ha introdotto tra utensili durevoli (*mantainable*) e affidabili (*reliable*): i primi sono robusti e facilmente riparabili e conferiscono vantaggi immediati – come nel caso degli strumenti a mano o degli oggetti da lancio del Paleolitico Acheuleano – mentre i secondi sono di costruzione piú impegnativa e articolata ma hanno una maggiore efficacia prospettica.

Il principio guida che sta dietro alla realizzazione degli strumenti affidabili è che l'investimento di tempo per la loro costruzione è giustificato dal maggior successo che si presume possa derivare dal loro uso. In tal senso, gli strumenti compositi e da lancio che comparvero nel Paleolitico Superiore e che acquisirono una struttura sempre piú elaborata alla fine di questo periodo, sono buoni proxy di una memoria di lavoro avanzata. Gli antropologi Thomas Wynn e Frederick L. Coolidge, che applicano il modello della *working memory* all'analisi archeologica, vi rilevano anche il carattere diagnostico dell'inibizione della «risposta prepotente», tipico delle funzioni esecutive: non andare a caccia oggi anche se hai fame ma investi il tuo tempo per la costruzione di uno strumento che ti ripagherà domani.

Il problema che ci interessa di piú in questa ricostruzione delle basi cognitive dell'uomo moderno è però quello del rapporto tra lo sviluppo delle caratteristiche culturali che ne determinano l'originalità ecologica e l'evoluzione biologica di *Homo sapiens*. L'interminabile disputa scientifica circa la relazione tra la comparsa dell'anatomia moderna e le manifestazioni di una cultura avanzata è in parte dovuta al fatto che i tempi del progresso culturale appaiono diversi quando si considerano scenari geografici differenti. L'archeologia della preistoria europea è dominata dall'idea della simultaneità della comparsa di un'anatomia matura, da *Homo sapiens*, e di manifestazioni culturali diverse e piú complesse rispetto a quelle che avevano dominato la scena dell'Eurasia occidentale durante il Paleolitico Inferiore e Medio. Strumenti litici piú raffinati, uso di materiali di natura e provenienza diversa, rappresentazioni simboliche, strumenti musicali, sepolture molto piú complesse, ornamentazioni personali, sono i forti elementi di discontinuità apparsi tra 45 000 e 40 000 anni fa, che hanno indotto antropologi del calibro di Paul Mellars, Jared Diamond e Ian Tattersall a coniare il termine di *human revolution* per descrivere la transizione culturale verificatasi in Europa tra Paleolitico Medio e Superiore.

Se si tiene conto però che l'evidenza generale di un'anatomia moderna risale a quasi 200 000 anni fa, occorre spiegare come mai le innovazioni culturali piú evidenti sembrano fare la loro comparsa solo dopo centocinquantamila anni. Questo apparente *sapient paradox* ha indotto taluni paleoantropologi a ipotizzare che le innovazioni tecnologiche e culturali siano dovute a qualche variazione genetica verificatasi intorno a 50 000 anni fa, che avrebbe provocato un ulteriore e decisivo salto in avanti delle capacità cognitive umane. Ma l'evidenza di questa discontinuità culturale piú recente si scioglie come neve al sole quando dall'archeologia dell'Europa si passa all'Africa. Le antropologhe americane Sally McBrearty e Alison S. Brooks, in una pubblicazione intitolata *The revolution that wasn't*, hanno analizzato tutta la documentazione archeologica prodotta nel corso dell'Età della Pietra – questo è il termine che si usa per le culture preistoriche africane – per concludere che in quel continente si è verificata una costruzione progressiva e incrementale della cultura moderna almeno a partire da 250-200 000 anni fa, cioè da quando è comparso l'uomo anatomicamente moderno. Sia sul piano delle tecnologie litiche che del simbolismo, ma anche dal punto di vista degli stili di vita, non c'è alcuna discontinuità dimostrabile tra Media e Tarda Età della Pietra.

Le remote origini africane della modernità intellettuale, oltre che di quella anatomica, sono state individuate innanzitutto nelle innovazioni tecnologiche. La cultura di Howiesons Poort, in Sudafrica, anticipa di varie decine di migliaia di anni la comparsa di strumenti in pietra di fattezze molto raffinate come si ritroveranno nell'Europa dei Cro-Magnon. Queste microlame geometriche venivano usate in strumenti a molte componenti che richiedevano tecniche di assemblaggio lunghe e complicate. La sistematica comparsa di oggetti in osso anziché in pietra è un altro elemento che l'archeologia africana ci restituisce con notevole anticipo su quella eurasiatica: a Katanda in Congo è stata ritrovata una collezione di arponi dentellati che venivano montati su aste di legno, per pescare pesci gatto pesanti fino a 35 kg i cui resti sono stati trovati associati ai manufatti. Anche l'evidenza indiretta dell'uso di reti risale a circa 70 000 anni fa: a Sibudu, in Sudafrica, sono stati trovati resti di grandi cacce ai dik-dik, piccole e veloci antilopi che ancora oggi vengono catturate con le reti in diverse parti dell'Africa.

Anche sotto il profilo della nascita del simbolismo – ritenuto il segno piú forte della modernità culturale – l'Africa anticipa di molto il resto del mondo. Blombos Bay è una località sulla costa meridionale del Sudafrica, a qualche centinaio di chilometri a est di Cape Town. Una grotta oggi poco distante dal mare ha ospitato una comunità di uomini della Media Età della Pietra, tra 140 000 e 70 000 anni fa. Negli strati risalenti alla cultura sudafricana che gli archeologi indicano come Still Bay sono state ritrovate punte di freccia di fattura molto raffinata, ma la scoperta piú clamorosa che vi è stata fatta dal gruppo dell'archeologo sudafricano Christopher Henshilwood è quella di un parallelepipedo di ocra rossa databile a 80-75 000 anni fa. L'ocra è un materiale composto da argilla infiltrata di un ossido di ferro, l'ematite, ed era molto diffusa nell'Età della Pietra africana e nel Paleolitico europeo, dove veniva usata per scopi diversi, dalla decorazione personale alla cura delle ferite, fino alla preparazione dei morti per la sepoltura. Ancora oggi le donne e gli uomini dei popoli di cacciatori-raccoglitori africani usano dipingersi il corpo con questo pigmento. Il blocchetto di ocra di Blombos, però, ha qualcosa di speciale: porta incisa una serie di linee incrociate con regolarità che manifestano una precisa intenzione di codificare un significato. Si ritiene che questa sia una delle testimonianze piú antiche di simbolismo, ma segni incisi su ocra associati a manufatti microlitici sono stati rinvenuti anche nella grotta sudafricana di Pinnacle Point e questa volta la datazione è ancora piú antica: 160 000 anni.

Se questi sono i primi segni di una codificazione di informazioni e di una sua esternalizzazione, un'altra forma per rappresentare qualcosa che si ha in mente e manifestare in forma simbolica stati d'animo, sentimenti o intenzioni, è rappresentato dagli oggetti per l'ornamentazione personale. Adornarsi di conchiglie era un vezzo molto diffuso nei popoli del tardo Paleolitico europeo. Le sepolture dei Cro-Magnon ci hanno lasciato resti impressionanti di cuffie, collane e bracciali fatte con centinaia di conchigliette di gasteropodi e di bivalvi. Questa moda non era però d'origine europea, perché ancora nelle grotte sudafricane e in varie località dell'Africa del Nord si trovano conchiglie perforate dall'uomo di circa 85-75 000 anni fa. A Zouhra, in Marocco, è stato scoperto un pendente addirittura di 134 000 anni fa. Il primo segno sicuro extra africano di ornamentazione viene invece dalla grotta di Qafzeh in

Galilea, dove sono state trovate conchiglie di molluschi bivalvi del genere *Glycymeris* che i primi abitanti di fattezze quasi moderne ritrovati fuori dal continente africano andavano a prendersi oltre 90 millenni fa sulla costa del Mediterraneo, con una passeggiata di varie decine di chilometri.

Simbolismo e arte sono altrettanto o forse piú importanti degli strumenti da caccia per comprendere il rapporto tra l'uomo e gli ecosistemi. Molte teorie che cercano di spiegare le varie «rivoluzioni» dei modelli socioeconomici e quindi anche dell'ecologia umana – rivoluzione del Paleolitico Superiore, rivoluzione del Neolitico, rivoluzione dei prodotti secondari e dell'Età del Bronzo, Rivoluzione industriale – chiamano in causa altrettante transizioni culturali legate alla percezione di sé e del rapporto tra il sé e il resto del mondo. Qualcuno ha notato che all'origine delle economie basate sulla domesticazione, nel Levante e nell'Anatolia centrale, è associata la comparsa di simboli della fertilità femminile e maschile che lasciano intravedere veri e propri elementi di una nuova ideologia del dominio ecologico. Ma possiamo andare ancora piú indietro nel tempo. Le pitture rupestri delle «cattedrali della preistoria» dell'Europa della fine del Paleolitico offrono una sconcertante testimonianza di nuove ed estreme possibilità rappresentative, ma anche del manifestarsi di una nuova identità ecologica. È stato detto tutto sul loro significato in merito all'origine dell'arte e della religione e sull'importanza che tutto ciò può aver avuto per la nascita del pensiero moderno, ma quei dipinti sono anche e soprattutto i piú eloquenti proxy di un tremendo processo di trasformazione dei rapporti tra l'uomo e gli ecosistemi. Nel profondo della terra, lontano da qualunque suggerimento diretto proveniente dall'ambiente reale, l'uomo di Chauvet o di Lascaux manifestava in modo cosciente la sua capacità di osservare mentalmente e ri-creare la comunità biotica della quale una volta era stato un membro tra tanti, mettendosi «fuori dalla natura», in un punto di osservazione unico e privilegiato. Era nato l'uomo veramente moderno, era iniziato l'umanesimo, ma si metteva profondamente in discussione il modello di rapporto tra l'uomo e gli ecosistemi che era stato valido fino ad allora.

Di tutte le specie descritte dai biologi ce ne sono alcune che esercitano un'azione decisiva sulle dinamiche del pianeta, come molte specie di batteri e di organismi uni- e pluricellulari che determinano i cicli biogeochimici degli elementi. Altre hanno ruoli minori, ma ogni ecosistema ospita un complesso consorzio di specie che non possono permettersi di lavorare ignorandosi a vicenda. Grazie a Darwin, a Wallace e a tutti i biologi che successivamente si sono dati da fare per aggiungere sempre nuovi dettagli alla teoria dell'evoluzione, abbiamo piú o meno tutti accettato l'idea che le nuove specie si originano da specie preesistenti se riescono a mettersi in proprio dal punto di vista riproduttivo. La speciazione è sostanzialmente il risultato dell'interruzione del flusso genico tra un gruppo di organismi e gli altri, che fino a ieri facevano parte della stessa specie. La biologia evoluzionistica, con l'aiuto della genetica di popolazione, ci spiega i vari modi in cui questo può accadere. Una modalità «allopatrica» invoca la deriva genica che operando su una popolazione rimasta isolata a causa di barriere ecologiche produce la nuova specie. In alternativa si tirano in ballo processi «simpatrici» in cui una o poche mutazioni determinano l'isolamento riproduttivo all'interno della popolazione. Occorre però che queste mutazioni non siano dannose e che siano coerenti con il quadro genetico globale degli organismi coinvolti.

Oltre a queste regole interne ci sono però anche alcune regole esterne – ecologiche – che un nuovo gruppo di organismi è tenuto a rispettare per costituirsi come nuova specie nel grande consorzio della biodiversità. Prima regola, devi trovarti un posto libero che abbia caratteristiche compatibili con le tue capacità di adattarti alle condizioni ambientali, insomma devi stare dentro una «nicchia» i cui confini sono segnati dal tuo dispositivo integrato morfo-funzionale-comportamentale. Puoi assumere un assetto stretto, specializzandoti per ambienti che hanno caratteristiche fisiche e chimiche molto determinate e farai parte degli organismi «stenoeci», oppure se ce la fai opti per una nicchia ecologica piú ampia e ti candidi a vivere in ambienti meno stabili climaticamente, come sanno fare gli organismi «eurieci»: *it is up to you*. Seconda regola, devi scegliere un mestiere tra quelli disponibili; se sai fare la fotosintesi o la chemiosintesi puoi essere un produttore primario: molti oneri e pochi onori; se sai riciclare materiale biologico morto puoi essere un detritivoro o un decompositore; se per accrescerti e riprodurti sai efficacemente sfruttare materia ed energia attingendola da chi la produce o da chi a sua volta l'ha rubata a qualcun altro puoi trovarti un posto nel grande club dei predatori; se sei un predatore molto abile e riesci a sfuggire alla predazione di tutti gli altri puoi ambire a sederti sul gradino piú alto della rete trofica e fregiarti del titolo di *top predator*; se ti riesce di sfruttare con subdoli stratagemmi altri organismi per riprodurti e diffondere nello spazio puoi essere un parassita.

L'uomo moderno, sostenuto da un equipaggiamento cognitivo e culturale senza precedenti che gli conferisce una «consapevolezza di sé» straordinariamente grande, presenta una plasticità ecologica e copre una varietà di ambienti e di localizzazioni geografiche molto piú ampia di quella raggiunta da tutti gli altri Primati messi insieme. Un trasformismo ecologico sconosciuto alle altre specie. Decenni di studi di etologia comparata hanno dimostrato che anche scimpanzé, babbuini e scimmie cappuccine sono molto euritopici e troficamente plastici, ma la loro diffusione geografica è limitata a porzioni dell'Africa sub-sahariana e dell'America del Sud. Le ventidue specie del genere *Macaca* occupano complessivamente una grande varietà di ecosistemi ma la loro dieta essenzialmente erbivora, che pur consente una grande flessibilità adattativa entro specifici ambienti, non ha mai consentito a nessuna di esse di diffondere a lungo raggio e di piazzarsi con successo dentro differenti ecosistemi.

Cosa sappiamo degli altri uomini? Un certo grado di polimorfismo ecologico era sicuramente presente anche in *Homo ergaster/erectus* e *Homo rhodesiensis/heidelbergensis* e nei loro discendenti piú diretti. Nell'Asia sudoccidentale, tra il Levante e la regione del Caspio, si trovano asce acheuleane di oltre cinquecentomila anni fa un po' dappertutto: nelle pianure costiere, nelle aree collinari e nelle valli montane, nelle oasi e nei deserti. Georg B. Shaller ha sottolineato come la chiave della transizione evolutiva che alla fine ha determinato la plasticità ecologica e le caratteristiche «euritopiche» dell'uomo sia stata l'acquisizione di una «professionalità» da carnivori da parte di Primati onnivori. I cicli climatici del Plio-Pleistocene hanno creato in Africa episodi di espansione-contrazione dei differenti tipi vegetazionali, delle foreste umide tropicali e delle savane, con la creazione di mosaici ambientali complessi e dinamici. Le Australopitecine, che preferivano aree forestali, si limitavano probabilmente a escursioni brevi in ambienti aperti dove era disponibile una notevole biomassa animale. La loro dieta non doveva essere troppo dissimile da quella di scimpanzé e babbuini che include piante, frutti, insetti e piccoli animali. Il passaggio evolutivo che probabilmente è avvenuto con *Homo habilis* – e quindi si è affermato con *ergaster/erectus* – ha comportato una vera invasione di campo rispetto a quelli che fino ad allora erano stati solo predatori degli Ominini – il bambino di Taung ne porta le tracce – e che in seguito si sono trasformati in competitori: i grandi carnivori. Non si è trattato però di una semplice variazione di nicchia trofica – ne conquisto una nuova ma abbandono la vecchia – ma di un suo allargamento, probabilmente iniziato con una sistematica attività di sciacallaggio di carcasse uccise da altri.

La transizione da parte di un primate onnivoro a una dieta parzialmente o interamente – ma comunque non solo occasionalmente – carnivora e la sua capacità di catturare animali piú grandi di lui ha richiesto una serie non indifferente di aggiustamenti morfofunzionali coerenti ed è stata accompagnata da un'accentuazione dell'espansione cerebrale e da un rimodellamento dell'architettura neurale a sostegno di un incremento delle capacità cognitive per competere con i grandi carnivori altrimenti adattati alla caccia. Una volta guadato il Rubicone della saprofagia-carnivoria, si è aperto per l'uomo un canale evolutivo nuovo: la competizione sia interspecifica che intraspecifica si è giocata da allora in poi sul filo del miglioramento delle capacità fisiologiche e cognitive che consentivano di acquisire con maggiore efficacia le risorse mantenendo una polivalenza ecologica. Questo è il grande gioco evolutivo che si è imposto nella metapopolazione umana dell'Africa sub-sahariana a partire da 2,5 milioni di anni fa. Un'evoluzione non guidata da una dinamica para-teleonomica, non assicurata da una costante e lineare pressione selettiva, ma piena di colpi di scena e di aleatorietà. Deriva genica, selezione sessuale, effetto fondatore sono stati i processi che hanno dominato questo scenario metapopolazionale di evoluzione discontinua e apparentemente caotica, ma il punto di non ritorno era stato superato; la strategia del polimorfismo ecologico e l'elaborazione del binomio onnivoria-carnivoria non potevano essere rimesse in discussione.

Il processo di svincolamento dalle regole ecologiche e dal confinamento spaziale non è stato breve né immediato. Con *Homo habilis* la storia è solo iniziata. Dentro il laboratorio Africa, il processo è andato avanti per oltre due milioni di anni ed è sfociato nell'ulteriore potenziamento della piattaforma biologica che assicura la plasticità ecologica. Gli archeologi che studiano i reperti preistorici africani hanno rilevato un ampliamento delle tipologie di habitat occupati dall'uomo al passaggio dall'Età della Pietra Antica a quella Media e Superiore; mentre gli utensili acheuleani vengono ritrovati solo occasionalmente in quelle aree che al tempo erano desertiche o ricoperte da foreste, a partire da 200-100 000 anni fa gli strumenti litici diventano piú frequenti anche nei deserti del

Sahara, della Namibia e del Kalahari che all'epoca avevano caratteristiche climatiche ed ecologiche simili alle attuali. E i meravigliosi manufatti della cultura lupembana ci dimostrano la capacità che gli uomini della Media Età della Pietra avevano di colonizzare le foreste del Congo. La comparsa di una anatomia moderna nell'Awash, 200 000 anni fa, ha quindi aggiunto un elemento propulsivo alla catena di eventi che hanno prodotto un ampliamento della capacità dell'uomo di stabilire rapporti totalmente nuovi e originali con gli ecosistemi, ma l'espansione delle popolazioni africane nelle regioni eurasiatiche ha portato alla costituzione di altri laboratori distaccati, per un ulteriore affinamento delle capacità invasive basate sulla trasgressione delle regole ecologiche.

Il limite principale delle specie che ci hanno immediatamente preceduto e accompagnato nella storia dell'evoluzione umana è consistito nella loro maggiore aderenza allo schema ecologico canonico di superpredatori. *Homo erectus* ha invaso l'Asia e vi si è stabilmente mantenuto per oltre 1,5 milioni di anni, ma sempre occupando sostanzialmente la nicchia ecologica dei *top predator*, con un timido complemento di onnivoria; *Homo heidelbergensis* ha colonizzato l'Eurasia occidentale e i suoi discendenti ne hanno presidiato gli ecosistemi per centinaia di migliaia di anni con l'applicazione di strategie di sussistenza già piú disinvolte, ma non cosí decisamente eclettiche come quelle comparse in un gruppo marginale della metapopolazione africana di duecentomila anni fa che ha invece scommesso sulla plasticità ecologica, puntando sulla capacità di adattarsi ai differenti ecosistemi e scoprendo infine che era anche possibile adattare questi alle proprie esigenze.

Capitolo terzo

Impronte in famiglia

Era tanta l'ansia di trovare le tracce del primo uomo che Marie Eugène Dubois, alla fine degli anni ottanta del XIX secolo, si fece spedire come militare nei possedimenti delle Indie Orientali, in modo da poter dare sfogo alla propria ossessione. Il naturalista olandese era probabilmente influenzato dalle idee di Ernst Haeckel secondo il quale, diversamente dalla profezia di Darwin, l'origine dell'umanità andava ricercata nell'Asia meridionale. A Trinil, in un'area che diverrà famosa per l'enorme quantità di fossili umani, la determinazione del giovane paleontologo fu premiata dal ritrovamento di una calotta cranica, denti e parti scheletriche degli arti inferiori di straordinaria sembianza umana. Dubois attribuí quei resti a una sorta di uomo-scimmia che camminava con postura eretta: *Pithecanthropus erectus*, che prenderà successivamente il nome di *Homo erectus* in seguito al riconoscimento delle sue caratteristiche anatomiche, ancora arcaiche ma decisamente evocative di quelle dell'uomo moderno.

Quello tra Dubois e il pitecantropo non fu l'ultimo incontro tra i rappresentanti delle due specie, perché molti resti fossili analoghi sono stati scoperti successivamente in tante altre località dell'Eurasia e dell'Africa, rivelando un segmento molto importante della storia umana durato quasi due milioni di anni. Ma probabilmente non fu neppure il primo. È assai verosimile che quando le avanguardie di *Homo sapiens* giunsero nel sud-est asiatico, circa 50 000 anni fa, vi abitasse ancora qualche nucleo di *Homo erectus*. Di sicuro c'è stata un'ampia sovrapposizione temporale tra i nostri antenati e i discendenti del cosiddetto pitecantropo, relegati in una grotta dell'isola di Flores. Erano Ominini alti poco piú di un metro, con un piccolo cranio che però presentava un'area frontale molto sviluppata a indicare buone capacità cognitive. Il nome ufficiale è *Homo floresiensis*, ma per il grande pubblico è lo hobbit di Flores. La piccola taglia è il risultato di un processo evolutivo che si riscontra in molti vertebrati che vivono sulle isole, compresi elefanti e ippopotami: il nanismo insulare. Gli strumenti di pietra associati ai resti dei sette individui ritrovati fino a oggi sono molto sofisticati e abbracciano un periodo che va da oltre 90 a meno di 20 millenni fa. Non sappiamo cosa sia accaduto all'incontro con lo sciacallo bipede venuto dall'Africa, ma ce lo possiamo immaginare. Non è invece un'ipotesi, ma una certezza, che la storia dei piú moderni discendenti dell'uomo *idaltus* che avevano abbandonato l'Awash si sia intrecciata con quella dei «pronipoti» di *Homo ergaster/erectus*, discendenti di *rhodesiensis/heidelbergensis* che si erano posizionati in Europa e nell'Asia occidentale e centrale a partire dal Pleistocene Medio.

Che cosa sia accaduto volta per volta tra noi e gli altri uomini non lo possiamo ricostruire con certezza ma un fatto è certo: oggi siamo gli unici inquilini umani del pianeta. Può darsi che la fine degli altri sia dovuta a molti fattori: i cambiamenti climatici che si sono verificati tra il Pleistocene Medio e Superiore, improvvise catastrofi ambientali prodotte dall'eruzione di grandi vulcani, impatti di corpi celesti, epidemie. Ma non si vede perché questi fattori dovrebbero aver portato all'estinzione di tutti fuorché di *Homo sapiens*, e guarda caso proprio in concomitanza con la sua espansione geografica e demografica. Se si esclude che si sia trattato di una coincidenza, molto improbabile, viene il sospetto che l'uomo moderno abbia qualcosa a che fare con questa drammatica semplificazione antropologica su scala planetaria, avvenuta in un ristrettissimo lasso di tempo alla fine del Pleistocene. E questo è il primo e piú drammatico capo d'imputazione del nostro processo preistorico. L'impronta originale piú pesante.

1. *Indole competitiva.*

Gli ecologi hanno inventato il termine di «esclusione competitiva» e lo applicano per analizzare i rapporti tra specie differenti, o anche tra popolazioni diverse della stessa specie. Quando due specie che utilizzano le stesse risorse si ritrovano nella stessa area geografica, una delle due soccombe e l'altra si espande a saturare lo spazio disponibile. L'esclusione competitiva lavora in tutti i comparti della biodiversità, dai batteri agli eucarioti pluricellulari, dalle piante agli animali, dagli invertebrati ai vertebrati. Le risorse oggetto della competizione possono essere quelle trofiche, che assicurano il rifornimento materiale ed energetico per la sopravvivenza, lo sviluppo e la riproduzione, o quelle omeostatiche, cioè parti dell'habitat che permettono di evitare le condizioni ambientali piú sfavorevoli. Nel caso in cui a trovarsi impacchettati nello stesso spazio siano due gruppi di individui diversi, ma interfecondi, scatta anche la competizione sessuale. In altri termini: cibo, acqua, rifugi e partner riproduttivi. Tra gli uomini moderni e gli altri c'è stato un problema almeno sui primi due o tre punti e probabilmente, con qualcuno di loro, anche sul quarto. Ma chi vince la partita? Se non intervengono cause esterne a porre handicap asimmetrici, a conquistare il territorio è la specie o la popolazione che riesce ad accaparrarsi e a utilizzare con maggiore efficienza le risorse disponibili, oppure quella che riesce a cavarsela con una densità minore di risorse o con risorse meno pregiate.

Nella prima metà del XX secolo, il biologo russo Georgii Frantsevich Gause ha fatto dell'esclusione competitiva l'oggetto di studi sperimentali su organismi unicellulari, ma i suoi princípî funzionano bene su tutte le specie. Due bio-matematici, Vito Volterra e Alfred Lotka, le hanno anche dato espressione formale, mediante modelli matematici capaci di riprodurre tutta la varietà di situazioni. Esperimenti e teoria ci dicono anche altre cose dell'esclusione competitiva, ad esempio che l'unico modo per evitare di soccombere, a parte la fuga, è quello di modificare la propria biologia o le proprie abitudini – cioè attraverso modificazioni selettive del genotipo/fenotipo della popolazione, o sfruttando la plasticità funzionale e comportamentale dei singoli individui. Viene da citare un esempio, che non riguarda l'uomo ma serve a capire. Sulle isole Galapagos vivono varie specie di uccelli fringillidi del genere *Geospiza*. Alcune isole sono popolate da una sola specie, su altre coesistono due o piú specie. Quando vivono da sole, le specie presentano tutte lo stesso spettro trofico: mangiano sostanzialmente gli stessi semi o frutti. Ma quando due o piú specie vivono sulla stessa isola, ciascuna si ritaglia un segmento diverso dell'intera gamma di risorse disponibili: c'è stato un aggiustamento della «nicchia trofica», che ha consentito loro di ridurre la competizione interspecifica e quindi di raggiungere un equilibrio di coesistenza. Se non lavorano la selezione o la plasticità fenotipica e comportamentale, scatta la partita che porta all'esclusione competitiva di una delle due specie.

Ancora un dato generale, per capire cosa può essere successo tra noi e loro. La competizione prende forme molto diverse nei vari organismi, può avere una base anatomica, fisiologica o comportamentale, ma in ogni caso si manifesta in due modi fondamentali: la concorrenza e l'interferenza. Nel primo caso la partita si gioca appunto sulla capacità di estrarre e utilizzare al meglio le risorse. Ma nel secondo una delle due specie mette in atto dispositivi funzionali o comportamentali per ridurre o annullare la capacità dell'altra di approvvigionarsi delle risorse o di sfruttarle al meglio. L'uomo moderno, rimasto unico e solitario esponente del genere *Homo*, applica quotidianamente alla grande questi due tipi di competizione per regolare i rapporti con gli individui della sua stessa specie: competizione sessuale, concorrenza commerciale, guerre, genocidi. Una forma particolare di concorrenza interferenziale presente in molte specie è il cannibalismo, che unisce il vantaggio della messa fuori gioco dell'avversario a quello dell'approvvigionamento trofico. Come sappiamo c'è anche questo in *Homo sapiens*, e non solo in forma rituale.

Quali delle delizie di tutta questa galleria siano accadute quando ci siamo incontrati in giro per il mondo con chi ci era arrivato prima non lo sapremo mai con certezza, ma c'è un teatro nel quale alcuni indizi li possiamo raccogliere con una certa ragionevole oggettività: l'Europa tra 45 000 e 30 000 anni fa; attori, *Homo sapiens* e il «diversamente *sapiens*», l'uomo di Neandertal. Per varie migliaia di anni durante la parte finale del Pleistocene ci siamo contesi molti territori dell'Eurasia, poi siamo rimasti solo noi. Perché? Abbiamo perduto per strada i nostri compagni di viaggio incapaci di adattarsi alle variazioni climatiche ed ecologiche del tardo Pleistocene, o siamo stati gli artefici della loro scomparsa? Sono state formulate tante ipotesi sulla scomparsa del Neandertal. Tra le tesi che vorrebbero assolvere *Homo sapiens* per non aver commesso il fatto c'è l'idea che ad averlo eliminato sia stata la sua incapacità a adattarsi ai nervosismi climatici di questa parte del Pleistocene. Tutta la storia tra lui e noi si svolse infatti durante lo stadio isotopico del MIS3, caratterizzato da rapide variazioni della temperatura e delle precipitazioni che producevano una elevata instabilità ecologica. I dati isotopici ricavati dalle carote di ghiaccio della Groenlandia rivelano che fra 60 000 e 30 000 anni fa si succedettero almeno tredici periodi caldi e quattordici piú freddi e aridi, i piú severi dei quali corrisposero agli eventi di Heinrich dal 5 al 3. Anche l'attività vulcanica era intensa. Una improvvisa modificazione climatica ed ecologica si ebbe, ad esempio, a seguito della violenta esplosione avvenuta in Campania nell'area dei Campi Flegrei, circa 40 000 anni fa. Durante quella catastrofica eruzione furono emessi quasi 150 chilometri cubi di magma che ricoprirono un'area di circa 30 000 chilometri quadrati e finí nell'atmosfera una enorme quantità di ceneri, responsabili di profonde modificazioni delle comunità vegetazionali e faunistiche dell'Europa meridionale e orientale. Si sono anche ipotizzate cause autogene della scomparsa di Neandertal: l'intossicazione per i fumi dei fuochi che teneva incessantemente accesi nelle grotte e che avrebbero provocato sterilità nei suoi maschi, o una epidemia di encefalopatia spongiforme dovuta al cannibalismo – come veramente è accaduto a *Homo sapiens* in Papua Nuova Guinea. Nessuna di queste ipotesi ha potuto essere verificata o smentita ed è possibile che tra queste vi siano le concause del fattore fondamentale: la competizione per concorrenza e per interferenza esercitata da parte di *Homo sapiens*. Forse anche qualche malattia trasmessa da quest'ultimo, come si è visto varie volte nella storia dell'umanità. Che tipo di rapporti sono intercorsi tra noi e loro? L'uomo moderno si è portato dietro qualcosa di queste esistenze? Abbiamo completamente sostituito la nostra biologia alla loro oppure, scavando bene fra gli strati dei nostri geni, possiamo trovare qualche traccia di un abbraccio o di un furto genetico? Sono domande che toccano un aspetto fondamentale della storia dell'imputato uomo, alle quali paleontologia, archeologia e soprattutto la genetica tentano di dare risposte.

Come si erano posizionati in Europa i due attori di questo dramma? Sappiamo che l'uomo di Neandertal vi si trovava padrone incontrastato da almeno 130 000 anni. È una data arbitraria, perché in realtà i paleoantropologi ci dicono che i Neandertal erano il frutto di un graduale processo di specializzazione ai climi e agli ecosistemi delle medie latitudini euroasiatiche iniziato oltre 300 000 anni fa a partire da uomini del Pleistocene Medio vicini a *Homo rhodesiensis*, quindi anche loro venuti dall'Africa. La paleontologia tradizionale del Neandertal distingue tra una fase pre-neanderthaliana e una fase classica, rispettivamente della parte iniziale-intermedia e finale del Pleistocene Medio. In realtà si tratta di un processo continuo di graduale passaggio da uomini di conformazione anatomica piú vicina all'uomo di Heidelberg – come quelle ritrovate a Sima de Los Huesos, nella sierra di Atapuerca nella Spagna settentrionale, o a Ceprano in Italia – a forme dotate di un'anatomia del cranio, del tronco e degli arti piú specializzata, caratteristica di ciò che viene comunemente indicato come Uomo di Neandertal.

Il cuore dei territori abitati dagli uomini di Neandertal era l'Eurasia occidentale, al disotto dei 50-55 gradi di latitudine Nord. La loro distribuzione geografica si è modificata a piú riprese nel corso della fase finale del Pleistocene Medio, a seguito dell'alternarsi tra periodi piú freddi e secchi e interstadiali piú caldi e umidi. Benché la loro anatomia tarchiata e robusta sia genericamente considerata un adattamento allo stress climatico legato ai climi freddi, la loro capacità di spingersi alle latitudini piú settentrionali doveva essere piuttosto limitata. Durante gli episodi piú freddi – come MIS6 e MIS4 – ampie regioni dell'Europa occidentale sono state da lui abbandonate, per venire poi ricolonizzate al ritorno di condizioni piú favorevoli. Vari indizi paleoantropologici e archeologici suggeriscono che queste variazioni fossero legate a vere e proprie crisi demografiche, piú che a migrazioni e cambiamenti di habitat. I resti piú antichi sono quelli di Pas-de-Calais e dell'Alta Garonna in Francia e quelli di Krapina in Croazia, databili tra 250 000 e 110 000 anni fa.

Le testimonianze della fase «classica», tra 100 000 e 40 000 anni fa, sono legate a molte località della Francia, del Belgio e della Germania, ma la loro presenza è evidente anche nella Penisola iberica e a sud delle Alpi, nell'area mediterranea. Hanno lasciato molte tracce anche lungo la Penisola italiana, dalla residenza dei monti Lessini, nelle Prealpi vicentine, fino alla Calabria. Cacciavano e risiedevano non solo nell'entroterra ma anche lungo la costa tirrenica, fra la Liguria, le Alpi Apuane, l'Argentario e il Circeo dove, nella Grotta Guattari, è stato ritrovato quello che, insieme ai crani di Saccopastore alle porte di Roma, è uno dei reperti ossei piú celebri del Neandertal italiano. Ha risieduto anche in vari siti lungo il versante adriatico-ionico, fino all'estremità meridionale della Puglia. Tra i rifugi della fase finale c'è Cueva del Boquete, nel sud-ovest della Spagna, e poi la grotta di Vindija in Croazia, abitata fra 32 000 e 29 000 anni fa. E, infine, l'ultimo bagliore che si spenge nella grotta di Gorham a Gibilterra, tra 28 000 e 24 000 anni fa. La residenza europea piú orientale è quella di Mezmaiskaya nel Caucaso nordoccidentale, ma reperti fossili di Neandertal sono stati ritrovati anche nel cuore dell'Asia centrale a Teshik Tash in Uzbekistan e a Okladnikov, sui monti Altai. La datazione di questi reperti, tutti posteriori a 40 000 anni fa, suggerisce che la colonizzazione delle regioni orientali sia stata piuttosto tardiva. Nonostante l'area ampia di distribuzione, il Neandertal classico appare piuttosto omogeneo dal punto di vista anatomico, in accordo anche con la sua bassa variabilità genetica recentemente riscontrata attraverso studi di archeogenetica. Questo è un indizio di una forte pressione selettiva verso uno schema geno-fenotipico specializzato, ma potrebbe essere anche il risultato di severi colli di bottiglia demografici intercorsi durante la sua storia.

Sappiamo, o crediamo di sapere, diverse cose di lui. Era un abile predatore di grandi mammiferi che attendeva al varco le sue prede durante le loro migrazioni lungo i corridoi ambientali che si ampliavano e si contraevano nel corso dei cicli glaciali-interglaciali; era dotato di tecnologie non eccelse ma efficaci, capace di concepire strategie di caccia collettiva in bande che si riunivano in aree ricche di prede nelle stagioni piú produttive, per poi tornare a vivere in piccoli gruppi familiari relativamente isolati e poco mobili. Forse non era un affabulatore ma comunicava certamente con qualche efficace forma di linguaggio vocale. Non ha mai raggiunto grandi densità di popolazione, in relazione a uno stile di vita e di caccia sempre dentro i confini della sostenibilità, non per virtú ma in ragione della lunga storia di co-evoluzione all'interno degli ecosistemi temperati dell'Eurasia. Ha dedicato parte della sua vita anche a momenti di qualche spiritualità, si è adornato di semplici monili e forse ha riflettuto sul proprio destino oltre la morte, soprattutto quando il ritmo lento e costante di una dura vita in equilibrio con gli altri esponenti della sua specie e con la flora e le faune dei suoi immensi territori è stato drammaticamente interrotto dall'arrivo di una schiatta invasiva.

E noi? È arrivato il momento di completare il quadro del calpestio planetario del precedente capitolo, dove avevamo trascurato l'Europa. Le tracce fossili ci rivelano che la prima Europa colonizzata da *Homo sapiens* fu la regione orientale, tra la Russia e i Balcani. Da quest'area orientale – probabilmente raggiunta attraverso l'Anatolia orientale o dopo un lungo viaggio dal sud dell'Arabia attraverso la Mesopotamia e l'attuale regione del Kurdistan – l'uomo moderno ha dilagato sul suolo europeo, sia verso le regioni centro-settentrionali, sia verso l'occidente e il meridione. I piú antichi fossili di *sapiens* europei sono stati scoperti in Romania, a Peştera cu Oase, una grotta che si apre nella valle di Miniş, nei Carpazi meridionali; un cranio quasi completo e una mandibola databili a poco piú di 40 000 anni fa che, sebbene mostrino ancora alcuni elementi di arcaicità, appaiono di anatomia molto simile a quella moderna. Dalla stessa regione, nella Grotta delle Donne – Peştera Muierii – provengono altri resti di *sapiens* di 36 000 anni fa, mentre altri ancora, tutti databili fra 38 000 e 28 000 anni fa, sono venuti alla luce a Kostenki nella regione russa di Voronež, a Mladeč in Moravia, a Dolní Věstonice nella Repubblica Ceca e a 200 km a est di Mosca, nella località di Sungir. Sembra insomma che in questo periodo, prima di invadere l'Europa centrale e occidentale attraverso il corridoio danubiano, l'uomo moderno si sia attestato nell'Europa orientale: se l'Africa è la culla dell'umanità, i Balcani e tutta la regione orientale potrebbero essere stati la nursery dell'Europa moderna.

La diffusione dei primi *Homo sapiens* nelle regioni europee centro-occidentali è testimoniata, fra l'altro, dal celebre ritrovamento di Abri de Cro-Magnon, un riparo di roccia nella regione francese dell'Aquitania dove, nel 1868, il geologo francese Louis Lartet trovò i resti di quelli che da allora furono chiamati gli «uomini di Cro-Magnon», la cui datazione, piú volte rivista, sembra essere di circa 30 millenni fa. Piú a sud, l'espansione nell'area subalpina e lungo la Penisola italiana è testimoniata da una quantità di reperti che vanno dalla Liguria alla Puglia. Nella grotta delle Arene Candide, lungo la costa ligure di levante, oltre 26 000 anni fa fu sepolto un uomo morto per un trauma; forse un incidente di caccia, come dimostra la lesione alla mandibola destra ricoperta di ocra rossa. Era un giovane *Homo sapiens* alto 1,75 m che, a poco piú di 15 anni, aveva già maturato una notevole esperienza nell'uso dei propulsori di lance, ma non rinunciava a portarsi dietro una bella ascia bifacciale di selce, proveniente da un luogo distante centinaia di chilometri dalla sepoltura. Doveva essere considerato un tipo importante nel suo gruppo se i compagni lo seppellirono con le sue armi e una bella cuffia di conchigliette in testa. Per questo è stato battezzato il «principe delle Arene Candide». Poco distante, nelle grotte dei Balzi Rossi, vicino a Ventimiglia, sono stati trovati vari scheletri di adulti e bambini di *Homo sapiens* di circa 27-25 millenni fa, appartenenti a un tipo anatomico particolare, con alcune caratteristiche negroidi, che ha ricevuto il nome di «uomo di Grimaldi».

Dall'estremo sud dell'Italia provengono invece, tra gli altri, i resti della grotta di Paglicci sul Gargano, dove l'uomo *sapiens* viveva almeno 28 000 anni fa. Verso il nord dell'Europa l'espansione, resa piú difficile che altrove dalle popolazioni residenti di Neandertal e dalle condizioni climatiche, è stata comunque molto rapida: in una meravigliosa grotta del Devon, sulle coste dell'Inghilterra sudoccidentale non lontano da Plymouth, oltre a numerosi manufatti che rivelano una presenza quasi ininterrotta dal Paleolitico Inferiore al Mesolitico, sono stati trovati pochi ma significativi resti fossili, un frammento di mandibola e alcuni denti, sicuramente di *sapiens* e datati a oltre 40 000 anni fa. Si può immaginare con quanta circospezione i paleoantropologi inglesi abbiano confermato l'attribuzione e la datazione antica di questi reperti britannici, dopo lo scherzo di Piltdown! In questa località del Sussex fu ritrovato infatti, nel 1912, un cranio quasi completo e apparentemente fossilizzato di quello che poteva essere un perfetto «anello di congiunzione» tra l'uomo moderno e le scimmie antropomorfe. La sensazionale scoperta fu annunciata al mondo dalle sale della Geological Society of London e nello studio di questo eccezionale reperto furono coinvolti alcuni tra i massimi esponenti della paleoantropologia britannica. Non tutti, però, erano convinti della genuinità della scoperta e infatti, dopo ben quarant'anni di scetticismi, discussioni accanite, sospetti e calunnie, la verità saltò fuori: si trattava di un clamoroso falso. Molti furono sospettati della frode scientifica di Piltdown – dallo stesso scopritore, Charles Dawson, a personaggi illustri come Pierre Teilhard de Chardin e Arthur Conan Doyle – ma la verità non venne mai a galla. Difficile quindi per i paleoantropologi britanici dimenticare questa brutta storia.

I particolari della diffusione precoce dell'*Homo sapiens* dall'Europa orientale a quella centro-occidentale e le profonde variazioni culturali che si sono verificate in Europa tra il Paleolitico Medio e quello Superiore, sono oggetto di discussioni infinite e talvolta accanite tra le varie scuole di pensiero. I paleoantropologi sembrano essere discordi sui dettagli dell'invasione, anche perché recenti revisioni delle datazioni dei reperti hanno ridotto la lista delle testimonianze fossili, provenienti da alcune località chiave, utili a questa ricostruzione. A Vogelherd, nella Germania sudoccidentale, negli anni trenta del Novecento, sono stati portati alla luce alcuni scheletri di anatomia moderna, associati a manufatti litici e statuette ossee, che denotavano un chiaro balzo in avanti della cultura paleolitica europea. I fossili di Vogelherd, già datati a 30-32 000 anni fa, sono stati recentemente declassati a resti di uomini del medio Olocene, non piú vecchi di 5 millenni. Nonostante questi incidenti di percorso, l'insieme delle testimonianze fossili della diffusione di *Homo sapiens* in Europa non lascia spazio a dubbi: l'uomo moderno, probabilmente proveniente da est, ha invaso completamente il continente a partire da circa 40-45 000 anni fa.

Dalla paleoantropologia alla genetica: come sono arrivati in Europa i geni moderni? Per rispondere dobbiamo tornare all'avamposto della Penisola arabica dalle parti di Jebel Faya, che probabilmente ha ospitato una comunità di uomini usciti dall'Africa 130-120 000 anni fa alla ricerca di risorse marine per soddisfare la propria fame e la voglia di dilagare nel mondo. La base sullo stretto di Hormuz potrebbe essere stata tra i punti di partenza per la diffusione verso l'Asia occidentale e l'Europa. Secondo i genetisti, infatti, la colonizzazione di queste regioni sarebbe dovuta a una diramazione della migrazione costiera che correva lungo le rive dell'Oceano Indiano. Le popolazioni dell'Asia occidentale e dell'Europa hanno infatti tipi di DNA mitocondriale derivati dagli stessi aplogruppi N e R che caratterizzano il *blend* genetico eurasiatico, ma mancano di aplotipi riconducibili al terzo fratello della famiglia L3, l'aplogruppo M, che insieme agli altri due furoreggia nel resto dell'Asia, dall'India fino al Sahul. L'ipotesi è che dal sud della Penisola arabica si sia verificata anche una diffusione lungo le coste del golfo Persico e quindi, proseguendo verso nord lungo il Tigri e l'Eufrate, sia arrivata in Kurdistan e nella regione del Tauro orientale. Questo passaggio ha imposto tempi lunghi e forse drammatici colli di bottiglia capaci di eliminare parte della variabilità genetica dei fondatori, probabilmente a causa degli eventi climatici. L'attuale corridoio kurdo, che comprende una delle aree mondiali piú interessanti dal punto di vista della biodiversità, è un vero e proprio rifugio bionaturalistico, dove tra l'altro vive il ghepardo asiatico, ma ha attraversato in passato fasi decisamente poco ospitali. Durante l'ultimo massimo glaciale di circa 20 000 anni fa e prima, durante gli stadi isotopici MIS5 e MIS4, fra 95 000 e 55 000 anni fa, era un'area fredda e arida che impediva un facile attraversamento anche a una specie decisamente pervicace. Invece, intorno a 50 000 anni fa, un relativo riscaldamento climatico avrebbe aperto il corridoio in concomitanza con un incremento di umidità nella Penisola arabica. Lo studio del DNA mitocondriale ci rivela che uno degli aplogruppi piú antichi, tra quelli caratteristici delle popolazioni europee e mediorientali derivanti dall'aplogruppo N, ha un'età di circa 40 000 anni. L'incrocio fra i dati genetici, paleontologici e paleoclimatici conferma quindi che potrebbe essere scattata allora, tra 50 000 e 45 000 anni fa, la corsa di *Homo sapiens* verso l'Asia occidentale e l'Europa orientale.

2. *Fantasia e inganno.*

Come abbiamo visto nel II capitolo, l'ipotesi di un salto culturale associato alla comparsa dell'anatomia moderna è nata proprio dallo studio del passaggio dal Paleolitico Medio a quello Superiore in Europa. Qui, la lunga stasi tecno-culturale dei pre-neanderthaliani e poi dell'uomo di Neandertal venne sconvolta, 45-40 000 anni fa, dall'arrivo di una cultura che si distingueva appunto per una tecnologia piú precisa e variegata: l'Aurignaziano. È un'onda che si accompagna alla comparsa di una nuova e piú moderna anatomia – un'impossibile coincidenza, secondo Paul Mellars – e procede da oriente verso occidente attraverso il bacino del Danubio fino a dilagare nell'Europa centrale e occidentale. Inizia cosí un nuovo corso che si svilupperà con ritmo incalzante nei successivi 30 millenni attraverso culture sempre piú complesse, alle quali gli archeologi – dalle località dove sono stati scoperti i primi manufatti di ciascun tipo – hanno dato i nomi di Gravettiano, Solutreano, Magdaleniano; questa sequela sfocerà poi nelle culture post-glaciali del Mesolitico, che saranno a loro volta spazzate via all'arrivo della rivoluzione culturale e tecnologica del Neolitico mediorientale.

Un elemento indicativo del fatto che qualcosa stava improvvisamente cambiando riguarda la provenienza dei materiali: mentre nelle culture del Paleolitico Medio i materiali di cui erano fatti gli strumenti provenivano raramente da distanze superiori ai 10 e 20 km, nella fase tarda del Paleolitico Medio e soprattutto con la transizione a quello Superiore si registrano distanze anche superiori ai 300 km e si hanno prove dell'esistenza di vere e proprie cave e miniere dei materiali litici e di reti di scambio proto-commerciali. Ancora una differenza: mentre gli strumenti del Paleolitico Inferiore e Medio erano funzionalmente generici, con il Paleolitico Superiore si amplia la diversificazione dei manufatti in relazione all'uso particolare – lame da taglio, punte, raschiatoi, bulini – e soprattutto si vedono i segni di una diversificazione tecnologica e stilistica regionale e varie concessioni all'estetica, oltre che alla funzionalità. Mentre prima la pietra dominava lo strumentario, adesso un numero sempre maggiore di manufatti viene realizzato con materiali meno durevoli ma piú plastici, come legno, osso, denti, corna e, guarda caso, conchiglie. Gli strumenti compositi del Paleolitico Superiore sono piú complessi dei precedenti e richiedono l'assemblaggio di parti preparate in tempi diversi con lunghe procedure:

colle indurite con il fuoco, tendini di animali trattati per renderli elastici. I propulsori diventano piú complessi e piú frequentemente utilizzati, permettendo al cacciatore di colpire le sue prede da una distanza sempre maggiore. Non a caso la statistica paleoantropologica dei traumi registra una forte flessione proprio in questo periodo. Tutto questo contrasta con l'archeologia dei luoghi frequentati dai Neandertal. Le loro dimore sono piene di reperti che ci lasciano intravedere una tecnologia anche relativamente efficace, ma sostanzialmente tradizionale, massiccia e poco diversificata, alla quale gli archeologi hanno dato il nome di Musteriano. La teoria della memoria di lavoro suggerisce che molto dello strumentario del Neandertal possa essere stato ottenuto con forme meno avanzate di *working memory* rispetto a quella dell'uomo moderno. Alcuni psicologi e antropologi ritengono infatti che l'abilità produttiva dell'uomo di Neandertal fosse basata sull'esperienza e fortemente legata alla ripetizione di sequenze, anche complesse, di atti perfezionati con il tempo e immagazzinati in una memoria a lungo termine. Un dispositivo cognitivo che assicurava buone prestazioni ma non consentiva di introdurre con facilità innovazioni costruttive. Insomma, niente a che vedere con quella intelligenza fluida che invece viene garantita dalla memoria di lavoro avanzata. C'è un particolare illuminante a questo proposito: gli archeologi, frugando fra gli strati del Paleolitico Medio di varie grotte italiane, hanno trovato manufatti in osso ottenuti lavorando un po' goffamente questo materiale, con le stesse tecniche di scheggiatura che i Neandertal usavano per i loro strumenti musteriani. Questa inerzia operativa, che tende a trasferire su materiali nuovi le tecniche di lavorazione messe a punto per i tradizionali materiali litici, potrebbe spiegare la relativa staticità della produzione musteriana. Il conservatorismo culturale potrebbe aver prodotto conseguenze drammatiche in relazione a incidenti occasionali o alla rarefazione demografica legata alle modificazioni climatiche: in questo scenario la perdita di un individuo esperto poteva comportare per la comunità di appartenenza un danno difficilmente riparabile. In un sistema basato sulla tradizione consolidata l'interruzione della trasmissione intergenerazionale di conoscenza porta al collasso della forma di cultura, mentre in uno basato sulla intelligenza fluida può addirittura aprire le porte all'innovazione.

Gli strumenti di lavoro e di caccia, pur cosí importanti nel rivelare l'evoluzione cognitiva e culturale verificatasi in Europa al passaggio dal Paleolitico Medio al Superiore, non ci raccontano tutta la storia. Spazi abitativi molto piú complessi e stabili, sepolture rituali e oggetti della vanità sono altrettanto e piú informativi per capire che si è verificato un salto di qualità nella testa dell'uomo che diventa moderno e si ribella alle regole dell'ecosistema. E, con l'arrivo di uomini anatomicamente moderni, anche il simbolismo e l'arte irrompono in Europa e si esprimono subito in forma straordinariamente complessa e matura. Alcuni indizi di questa rivoluzione artistica e simbolica provengono dalla Germania e dalla Francia del Paleolitico Medio-Superiore. Il primo è una raffigurazione teriantropica, una statuetta alta 28 cm intagliata in avorio che raffigura un uomo con testa di felino. Questo essere non è esistito nel mondo reale, ma era vividamente presente nell'immaginario di un essere umano vissuto 32 millenni fa in una grotta a Hohlenstein-Stadel, nella Germania centro-meridionale, dove è stata trovata nel 1939 dall'archeologo Robert Wetzel. La rappresentazione dell'uomo-leone è carica di un fortissimo patos magico ed è indice di una sfera spirituale che va molto oltre il soddisfacimento delle esigenze materiali primarie. Da un'altra caverna della stessa regione, a Hohle Fehls, viene una statuetta anch'essa ricavata da avorio di mammuth, che rappresenta con prepotente esagerazione anatomica una figura femminile di 40-35 000 anni fa, con enormi seni e natiche e una minuscola testa. A Hohle Fehls dovevano avere il chiodo fisso per questo genere di cose perché dallo stesso luogo provengono altre statuette di «veneri» e spudorate rappresentazioni falliche. La sfera riproduttiva, urgenza biologica primaria per una specie in rapida espansione geografica ed ecologica, veniva elaborata e diventava categoria ideologica proto-religiosa attraverso rappresentazioni iconiche connotate da una fortissima carica erotica. Nella Svabia del Paleolitico Medio-Superiore non c'era solo simbologia sessuale, perché da lí provengono anche i primi strumenti musicali, flauti a cinque fori ricavati da ossa di avvoltoio, anch'essi datati intorno a 35 millenni fa. Queste immagini e strumenti non hanno precedenti nella preistoria europea e chiunque li abbia costruiti e utilizzati era dotato di capacità cognitive e di riferimenti culturali assolutamente nuovi.

La resistenza ad accettare l'idea di una impressionante discontinuità nella Preistoria dell'Europa viene letteralmente spazzata via visitando la grotta di Chauvet, nella regione francese dell'Ardèche, dove sono presenti raffigurazioni di animali cosí sconcertanti e moderne che sono occorse oltre ottanta datazioni indipendenti eseguite nei laboratori piú accreditati del mondo per fare accettare agli archeologi l'idea che risalgano a 36 000 anni fa. Una quantità enorme di parole sono state pronunciate su questo e altri tesori dell'arte rupestre del Paleolitico. Sono intervenuti tutti: archeologi, filosofi, chimici, artisti, psicologi, registi e ognuno ci ha visto qualcosa di diverso. La serie di interventi è stata inaugurata da Henri Breuil, esperto archeologo del Paleolitico e del Neolitico dell'Eurasia e dell'Africa. L'abate francese, che finí per innamorarsi di una «Dama Bianca» dipinta sulle pareti di una grotta della Namibia, espresse l'idea che queste rappresentazioni zoomorfe avessero un carattere propiziatorio in relazione alla caccia ai grandi mammiferi. Una interpretazione diversa, basata sulle teorie della semeiotica, ha invece portato l'archeologo sudafricano James David Lewis-Williams a teorizzare che questo simbolismo iconico fosse legato a pratiche sciamaniche. C'è anche chi ha semplicemente detto: qui è nata l'arte.

C'è ancora qualcosa, oltre alle pietre, ai flauti e ai disegni a marcare l'arrivo del Paleolitico Superiore in Europa. Molti dei resti umani dei primi *sapiens* europei sono qualcosa che va molto aldilà del semplice reperto osteologico. La sepoltura delle Arene Candide, quella dei fanciulli della Barma Grande ai Balzi Rossi, o ancora le sepolture rituali di Sungir e l'impressionante inumazione «intima» dei tre uomini di Dolní Věstonice, ci trasmettono qualcosa di molto piú importante ed emozionante di un semplice dettaglio anatomico. Questi uomini, sepolti in posture particolari, con i loro amuleti e le loro armi di caccia, ci raccontano di un mondo spirituale profondamente diverso rispetto a quanto si era visto fino ad allora nel lungo e statico Paleolitico europeo: un mondo assolutamente fantasioso e «moderno».

Ma l'associazione tra modernità anatomica e innovazione culturale viene contestata da altri, secondo i quali le prove archeologiche che queste manifestazioni culturali siano opera di *Homo sapiens* venuto dall'est o dal Levante non ci sono proprio. Uno dei piú scettici è l'antropologo Erik Trinkaus del Department of Anthropology della Washington University, secondo il quale non è piú il caso di continuare a sostenere pregiudizialmente una semplice associazione tra modernità anatomica e modernità comportamentale e culturale nelle vicende della transizione tra il Paleolitico Medio e quello Superiore in Europa. C'è anche chi ha immaginato un malinconico artista neanderthaliano che piange sul tramonto della propria stirpe ritirandosi nel profondo della terra a dipingere con sublime talento leoni, cavalli, renne e bisonti. I «mitici moderni» venuti dall'Africa attraverso l'Asia, culturalmente superiori, che conquistano il terreno europeo scacciando i Neandertal, sarebbero quindi una pura invenzione!

Provocazioni a parte, alcuni continuisti sostengono che la transizione culturale che segna il passaggio dal Paleolitico Medio a quello Superiore sia almeno in parte opera dei Neandertal, svegliatisi dal loro torpore sotto la pressione competitiva esercitata dai nuovi arrivati. La prova di questa improvvisa acculturazione neanderthaliana sarebbe lo Châtelperroniano, una cultura di transizione tra Musteriano e Aurignaziano. Tanto per rappresentare l'accanimento di una contesa intellettuale, i sostenitori della discontinuità concedono che lo Châtelperroniano sia opera dei Neandertal, ma attribuiscono questo improvviso quanto tardivo impeto culturale a un fenomeno molto particolare verificatosi al contatto con *Homo sapiens*. Potrebbe essersi trattato di imitazione? Considerato che gli strumenti dello Châtelperroniano sono simili – ma non identici – a quelli dell'Aurignaziano, e che molti indizi rivelano un mantenimento delle pratiche costruttive del Musteriano, gli psicologi Frederik L. Coolidge e Thomas Whynn, che cercano di saldare psicologia e archeologia con la teoria della memoria di lavoro, hanno proposto che questi strumenti del tardo Neandertal siano frutto non di imitazione ma di emulazione. Qual è la differenza? Per imitazione si intende la ripetizione di una procedura costruttiva di cui si è potuta osservare direttamente l'esecuzione. L'emulazione invece comporta il tentativo di riprodurre con tecniche proprie oggetti costruiti da altri. I neanderthaliani potrebbero essere entrati in possesso di strumenti dei Cro-Magnon rinvenuti occasionalmente ma, non disponendo di una memoria di lavoro avanzata, li avrebbero copiati a modo loro. Insomma, si sarebbe trattato di una vera e propria contraffazione preistorica. E gli elaborati oggetti di ornamento in osso intagliato trovati in alcuni siti frequentati dai Neandertal? Beh, dopotutto il furto non è mica stato inventato oggi. La polemica è avvincente ma rischia di essere inconclusiva e viene voglia di cercare altrove gli indizi e le prove che possano dare un'idea delle dinamiche complesse che hanno segnato i rapporti tra le due... come dire, specie o razze?

L'idea complessiva che ci facciamo ascoltando gli archeologi che discutono sulla transizione tra Paleolitico Medio e Superiore in Europa è che le cose siano andate in modo molto complicato. Sicuramente *Homo sapiens* ha portato un'ondata di novità, ma non nel senso che fosse portatore di una civiltà sconvolgentemente superiore, di tecnologie assolutamente rivoluzionarie. Semmai, ha portato piú flessibilità e fantasia e piú capacità di programmare le proprie azioni a lungo termine, frutto di una forma piú avanzata di memoria di lavoro e di una maggiore capacità di produrre rappresentazioni mentali del mondo esterno. Una differenza cruciale può essere stata quella che ha garantito una maggiore mobilità dell'uomo moderno e quindi una maggiore flessibilità nella struttura sociale e nei modi per adattarla alle circostanze.

È probabile che *Homo sapiens* disponesse anche di una maggiore versatilità linguistica rispetto al suo «competitor». Vi è una relazione tra il possesso di una memoria di lavoro avanzata e una capacità linguistica sofisticata. È stato suggerito che l'evoluzione del linguaggio sia da mettere in relazione con lo sviluppo del circuito fonologico che costituisce una componente fondamentale della *working memory*. Inoltre, l'espansione della finestra di attenzione, che è una proprietà della memoria di lavoro avanzata, produce una maggiore capacità di «tenere le cose a mente» e questo può a sua volta ampliare la capacità di creare strutture narrative complesse che hanno un'importanza enorme sul piano della comunicazione delle rappresentazioni del mondo esterno o di quello immaginario. L'uomo è attualmente l'unico animale a disporre di un sistema formale di rappresentazione del mondo e di se stesso che può comunicare in forma orale e mediante una quantità di altri sistemi simbolico-convenzionali, inclusa la scrittura. Esistono molte e diverse teorie circa l'origine di queste capacità e l'origine del linguaggio è uno degli argomenti piú discussi e controversi dell'evoluzione umana. Anche qui, come per altri aspetti, le due posizioni che si confrontano e talvolta si scontrano con impeto e passione sono quella gradualista e quella della discontinuità evolutiva.

L'esternalizzazione fonetica delle idee è basata su un apparato vocale oro-laringeo che alcuni ritengono peculiare dell'uomo moderno, reso possibile da un allungamento del collo e da una posizione bassa dell'osso ioide che sostiene la lingua. Di questa disposizione fa parte una precisa conformazione della base cranica che non si ritrova negli Ominini che ci hanno preceduto, incluso il piú vicino a noi, l'uomo di Neandertal. Secondo Philip Lieberman la ricostruzione dell'anatomia degli uomini arcaici rivela relazioni tra la struttura del basicranio e le parti molli dell'apparato vocale che non sembrano compatibili con una fonazione complessa come quella dell'uomo moderno. Questa tesi è stata però messa in discussione dal rinvenimento di un osso ioide appartenuto a un uomo di Neandertal vissuto circa 60 000 anni fa a Kebara, nell'attuale Israele, la cui struttura ricadrebbe nella variabilità anatomica dell'uomo moderno. Altre indagini si sono rivolte all'apparato acustico, seguendo l'idea che nelle varie specie di Mammiferi, e di Primati in particolare, le capacità auditive rispecchino in qualche modo la gamma dei suoni utilizzati per la comunicazione. È interessante a questo proposito quanto rivelato da uno studio su alcuni crani fossili di 530 000 anni fa ritrovati a Sima de Los Huesos, in Spagna, secondo il quale le capacità auditive di questi esseri umani arcaici riconducibili a forme vicine a *Homo heidelbergensis* erano simili a quelle dell'uomo moderno.

La fonazione costituisce l'elemento periferico del linguaggio, intimamente collegato alla capacità di formare rappresentazioni simboliche a livello centrale e di riversarle all'esterno tramite un appropriato sistema di controllo delle sequenze motorie. La teoria canonica vede nelle aree di Broca e di Wernicke – situate nell'emisfero cerebrale sinistro – la sede centrale del linguaggio, in quanto le lesioni di queste aree corticali comportano gravi compromissioni delle capacità linguistiche. Tuttavia anche le zone subcorticali sono implicate nella produzione di fonemi e nella loro articolazione in sillabe, parole e frasi. Tra queste vi sono i gangli basali che controllano la produzione delle sequenze di movimenti. Per sottolineare il ruolo di queste aree subcorticali nell'espressione e comprensione linguistica, Lieberman accosta il linguaggio alla danza, arrivando a parafrasare Cartesio: danzo e quindi sono. Questa provocazione raccoglie quanto scritto da David C. Mardsen e Jose A. Obeso: «thought is mental movement without motion».

A questo proposito è interessante la scoperta che la modificazione del gene FOXP2, che controlla lo sviluppo embrionale di queste aree subcorticali, produce deficit nei movimenti oro-facciali e nelle prestazioni linguistiche, simili a quelli prodotti dalle lesioni all'area di Broca. Il gene FOXP2 dell'uomo differisce per due mutazioni da quello dello scimpanzé e tale variante si è fissata nel genotipo umano a seguito di eventi selettivi culminati circa 200 000 anni fa. Il recente sequenziamento del DNA estratto da un frammento di osso umano del Paleolitico Medio, rinvenuto a El Sidrón nella Spagna settentrionale, ha rivelato che l'uomo di Neandertal possedeva la versione del FOXP2 che ingloba esattamente le due posizioni critiche che distinguono *Homo sapiens* dallo scimpanzé. Un altro indizio a favore dell'idea che il nostro linguaggio venga da lontano.

Tuttavia il linguaggio non si riduce alla fonazione, ma rappresenta l'esternalizzazione di un complesso mirabolante di capacità cognitive che possiamo riassumere in un solo termine: simbolismo. E, come si è visto, il simbolismo nasce e si accresce con l'uomo moderno in Africa tra 200 000 e 70 000 anni fa e dilaga in Europa all'arrivo dei portatori moderni della tecnologia aurignaziana. Rimanendo al modello della memoria di lavoro e delle sue manifestazioni, Manuel Martín-Loeches ha suggerito che la mente moderna è la conseguenza del linguaggio moderno, il quale a sua volta è la manifestazione di una memoria di lavoro avanzata che riorganizza la costruzione del linguaggio sia in termini grammaticali che sintattici. Fonemi, sillabe, parole, frasi, concetti, racconti, tragedie e commedie, confessioni e imbrogli. Come lo sviluppo di capacità elevate di rappresentazione interna ha prodotto il primo pittore ma ha segnato anche il divorzio tra uomo e ecosistemi, cosí l'acquisizione di una *working memory* avanzata ha dotato l'uomo moderno di uno strumentario inesauribile per comunicare tutte le infinite forme di rappresentazione di sé e della propria idea della realtà, ma anche di un armamentario micidiale per dare attuazione a tutte le forme di sfruttamento e di interferenza sugli altri uomini e sull'ambiente che la sua incontenibile immaginazione gli ha di volta in volta suggerito.

Queste diverse capacità cognitive potrebbero aver introdotto anche un'asimmetria fatale tra *Homo sapiens* e gli altri uomini: una maggiore capacità del primo a regolare i rapporti con l'inganno. Quante volte prima della soluzione finale gli Indiani d'America sono stati ingannati circa il fatto che, se avessero accettato determinate condizioni, avrebbero potuto continuare a vivere in pace e tranquillità? Nella storia ci sono infiniti esempi di conquista e annullamento di popoli non certo culturalmente inferiori. Forse gli Etruschi erano culturalmente inferiori ai Romani? Guardiamo le loro opere edilizie e idrauliche, il bronzo dell'Arringatore, le pitture dei tuffatori e dei suonatori di Tarquinia e il ritratto della fanciulla Velca. Eppure furono vinti e scomparvero, assorbiti geneticamente e culturalmente (oggi si dice *swamped*) dalla nuova gente romana e dai loro continuatori cristiani.

Non c'è bisogno di invocare una schiacciante superiorità intellettuale; abbiamo vinto con piú ampie capacità di darci una struttura organizzata per la caccia e per la guerra, una maggiore e piú fredda capacità di calcolo e di pianificazione e con una maggiore scaltrezza. Abbiamo regalato loro collanine di conchiglie e statuette intagliate per ottenere acqua e cibo quando avevamo sete e fame. Ci hanno chiesto qualche punta di freccia che hanno cercato di riprodurre a modo loro. Forse abbiamo anche organizzato qualche battuta di caccia in comune. Probabilmente abbiamo rubato le loro giovani donne. Ne portiamo addosso le tracce genetiche come ogni vincitore porta dentro di sé le tracce genetiche e culturali del popolo vinto. Può anche darsi che il primo semplice strumento musicale lo abbia costruito e suonato lui. Noi, dopo averlo buttato di sotto dal palcoscenico, abbiamo prodotto Bach e Beethoven e i Beatles, e l'iPod che ci consente di ascoltarli. Probabilmente il suo equipaggiamento cognitivo non gli avrebbe permesso di arrivarci neppure avendo a disposizione altre centinaia di migliaia di anni. Fosse stato per lui, oggi nessuno parlerebbe di ere glaciali, di stadi isotopici e di effetto serra, ma probabilmente il clima dell'Olocene inizierebbe già a mostrare i primi segni evidenti della ripresa dell'era glaciale.

3. *Appetito illimitato.*

Per valutare l'ipotesi centrale dell'esclusione competitiva è importante sapere se moderni e Neandertal avessero gusti diversi, e ci sono vari modi per saperlo. Il primo, piú tradizionale, si basa sullo studio della loro spazzatura: i due protagonisti hanno mangiato e dormito per millenni all'aperto ma ogni tanto sentivano il bisogno di rifugiarsi da qualche parte, magari dentro una grotta dove vivevano letteralmente sopra o accanto ai resti dei loro pranzi. Gli strati di resti alimentari di queste residenze sono veri e propri archivi delle loro abitudini alimentari, oltre che un compendio di zoologia pleistocenica. Si possono ricostruire i menú a base di renne, rinoceronti, bisonti, cervi, cavalli, capre, maiali, topi, tartarughe, lucertole e altre prelibatezze. Un luogo dove si è cercato di capire se i due avevano una dieta differente è una piccola grotta a pochi chilometri dal fiume Dordogna, nella Bouriane francese. È un sito al cui studio si sono dedicati molti archeologi e paleoantropologi francesi, inglesi e americani. Perché tanto interesse? Il pavimento di Roc de Combe è fatto di strati discreti depositatisi all'incirca tra 45 000 e 30 000 anni fa, proprio al tempo della «prima guerra europea», ed è stato costruito e calpestato in successione da entrambi i contendenti. Negli strati piú profondi e quindi piú antichi ci sono resti di strumenti litici musteriani, concordemente attribuiti ai Neandertal; seguono poi strati di transizione châtelperroniani, ritenuti anch'essi neanderthaliani; infine, una serie piú recente di strati con strumenti aurignaziani, di marca moderna. Sull'interpretazione di queste successioni a Roc de Combe ci sono furibondi dibattiti che echeggiano sulle migliori riviste di archeologia preistorica, ma qui ci interessa un aspetto particolare: di che tipo sono i resti di ossa animali dentro questi strati? È possibile leggervi una qualche discontinuità di preferenze alimentari tra i Neandertal e i moderni? Secondo alcuni sí, secondo altri no, naturalmente. Per il sí, ad esempio, è Paul Mellars, che ritiene come Roc de Combe e altri siti rivelino una chiara transizione tra Paleolitico Medio e Superiore, da una caccia piú generica a una piú focalizzata nello sfruttamento di particolari prede, come le renne. Viceversa, altri ricercatori sono del parere che i due avessero gusti sostanzialmente uguali e che le differenze archeozoologiche tra strati musteriani e aurignaziani siano semplicemente una conseguenza dei cambiamenti delle comunità animali dovuti alle variazioni climatiche del tardo Pleistocene. Il problema è che le sole informazioni su ciò che viene consumato non sono sufficienti per capire se una specie opera una qualche scelta in fatto di predazione, oppure raccoglie passivamente quello che passa il convento; occorre sapere anche che cosa transitava da quelle parti in quel momento e questo non è facile saperlo, almeno sul piano quantitativo. Inoltre è evidente che un luogo parla solo di se stesso e per capire qualcosa di piú generale occorrono piú dati.

Allargando il campione a un'area piú ampia, si registra qualche differenza tra i due. In generale, se si guarda all'Europa centrale e settentrionale si deduce che la dieta dell'uomo di Neandertal era caratterizzata da una minore diversità, molto focalizzata su erbivori terrestri di grandi dimensioni come bisonti, cavalli, rinoceronti ed elefanti. Piú al sud, invece, Neandertal cacciava anche prede di dimensioni medie come caprioli, stambecchi, camosci e cinghiali. Solo quando viveva in prossimità della costa l'uomo di Neandertal includeva nella propria dieta alimenti piú vari, ma nel complesso i suoi gusti appaiono sempre molto spostati verso la selvaggina di dimensioni medio-grandi. Nei luoghi abitati dai moderni, invece, si ritrovano resti di una fauna decisamente piú diversificata, che include anche piccoli mammiferi, uccelli e pesci. Ma è soprattutto nelle regioni meridionali come in Grecia e Portogallo che *Homo sapiens* mostrava tutta la complessità dei propri gusti alimentari: molto pesce, molluschi e crostacei completavano la dieta a base di selvaggina e la presenza di pietre per macinare lascia pensare che si cominciasse a fare uso di farine di semi selvatici.

È dallo studio delle tracce isotopiche nelle ossa di Neandertal e dei moderni che arriva la conferma che qualche differenza tra i due c'era. Gli isotopi che ci aiutano a far luce su questa storia appartengono a due atomi, carbonio e azoto, che insieme al fosforo, al potassio, allo zolfo – oltre che naturalmente all'ossigeno e all'idrogeno – costituiscono la struttura portante della maggior parte delle molecole biologiche fondamentali, come proteine, carboidrati, lipidi, acidi nucleici. Del carbonio esistono vari isotopi, ma i due piú comuni e stabili sono ^{12}C e ^{13}C: due fratelli con lo stesso numero di protoni ed elettroni, quindi sostanzialmente con lo stesso comportamento chimico, ma un differente numero di neutroni e quindi peso diverso. Come si è visto nel I capitolo, i due isotopi del C sono diversamente abbondanti in natura ed è il ^{12}C a farla da padrone. Gli organismi, nel corso dei processi metabolici, distinguono tra i due isotopi. Le piante, quando assumono CO_2 dall'atmosfera per la fotosintesi «rifiutano» in parte il piú pesante ^{13}C e quindi il rapporto isotopico nei loro tessuti si sposta a favore del ^{12}C. A seconda del tipo di pianta si hanno tipi di fotosintesi diversa, con rapporti isotopici ($\delta^{13}C$) diversi. Nelle piante terrestri di ambienti freddi e temperati si registra un $\delta^{13}C$ di circa – 27 per mille, mentre in quelle che crescono in ambienti piú soleggiati e caldi $\delta^{13}C = -12,5$, e nelle piante che crescono in acqua $\delta^{13}C = -16$. Insomma, una firma che permette di riconoscere da quale base si parte, dato che all'inizio di tutte le catene trofiche ci sono le piante. Gli erbivori prendono il carbonio dalle piante e lo passano loro malgrado ai carnivori. In questi passaggi viene un po' discriminato il ^{12}C, ma la firma di base resta e cosí si può distinguere se un carnivoro si nutre di erbivori terrestri – e di quali ambienti – o di pesci. Poi c'è l'azoto, di cui esistono gli isotopi ^{14}N e ^{15}N, dei quali gli organismi preferiscono il secondo. Se si considera il rapporto tra i due, si vede che la maggior parte delle piante terrestri che prendono l'azoto dal suolo sotto forma di ione ammonio o nitrati hanno mediamente $\delta^{15}N = 4$ per mille, mentre quelle che sono in grado di fissare l'azoto atmosferico come le leguminose, i muschi e i licheni hanno $\delta^{15}N = 1$ per mille; invece il fitoplancton, che assicura la produzione primaria di laghi e oceani, ha valori compresi tra 4 e 8 per mille. Gli erbivori e gli altri consumatori concentrano ^{15}N che cosí aumenta di 2-3 millesimi a ogni passaggio preda-predatore: tanto piú uno sta in alto nella catena trofica tanto piú elevato è il valore. Ad esempio, un capriolo ha un $\delta^{15}N = 5$ per mille e un lupo può arrivare a 16 per mille. I superpredatori, insomma, ce l'hanno molto alto e quelli che si nutrono di organismi che si nutrono di fitoplancton, cioè acquatici, hanno un valore di ^{15}N piú alto ancora. Si intuisce come dalla combinazione dei valori di $\delta^{13}C$ e $\delta^{15}N$ si riesca a capire di quali organismi si nutre un consumatore – se a loro volta carnivori o erbivori o onnivori – e da quale supermercato se li prende: ecosistemi acquatici o terrestri. Detto cosí, senza entrare troppo nei dettagli, sembra facile ma per arrivare a un risultato attendibile occorrono molte malizie analitiche e tanta matematica.

Facendo questi giochetti isotopici con i reperti ossei di uomo di Neandertal e *Homo sapiens* di 30 000 anni fa si è visto che generalmente le ossa dei primi hanno un profilo isotopico piú marcatamente da predatori di grandi mammiferi di ecosistemi terrestri. Questo dato è abbastanza indipendente dall'epoca dei reperti ossei studiati e dalla loro provenienza geografica. Anche i reperti che provengono da località costiere rispecchiano questo profilo dietetico, anche se in assoluta mancanza d'altro l'uomo di Neandertal poteva attingere a risorse marine. La situazione è decisamente diversa per i campioni di *sapiens*: i loro rapporti isotopici confermano quanto abbiamo scoperto frugando nei loro cassonetti: una dieta piú varia, che include anche grandi quantità di cibo proveniente da ecosistemi acquatici, sia fiumi e laghi che ambienti marino-costieri. I metodi isotopici hanno permesso di capire che il Principe delle Arene Candide, da buon ligure, amava molto il pesce: circa il 20 per cento della sua dieta era a base di pesci marini e anche di trote. Energia e soprattutto grassi di ottima qualità, buoni a sostenere un'intensa attività fisica e cerebrale.

Queste differenze presuppongono tecniche e strategie di caccia differenti: la caccia ai grandi erbivori richiedeva assalti concertati di gruppi di uomini che si avventavano letteralmente sulle prede in campo aperto o attendendole al varco, per poi attaccarle in modo ravvicinato con lance e asce. Varie forme di propulsori – come quelli che ancora usano alcuni gruppi di cacciatori in Africa, Nuova Guinea e Australia – potevano consentire un attacco da maggiore distanza o l'uccisione di prede piú mobili. Sono stati trovati propulsori dei moderni, ma la certezza che anche i Neandertal ne fossero muniti non c'è. Altri tipi di dispositivi da lancio come bolas, boomerang e archi fecero la loro comparsa quando ormai il Neandertal era uscito di scena. D'altra parte, la caccia ai piccoli animali molto mobili e la pesca richiedono tecniche completamente diverse: tagliole, trappole, reti, ami. Tutto un armamentario che ritroviamo nel *sapiens* all'inizio dell'Olocene, ma del quale abbiamo poche tracce dirette in questa fase di competizione. Può darsi quindi che una piú variegata tecnologia di caccia abbia consentito al moderno di ampliare la propria gamma di risorse, ma probabilmente un altro elemento ha fatto la differenza: la capacità di immaginare situazioni diverse, di non fissarsi su una modalità di sfruttamento, ma di adottare una gamma molto piú ampia di strategie. Insomma piú immaginazione. E di immaginazione gli uomini venuti dall'Africa ne dovevano avere parecchia, come dimostra la loro vanità.

Le differenze di dieta tra i due, apparentemente sottili, possono aver avuto però un significato ecologico-demografico molto grande e qui, probabilmente, è la chiave della superiorità competitiva di *Homo sapiens* sul Neandertal. La diversificazione trofica è la strategia che consente di mantenere bassa la competizione tra due popolazioni o specie, favorendo la loro coesistenza, ma questo non è accaduto nel caso dei due contendenti europei. Le diete dei due non erano identiche, ma neppure troppo diverse. Se ne dessimo una rappresentazione geometrica mediante un grafico a piú dimensioni, i cui assi indicano l'intensità di uso dei differenti tipi di risorse, vedremmo che quella del moderno non è distinta ma abbraccia e comprende – soffoca – quella del Neandertal. Quando capitavano a tiro i grandi mammiferi, come le renne e i bisonti, erano queste le prede preferite da entrambi, ma il fatto di riuscire ad accaparrarsi piú efficacemente anche tutta una serie di risorse minori ha assicurato a *Homo sapiens* una riserva trofica notevole anche laddove la caccia intensiva da parte di entrambi i gruppi di uomini portava alla scomparsa locale dei grandi erbivori, cosí come ha sicuramente rappresentato per lui un vantaggio nei periodi in cui, per cause diverse dalla caccia, questi animali sparivano da una zona. Una dieta diversificata, assicurata da una maggiore mobilità e dalla capacità di produrre oggetti che rendevano la cattura delle prede mobili – come lepri e pernici – fattibile ed economicamente sostenibile, aveva anche vantaggi nutrizionali, garantendo maggiore fertilità e quindi piú elevati tassi di accrescimento.

L'allargamento sistematico dello spettro trofico alle faune minori e una raccolta piú sistematica di prodotti vegetali – sui quali torniamo spesso in queste ricostruzioni – sono stati l'asso vincente del moderno e si sono ulteriormente affermati durante tutta la fase terminale del Pleistocene e nel primo Olocene. Anche gli uomini di Neandertal utilizzavano prede minori, ma solo quelle di piú facile catturabilità e relativamente meno rinnovabili, che non reggevano a un prelievo intenso e prolungato, come mitili, patelle e tartarughe. È assai probabile che siano state queste sottili differenze nella ecologia trofica a segnare il maggiore successo competitivo di *Homo sapiens* che ha portato alla scomparsa dei «diversamente *sapiens*» dagli ecosistemi dell'Eurasia. Non è un caso che gli ultimi di essi siano sopravvissuti proprio laddove, come nelle grotte di Gibilterra, era piú facile procurarsi una gamma piú ampia di risorse senza dover utilizzare metodi troppo impegnativi.

4. *Amante soffocante.*

Quello della dieta non è stato il solo abbraccio con cui abbiamo soffocato i nostri simili. Alcuni ricercatori vedono in vari reperti ossei la prova dell'ibridazione tra il «moderno» e gli «arcaici». Uno dei piú decisi sostenitori della teoria della *admixture* tra *sapiens* e *neanderthal* è Erik Trinkaus, secondo il quale i piú antichi *sapiens* europei porterebbero tracce definitamente neanderthaliane. Un reperto emblematico in tal senso è stato rinvenuto ad Abrigo do Lagar Velho, una località del Portogallo centrale. È uno scheletro quasi completo di un giovane di 4-5 anni, vissuto 24,5 millenni fa, che presenta un apparente mosaico di caratteri di tipo Cro-Magnon e Neandertal. Il «bambino di Lagar Velho» potrebbe essere il frutto di un amore impossibile: un *sapiens* che ha amato una giovane Neandertal, come inconfessabilmente ci farebbe piacere pensare, o non piuttosto il contrario? O invece un giovane infelice affetto da una forma di nanismo? Nessuno potrà mai rispondere, se non con la fantasia. Altri ricercatori – e tra questi uno dei piú decisi è Ian Tattersall dell'American Museum of Natural History di New York – sostengono invece che i fossili umani europei del Pleistocene Medio-Superiore ci dimostrano un sostanziale distacco anatomico di *Homo sapiens* rispetto alle precedenti forme e negano validità alle presunte prove paleoantropologiche di ibridazione. Come dire, secondo questa scuola l'uomo moderno – una specie nuova e diversa – ha completamente sostituito le precedenti forme umane laddove le ha incontrate nel corso della sua rapida espansione geografica.

Un problema della paleoantropologia è la mancanza, quasi sempre, di un campione rappresentativo della variabilità fenotipica di una determinata popolazione, localizzata in un contesto spaziale, temporale ed ecologico definito. La variabilità è una caratteristica intrinseca della vita. Dentro ogni popolazione, anche in quelle che vivono in ambienti piú stabili e costanti, e tra le popolazioni di ogni specie, c'è sempre variabilità anatomo-funzionale che differenzia tra loro i singoli individui, espressione dell'effetto che le condizioni ambientali esercitano sullo sviluppo di ciascuno, ma anche di una variabilità genetica profonda. Non è «rumore di fondo» ma un fattore di sicurezza. La variabilità garantisce alla popolazione la possibilità di adattarsi al mutare delle condizioni ambientali. È per questo che la riproduzione è «sessuale», cioè basata sull'alternanza fra la condizione diploide – dallo zigote all'individuo adulto che si riproduce – e l'aploidia dei gameti. Tra lo zigote-organismo e i gameti interviene il meccanismo della meiosi, durante il quale i geni ricevuti dai genitori vengono ricombinati prima di essere impacchettati nell'ovocito e nello spermatozoo; proprio come si mescolano le carte prima di una partita. La partita della vita di ciascuno. È per questo che per comprendere il carattere di una popolazione non basta studiarne un individuo. Rare sono le fortunate scoperte di gruppi di fossili umani del Pleistocene attribuibili a piú individui coevi appartenenti alla stessa popolazione. E quando ne troviamo rimaniamo interdetti per le differenze anatomiche che ci rivelano, come a Dmanisi, Atapuerca o a Qafzeh. In mancanza di questa copiosità, il raccordo tra il singolo individuo e la popolazione contiene sempre alcuni, e qualche volta troppi, elementi di arbitrarietà. Concludere se e quanto vi siano state forme di ibridazione tra *sapiens* e *neanderthal* sulla base dello studio dei reperti ossei non è quindi facile.

Una possibilità di capirne qualcosa di piú, almeno sul piano delle interazioni riproduttive, viene dall'archeogenetica. I resti fossili di Neandertal coprono un arco di tempo molto ampio e sono molti, di varia completezza, sparsi per tutta l'Eurasia occidentale. Alcuni di questi reperti sono molto ben conservati e portano tracce di materiali biologici come il collagene, essenziale per una buona datazione diretta con il ^{14}C, ma conservano anche tracce di DNA originale. Il problema dello studio del DNA antico è dato dalle piccole quantità di queste molecole presenti nei fossili anche meglio conservati e dal fatto che sono in genere molto degradate chimicamente e frammentate. Inoltre i reperti contengono anche enormi quantità di DNA che non apparteneva al caro estinto: tanto DNA batterico e di altri organismi vegetali e animali introdotto *post-mor-*

tem nel frammento umano. La possibilità di amplificare milioni di volte il DNA in laboratorio e di restringere la ricerca a segmenti che sono caratteristici della linea umana dopo il suo distacco dai progenitori degli altri Primati risolve una parte dei problemi. Rimane però quello della contaminazione da parte del DNA di chi maneggia il frammento o di chi lo studia. E non è cosa facile da risolvere, perché la quantità originale è talmente piccola che basta respirare in prossimità di un fossile per spararglі addosso una quantità di nostro DNA molto maggiore di quello autentico. I grandi laboratori di archeogenetica si sono però attrezzati per ridurre al minimo questi inconvenienti e oggi disponiamo di analisi affidabili su varie parti del genoma di Neandertal e di antichi *sapiens*.

La prima parte studiata è, tanto per cambiare, il DNA mitocondriale. Abbiamo mamme in comune con i nostri cari Neandertal? Sembra proprio di no. Dopo il primo sequenziamento di 378 paia di basi di DNA mitocondriale nel 1997, l'analisi è stata estesa a oltre una decina di reperti. Globalmente il confronto con il DNA dei mitocondri dell'uomo moderno ci parla di una sostanziale diversità: il DNA dell'uomo di Neandertal presenta una modesta variabilità che sta comunque fuori dai margini di variabilità del moderno. Inoltre, il DNA del Neandertal è equidistante da quello di varie popolazioni europee e extra europee moderne, contrariamente a quanto ci saremmo potuti aspettare, per il fatto che eventuali interazioni tra i due sarebbero avvenute con piú elevata probabilità nelle aree europee di maggiore sovrapposizione. Infine, il DNA mitocondriale del Neandertal differisce anche da quello di *sapiens* antico, rappresentato da campioni di Cro-Magnon. Questo tipo di risultati ha ridato voce ai sostenitori di una chiara discontinuità biologica tra le due specie: *Homo sapiens* e *Homo neanderthalensis*. Uno scenario di netta sostituzione (*replacement*) senza indizi di ibridazione (*admixture*).

Le cose si sono però complicate con l'analisi di porzioni del DNA contenute nei cromosomi del nucleo cellulare. Una serie di studi su porzioni modeste di DNA nucleare ha dato inizialmente risposte contraddittorie, forse in relazione a problemi di contaminazione. Recentemente, uno dei laboratori piú attrezzati per lo studio del DNA antico, il Max Planck Institute for Evolutionary Anthropology di Leipzig, ha condotto un'analisi estesa del DNA estratto da reperti neanderthaliani di 38-70 000 anni fa da quattro siti eurasiatici, incluso il rappresentante tipo di Neandertal. È stato un lavoro molto complicato, sia sul piano delle tecniche di estrazione e sequenziamento, sia dal punto di vista dell'analisi dei dati. Il confronto con il genoma umano attuale ha rivelato che la struttura di molte regioni del DNA neanderthaliano ricade nell'ambito della variabilità del DNA moderno. Inoltre la somiglianza genetica del Neandertal è maggiore con moderni non africani (un francese, un cinese e un indigeno di Papua) che non con genotipi dell'Africa sub-sahariana (Yoruba e San). Diversi metodi statistici indicano che vi è stato un contributo del Neandertal alla costruzione del genoma moderno extra africano pari a circa 1-4 per cento del totale. Secondo i ricercatori del gruppo del Max Planck – Richard E. Green, Svante Pääbo e i loro collaboratori – la spiegazione piú semplice di questi dati è che, subito dopo l'esodo dall'Africa di *Homo sapiens*, si sia verificato un numero anche modesto di ibridazioni con successo. La successiva dispersione del *sapiens* in Eurasia avrebbe quindi diffuso nel mondo anche i geni neanderthaliani cosí inglobati nel nostro DNA. Il flusso genico sembra unidirezionale: dal Neandertal al *sapiens* e non viceversa e questo si spiega con il fatto che le popolazioni di *sapiens* erano in rapida espansione demografica al momento di questi fatti.

Come probabile teatro dell'ibridazione si pensa al Levante dove, come si è visto, uomini moderni e Neandertal si sono alternati nell'occupazione delle stesse aree per varie decine di migliaia di anni e quindi potrebbero aver avuto molte occasioni di contatto. Non l'Europa, perché questo non spiegherebbe perché le tracce di ibridazione sono arrivate anche in Estremo Oriente e in Oceania. Complessivamente questi dati infliggono un duro colpo alla versione radicale del modello di *recent-out-of-Africa* con sostituzione totale, ma confermano comunque che una parte preponderante, 96-99 per cento, dei nostri geni sono di recente origine africana. Questo non vuol dire che quel pur piccolo apporto neanderthaliano non possa aver avuto una certa importanza nel successivo affermarsi della nostra umanità. Insomma, il quadro sembra essere quello di un sostanziale *replacement* con qualche moderato, ma importante, elemento di *admixture*.

Lo studio ci offre però anche altre indicazioni, come una stima dell'epoca a cui risalirebbe la separazione genetica tra le popolazioni che hanno prodotto i Neandertal e quelle da cui ha avuto origine l'uomo moderno: tra 270 000 e 440 000 anni fa, una stima compatibile con l'interpretazione dei dati paleoantropologici. Inoltre, l'analisi dettagliata del materiale genetico segnala quali potrebbero essere le regioni del genoma umano che sono state selezionate al momento della nostra separazione dalla linea del Neandertal o subito dopo, insomma cosa ci differenziava da loro. Si tratta di un gruppo di geni implicati nello sviluppo cognitivo, come AUTS2 e CADPS2 le cui variazioni sono associabili alla comparsa dell'autismo. E ancora, NRG3 le cui mutazioni si legano alla schizofrenia o DYRK1A che giace nella regione del cromosoma 21 alla cui triplicazione si deve la sindrome di Down. Infine RUNX2, un gene le cui mutazioni causano nell'uomo moderno la displasia cleidocraniale, cioè la chiusura ritardata delle suture craniali, ma anche una conformazione dentaria anomala e una forma a campana della cassa toracica. Guarda caso, a parte la forma del cranio, una delle caratteristiche anatomiche peculiari del Neandertal è proprio un torace allargato in basso. Insomma, un quadro molto interessante che ci parla di affinità e differenze che potrebbero aver segnato il successo competitivo dell'uomo moderno sul Neandertal.

C'era un altro uomo in Eurasia fra 50 000 e 30 000 anni fa; viveva in una caverna sui monti Altai nel sud della Siberia. Una vecchia dimora di Ominini asiatici abitata almeno da 250 000 anni. Ci ha lasciato un po' di manufatti ottenuti con la tecnica levalloisiana, qualche lama, anche alcuni ornamenti litici e soprattutto una piccola traccia di se stesso: un molare e una falange della mano, nella quale c'è DNA a sufficienza: circa il 50 per cento del totale contro lo 0,1-1 per cento dei reperti antichi di Neandertal. Un bel regalo, di cui hanno ancora approfittato gli studiosi del Max Planck per scatenarsi alla ricerca delle relazioni tra questo uomo di Denisova, Neandertal e *sapiens*. La sequenza estesa del DNA nucleare ha rivelato un'altra storia complessa. L'uomo di Denisova sembra appartenere a una specie «sorella» del Neandertal, separatasi da questo dopo che *Homo sapiens* si era separato dalla linea del loro antenato comune. Poi, la loro storia si divise e mentre il Neandertal si guadagnò la parte centro-occidentale dell'Eurasia, l'uomo di Denisova si sistemò in un'area piú a est. Come il Neandertal però anche l'uomo di Denisova ha lasciato qualche traccia genetica nell'umanità attuale, ma soltanto in una parte di essa. Almeno il 4,8 per cento del DNA nucleare di individui Papua e delle isole Bougainville sembra essere d'origine denisoviana. Una bella sorpresa, che rimette in discussione molte cose, a cominciare dal quadro forse troppo semplicistico di un'unica corsa di *Homo sapiens* dal Bāb al-Mandab al Sahul in poche migliaia di anni, seguendo la costa dell'Oceano Indiano e poi saltando in Nuova Guinea attraverso la Sonda e la linea di Wallace. Evidentemente c'è ancora qualcosa da capire meglio, soprattutto sul ruolo dell'Asia centrale e orientale in tutta questa storia. Comunque sia, abbiamo un'altra evidenza di *admixture* e i Melanesiani, tra contributo dei Neandertal e quello dei Denisova, si ritrovano un bel 7,5 per cento del loro DNA nucleare di provenienza pre-moderna. Mica poco!

Tornando all'interazione tra noi e i «diversamente *sapiens*», ci viene da chiederci: sí, ma quante volte lo avrebbero fatto? Alcune simulazioni basate su stime di densità nelle regioni dell'Eurasia, dove per circa diecimila anni potrebbero essersi sovrapposte le popolazioni di *sapiens* e di Neandertal, indicano che le ibridazioni con successo non sarebbero avvenute con frequenza superiore a una ogni 23-50 anni. Una frequenza molto bassa, dovuta a un insieme di barriere pre-zigotiche come un marcato evitamento riproduttivo, o causata dalla scarsa vitalità degli ibridi e dalla loro bassa fertilità. Una fertilità degli ibridi piccola ma maggiore di zero che ci rivela come, sebbene separati geneticamente da oltre trecentomila anni, *Homo sapiens* e Neandertal-Denisova avevano ancora conservato la capacità di interagire riproduttivamente e quindi geneticamente. Molte specie diverse, anche di Mammiferi, producono ibridi, ma non fecondi. La biologia individua nella separazione riproduttiva il meccanismo fondamentale della speciazione e quindi il criterio fondamentale che ci permette di attribuire uno status specifico diverso a due gruppi di individui, aldilà delle somiglianze o meno della loro configurazione anatomica e comportamentale. Quindi, da questo punto di vista, dovremmo concludere che *Homo sapiens* e Neandertal-Denisova non erano, al momento della scomparsa di questi, due specie completamente distinte.

Specie diversa da loro, o altra razza della stessa specie, come sostiene Yves Coppens, *Homo sapiens* alla fine ne è uscito come unico vincitore e dominatore degli ecosistemi dell'Eurasia e del pianeta. Un vincitore opportunista, che ha saputo acquisire dai vinti alcuni elementi biologici positivi e probabilmente tratti culturali funzionali alla propria ulteriore affermazione. Del resto, anche nei piú duri episodi di interferenza demografica che si sono ripetuti nella storia dell'uomo moderno, dagli Assiri ai Vikinghi, dagli Han ai Mongoli, dai Bantu agli Hutu, fino alla ricolonizzazione dell'America da parte degli Europei, accanto al genocidio e all'etnocidio c'è sempre stato un elemento piú o meno significativo di *admixture* biologica e di assimilazione culturale. Questa è stata anche la storia tra *sapiens* e Neandertal e probabilmente si è ripetuta altre volte, con gli uomini di Denisova e non solo.

Ottenuto, con le buone o con le cattive, il controllo esclusivo dello scacchiere geografico-ecologico europeo, anche i *sapiens* doc furono costretti a segnare il passo per il deteriorarsi del clima e l'avanzare dei ghiacci verso le aree meridionali del continente, contraendosi in piccoli nuclei ancorati a pochi rifugi nell'area balcanica, in quella mediterranea e nel sud-ovest del continente, a ridosso dei Pirenei. *Homo sapiens* europeo riuscí a superare questa impegnativa prova, mettendo a punto ulteriori dispositivi tecnologico-culturali, come i suoi conspecifici dell'Asia orientale e settentrionale. È proprio a partire dalla regione Ispanica e Franco-cantabrica e da rifugi dell'Europa balcanica e dell'Ucraina che, dopo il picco dell'ultimo glaciale, fra 20 000 e 15 000 anni fa, iniziò una fase di ricolonizzazione di tutta l'Europa, segnata dalla fioritura di un gran numero di aplotipi del DNA mitocondriale la cui diffusione risale a circa 14 000 anni fa. A questa espansione è associata la comparsa di culture paleolitiche avanzate, come il Magdaleniano, derivanti da culture sviluppatesi in Europa orientale proprio durante la crisi del massimo glaciale. Seguendo gli aplotipi mitocondriali, è possibile scorgere tracce di una veloce colonizzazione post-glaciale dell'Europa settentrionale, attraverso una rotta atlantica verso la Norvegia e una interna verso la Fennoscandia. Durante questa fase di miglioramento climatico, prima di giungere allo sviluppo che segnò l'inizio dell'Olocene, l'uomo moderno europeo dovette ancora affrontare il repentino raffreddamento dello Younger Dryas che impose nuove contrazioni in rifugi cantabrici, balcanici, russo-ucraini e levantini; data la relativa brevità del periodo interstadiale, queste furono però seguite da una ulteriore e definitiva espansione.

Si ritrova, in queste vicende europee post-glaciali, il carattere peculiare dell'imputato: dalle crisi risorge piú agguerrito di prima e pronto a espandersi ancora, geograficamente e demograficamente. Sembra proprio che le vicissitudini climatico-ecologiche tardo-pleistoceniche alle quali gli altri Ominini rispondevano con lentezza e mediante strategie di sussistenza estremamente conservative, quanto alla fine inefficaci, siano state opportunità per lui di ulteriore definizione del suo assetto morfo-funzionale e abbiano paradossalmente costituito una notevole spinta per l'elaborazione di nuove formule socioeconomiche basate su un rapporto sempre piú creativo e invasivo con la struttura e il funzionamento degli ecosistemi.

Capitolo quarto
Impronte di caccia

Tra i ricercatori che si occupano di grandi estinzioni si tenta di interpretare i rumori che vengono dal club dei «grandi cinque», le grandi catastrofi che hanno segnato la storia della biodiversità terrestre. Sembra che si stia per cooptare un sesto membro: l'estinzione olocenica. È un fenomeno in corso, che ha caratteristiche assolutamente originali e che potrebbe esser causato da una singola specie, delle innumerevoli che compongono il tesoro biologico della Terra. Il gruppo internazionale di scienziati che lavora per la International Union for Conservation of Nature (IUCN) compila le liste aggiornate di specie a rischio di estinzione utilizzando procedure di *population viability analysis* (valutazione della vitalità della popolazione), alimentate da informazioni raccolte da uno stuolo di naturalisti sparsi su tutta la faccia della Terra. Sappiamo che le cause di questo massacro – che vede l'attuale tasso di estinzione superare per vari ordini di grandezza quello registrato durante la maggior parte del Pleistocene – sono molte e non tutte dovute a un'azione umana diretta, come il sovrasfruttamento delle popolazioni ittiche o la caccia ai cetacei, ai mammiferi terrestri e agli uccelli. L'eliminazione delle foreste e la frammentazione degli habitat naturali, l'inquinamento dei suoli e delle acque, l'introduzione volontaria o meno di specie non originarie in una determinata area geografica, che perturbano gli equilibri demografici dentro le comunità naturali, e infine il cambiamento climatico prodotto dalla modificazione della composizione chimica dell'atmosfera, sono il cocktail velenoso di fattori antropogenici che stanno determinando quella che potrebbe essere la piú grande e rapida catastrofe della biodiversità che il pianeta ha conosciuto dalle sue origini.

Le prime liste delle specie a rischio le hanno però compilate, molto tempo prima dei ricercatori della IUCN, gli anonimi pittori preistorici delle grotte della Francia sudoccidentale. Sulle pareti di Chauvet, come di Lascaux, Niaux, Les Combarelles e tanti altri luoghi che testimoniano la presenza straordinariamente moderna di *Homo sapiens* in Europa tra il periodo Aurignaziano e il Magdaleniano, abbiamo sotto gli occhi un inventario delle grandi faune dell'Eurasia centro-occidentale fra 36 000 e 13 000 anni fa. Vi è fotografata la comunità biotica dei grandi mammiferi erbivori, dai bisonti agli uri, dai rinoceronti ai cavalli, e dei loro predatori. I leoni delle caverne vi sono rappresentati con grande realismo anatomico e etologico: sono animali vivi che cacciano, fiutano, tendono agguati, si strusciano tra loro in un rituale sociale. *Panthera spelaea*, perché te ne sei andata? Il tuo pittore, pur essendo in grado di farlo, non si autoritrae se non in maniera criptica e allusiva, ma c'è e domina mentalmente la comunità di cui tu eri uno dei vertici indiscussi. Quelle impronte di mani che affermano la sua presenza hanno avuto qualcosa a che fare con la fine tua e degli altri attori di quella scena ecologica, oltre che con la sua raffigurazione?

Il processo preistorico, dopo aver affrontato le responsabilità dell'imputato nella semplificazione antropologica del pianeta, passa ora a considerare uno scenario giudiziario ancora piú ampio. L'accusa è quella di ecocidio, cioè di aver prodotto, nel corso della prima espansione demografica e durante la diffusione nelle diverse regioni della Terra – quando ancora era sprovvisto di tutte le armi di distruzione di massa di cui si sarebbe equipaggiato molto piú tardi – una profonda sterilizzazione faunistica, con conseguenze a cascata sulla struttura vegetazionale e quindi sulla funzionalità degli ecosistemi terrestri. Una responsabilità che, se provata, lo differenzierebbe dagli altri uomini che avevano convissuto per centinaia di migliaia di anni con gli altri attori della scena ecologica del Pleistocene. Secondo l'accusa esistono prove schiaccianti che si sia trattato di un'azione iniziata molto presto, fin dal tardo Pleistocene, e che sia continuata nel corso dell'Olocene fino ai giorni d'oggi, quando minaccia di tradursi in una delle piú grandi catastrofi ecologiche del pianeta. La difesa tenterà di mettere in dubbio ogni evidenza scaricando la responsabilità di quegli accadimenti sulle vicende climatiche della transizione tra Pleistocene e Olocene. Se non potrà ottenere un'assoluzione piena per questo capo d'imputazione, punterà comunque all'insufficienza di prove o cercherà di tirare in ballo dei complici.

1. *Cari estinti.*

Il leone delle caverne è una delle icone, non l'unica, della grande fauna del tardo Pleistocene, oggi scomparsa. Non facciamo confusione con altre celebri sparizioni, come quelle dei dinosauri, piú vecchie di oltre 60 milioni di anni. Stiamo parlando di un mondo molto piú vicino a noi, anzi di un sistema di cui facevamo già parte e in cui ci muovevamo con grande agilità e disinvoltura ecologica. Lo scenario è quello delle ultime fasi dell'ultimo periodo glaciale, conclusosi definitivamente circa 11,7 millenni fa, quando il clima acquisiva stabilmente un carattere interglaciale, come era successo almeno altre otto volte durante il Pleistocene Medio e Finale. Affinando il dettaglio dei proxy climatici negli strati dei sedimenti marini e dei ghiacci polari, si osserva una rapida ma sofferta transizione climatica che, dopo il massimo dell'ultimo glaciale di circa 23 000 anni fa, si avviava rapidamente verso la fase calda in cui viviamo ancora oggi. Singulti climatici, dove si alternavano in rapida successione fasi calde e umide come le oscillazioni di Bølling-Allerød di 14,7 e 12,9 millenni fa e quelle fredde come i periodi Dryas: il piú mite Older Dryas tra le due oscillazioni calde del Bølling-Allerød e il piú lungo e pronunciato Younger Dryas, tra 12,9 e 11,7 millenni fa. Colpi di coda di pochi secoli del grande freddo-arido e anticipazioni del nuovo clima olocenico, ai quali sono associate tracce palinologiche che parlano di un progressivo rimodellamento vegetazionale dell'Eurasia e dell'America settentrionale, dal mosaico steppa-tundra dominante per tutta la fase culminante della glaciazione alla separazione fra tundra a nord e foreste alle latitudini medio-basse.

Anatomicamente e geneticamente *Panthera spelaea* era differente dal leone moderno *Panthera leo*, dalla tigre *Panthera tigris* e dal leopardo *Panthera pardus*, ed è scomparsa senza lasciare eredi diretti. Originata da un ceppo di leoni del Pleistocene Inferiore e Medio, si era distribuita nel corso degli ultimi trecentomila anni in gran parte dell'Eurasia e dell'estremo nord del continente americano, dalla Penisola iberica alla Bretagna, nell'Europa centrale e orientale, dai Balcani agli Urali e, a nord, nella Siberia orientale, fino all'Alaska e allo Yukon. I suoi piú diretti antenati avevano fatto ben presto conoscenza con i nostri; negli stessi strati dove è stata ritrovata la mandibola dell'uomo di Heidelberg c'è anche qualche fossile di una specie piú arcaica, ma molto simile ai leoni di Chauvet. Il leone delle caverne del tardo Pleistocene era molto grande; i fossili e le impronte lasciate sul terreno di Bottrop in Westfalia tra 45 000 e 35 000 anni fa ci parlano di un felino agile ma imponente, che doveva essere in grado di cacciare prede di grandi dimensioni come renne, uri, cavalli, rinoceronti lanosi e bisonti. In una località dell'Alaska, un cercatore d'oro si è imbattuto in Blue Babe, una carcassa congelata di *Bison priscus* di 36 000 anni fa con impronte inequivocabili di graffi e morsi sul posteriore che, per la distanza tra i canini, non possono essere state lasciate che dal leone delle caverne. Le ultime presenze in Eurasia sono in Germania e Francia e nel bacino del fiume siberiano di Arga Urek, tra 15 e 14 millenni fa. In Alaska e nello Yukon è sopravvissuto ancora un migliaio di anni, poi piú nulla. I paleontologi hanno differenti idee sulla sua scomparsa: problemi fisiologici legati al riscaldamento del clima che spiegherebbero la contrazione nei rifugi nordamericani, la riduzione di habitat aperti dove poter esprimere tutto il proprio potenziale di superpredatore, e quindi la crescente competizione da parte di predatori piú adattabili come *Hyena crocuta* o il lupo. Oppure, vista la coincidenza della sua scomparsa dall'ultimo rifugio con l'espansione dell'uomo moderno nel nord del continente americano attraverso la Beringia, potrebbe essersi trattato di un'operazione di pulizia attuata da quest'ultimo per levarsi di torno un competitore e una minaccia. C'è una prova che l'accusa butta a effetto sul tavolo del dibattimento: un sito aurignaziano della Francia ha restituito un bel dente di *Panthera spelaea*, forato per farne un pendente. Evidentemente *Homo sapiens* aveva i mezzi e le capacità per risolvere il problema della scomoda coesistenza, soprattutto se questo superpredatore era già messo in difficoltà dai fattori climatici legati alla fine dell'ultima glaciazione e dalle loro conseguenze ecologiche.

Quella del leone delle caverne è una storia ripetutasi molte altre volte per altri personaggi emblematici della scena ecologica della transizione fra tardo Pleistocene e Olocene, di cui abbiamo sentito parlare fin da bambini, e che sono presenti nelle raffigurazioni rupestri dell'Europa della fine dell'ultimo periodo glaciale. L'enorme quantità di resti fossili e anche alcune carcasse congelate nel permafrost siberiano ci permettono di ricostruire nel dettaglio la storia e l'ecologia di uno dei piú noti, il mammuth. Molti fossili plio-pleistocenici ci parlano di una complessa radiazione di specie e sottospecie di proboscidei tra Africa, Eurasia e America del Nord. Resti di *Mammuthus africanus* di oltre 4,5 milioni di anni fa sono stati trovati in Africa settentrionale e nel Ciad, mentre *Mammuthus subplanifrons* viveva dal Kenya al Sudafrica qualche centinaio di migliaia di anni dopo. Questi antichi mammuth africani, dai quali si sono originati i ceppi eurasiatici e nordamericani del Pleistocene, si erano separati dal gruppo comune con gli elefanti africani oltre sei milioni di anni fa e dagli antenati condivisi con gli elefanti asiatici circa mezzo milione di anni dopo. Radiazioni adattative ed espansioni di habitat si succedettero nel corso del Pleistocene, portando alla diffusione in Eurasia di *Mammuthus meridionalis* – quello i cui resti fossilizzati nei terreni del Valdarno sono stati a lungo attribuiti agli elefanti di Annibale – la stessa specie che attraverso la Beringia diffuse fino all'America settentrionale. Questo fu sostituito prima, nel Pleistocene Medio, da *Mammuthus trogontherii* e poi, circa trecentomila anni fa, da *Mammuthus primigenius*. Questa è la specie rappresentata nelle pitture rupestri, vissuta in un'area immensa, dalla Spagna alla penisola di Shandong in Cina e a nord nelle Isole Britanniche, nella Fennoscandia, nella Siberia artica e nella Beringia, sempre a latitudini superiori ai 45 gradi, legata soprattutto alle praterie aperte e a una dieta fatta di erbe, arbusti e piccoli alberi di ontano, larice e betulla. Al massimo dell'espansione, la sua densità poteva raggiungere localmente valori di oltre sessanta individui per 100 chilometri quadrati, comparabile a quella degli elefanti africani in un'area protetta.

I fossili piú recenti indicano una presenza del mammuth in Europa fino a 12 millenni fa, e nel nord della Siberia fino a poco meno di 9000 anni fa; sull'isola di Saint Paul, nello stretto di Bering, è rimasto fino a 5,7 millenni fa, e su quella di Wrangel, nell'Artico a nord della Siberia, era ancora presente un nucleo di mammuth lanosi 3,7 millenni fa, ormai nel tardo Olocene. Poi il silenzio. Una storia simile, di progressiva contrazione geografica seguita dall'estinzione, è quella dell'altro lanoso, il rinoceronte *Coelodonta antiquitatis*, anche questo ampiamente presente in Eurasia e in Siberia e poi estinto senza lasciare discendenti. Scomparve dall'Europa intorno a 14 000 anni fa, dopo essersi fatto ritrarre dagli artisti aurignaziani che ne hanno esaltato il movimento del superbo corno, mentre gli ultimi esemplari che hanno lasciato i loro resti fossili a Lugovskoe, al centro del bassopiano della Siberia occidentale, sono piú recenti di alcune migliaia di anni. Anche la scomparsa del cervo gigante dalle enormi corna, *Megalocerus giganteus*, caro ai bambini che leggono per la prima volta di Preistoria, sembra aver seguito lo stesso cliché: una forte contrazione geografica intorno a 12 millenni fa, una sopravvivenza di altri tremila anni in un'area rifugio degli Urali e quindi la scomparsa senza discendenti.

L'Eurasia non è stato l'unico teatro di questo dramma della fine del Pleistocene. In America, i casi piú popolari sono quelli dei grandi proboscidei, come il mammuth lanoso e quello della steppa (*Mammuthus primigenius* e *Mammuthus jeffersonii*) e il mastodonte (*Mammut americanum*), tutti spariti tra la fine del Pleistocene e l'inizio dell'Olocene. La loro scomparsa dalla parte settentrionale dell'America del Nord coincise con due eventi significativi: da una parte con le oscillazioni climatiche della deglaciazione, come lo Younger Dryas e le variazioni vegetazionali a esso associate; dall'altra con l'intensa presenza sul territorio nordamericano di una popolazione umana capace di costruire ordigni da caccia sofisticati. Quella del popolo dei Clovis è stata una breve presenza fra 13 200 e 12 800 anni fa, che ha fatto molto parlare di sé, sia perché si è molto discusso se siano stati loro i primi colonizzatori del continente americano, sia perché ci sono idee diverse e molte polemiche sul loro coinvolgimento nella fine dei grandi pachidermi nordamericani. Anche se in molte località dell'Eurasia ci sono impronte intense di caccia e utilizzazione di pachidermi da parte dei cacciatori del Paleolitico Medio-Superiore, di certo la densità dei siti archeologici che hanno restituito tracce di vere e proprie macellerie di mastodonti e mammuth da parte dei Clovis è maggiore di quella di ogni altra parte del mondo. A parte i cumuli di ossa appartenenti agli esemplari che, dopo essere stati abbattuti, venivano «lavorati» sul posto, c'è l'indiscutibile prova offerta da una serie di belle punte di freccia di chiara marca clovis associate alle ossa dei mastodonti. Queste sono prove scottanti e non sono le uniche; a Manis Site, nello stato di Washington, tra i sedimenti di uno stagno è stata ritrovata una vertebra di *Mammut americanum* con una punta lavorata ben conficcata dentro. Il radiocarbonio ci dice che il colpo fu inferto seicento anni prima che i primi Clovis cominciassero a darsi da fare in America del Nord. Del resto, le tracce di un coinvolgimento umano sono venute anche da altre aree del mondo e puntano tutte su popolazioni di cacciatori del Paleolitico Superiore, come nella località siberiana di Lugovskoye, dove tra le vertebre toraciche di un grande mammuth lanoso di 13 500 anni fa è rimasta incastrata una lama di buona fattura. Questi elementi indiziari costituiscono un punto centrale a sostegno della tesi accusatoria.

Oltre alla scomparsa del mastodonte, della tigre dai denti a sciabola, di varie specie di camelidi e tapiri, nelle Americhe si è verificata anche una strage di lenti giganti erbivori. Da quando Charles Darwin ne ha trovato i primi resti fossili nel corso delle sue entusiastiche scorribande geo-paleontologiche a Punta Alta in Argentina, i Megateridi e le altre famiglie di Xenartri estinti hanno attirato l'attenzione dei paleontologi del Quaternario. Almeno diciannove generi di quattro famiglie vivevano nel continente americano nell'ultima parte del Pleistocene e alcuni da molto tempo. Avevano assistito agli eventi geologici e climatici del continente, partecipando al grande «scambio americano» nel corso del quale, circa tre milioni di anni fa, la fauna terrestre e acquatica dell'America del Nord era migrata a sud e viceversa, circolando attraverso l'istmo di Panama appena formato. Questo imponente travaso aveva comportato la riorganizzazione delle comunità neotropicali dell'America meridionale e di quelle neoartiche dell'America settentrionale, ma sostanzialmente il profilo megafaunistico delle Americhe era rimasto inalterato, compresi i grandi erbivori Xenartri.

Le specie del genere *Megatherium* hanno scorrazzato in America settentrionale e meridionale per oltre 5 milioni di anni, dal Pliocene a tutto il Pleistocene. Otto specie, tutte in America e tutte estinte tra la fine del Pleistocene e l'inizio dell'Olocene. *Megatherium americanum* ne è un po' l'emblema: lungo 6 m, aveva una struttura scheletrica da bulldozer. La sua dieta era composta prevalentemente dalle fronde di alberi e arbusti, che divorava in enormi quantità per sostenere una mole di tre-quattro tonnellate. Un altro personaggio dello stesso giro era *Megalonyx jeffersoni*, un altro bradipo erbivoro di alcuni metri di lunghezza e quasi quattro quintali di stazza. Comparve nel Pleistocene Medio, si fece un paio di cicli glaciali-interglaciali completi, si diffuse in gran parte dell'America settentrionale fino all'Alaska e allo Yukon e poi gettò la spugna improvvisamente all'inizio dell'Olocene. Almeno diciannove generi di quattro famiglie tutti estinti. Di tutto questo grande club sopravvivono solo poche specie di due generi, *Choloepus* e *Bradypus*; molto piú piccoli dei loro simili estinti tra Pleistocene e Quaternario, vivono sugli alberi delle grandi foreste tropicali e generalmente se ne vanno in giro solo di notte. L'estinzione dei grandi bradipi non è avvenuta contemporaneamente in tutto il continente americano. I paleontologi usano il termine di ultima apparizione (*last appearance*), riferendosi al reperto piú recente di una specie datato con sicurezza attraverso il metodo del radiocarbonio. Nella parte settentrionale del continente, le ultime apparizioni dei grandi bradipi sono di 11,4-10,4 millenni fa; in quella meridionale, tra Cile, Argentina e Brasile, di 14,6 e 10,2 millenni fa, mentre nelle Antille Occidentali la scomparsa è piú recente: fra 7300 e 5000 anni fa. Questa scalatura temporale è un secondo elemento che consente al pubblico ministero di condurre il suo affondo accusatorio.

In Australia, la scena del dramma è dominata dai grandi marsupiali, erbivori e predatori. Sir Thomas Livingstone Mitchell, scozzese d'origine, Surveyor General nel New South Wales ed esploratore ufficiale della Corona in Australia nella prima metà del XIX secolo, noto per il carattere intrattabile e per non andare troppo per il sottile nei rapporti con gli Aborigeni, rinvenne le prime ossa di un bestione di quasi tre tonnellate e lungo 3 m, vagamente somigliante a un rinoceronte senza corno. I reperti di questo colosso furono spediti a Londra e studiati da Sir Richard Owen, biologo e paleontologo inglese, che vi riconobbe la struttura di un grande marsupiale, al quale dette il nome di *Diprotodon optatum*. Owen era avvezzo a dare nomi celebri: è sua anche la denominazione di «dinosauro», che significa rettile terribile. Gran personaggio, acerrimo nemico di Darwin, non perché fosse antievoluzionista ma perché aveva idee diverse da lui sui meccanismi con cui si originano e si modificano le specie, aveva avuto tra l'altro il merito di essere il grande promotore della costituzione del British Museum of Natural History, ancora oggi uno dei piú importanti musei naturalistici del mondo. Il «wombat gigante», come viene anche chiamato *Diprotodon*, era vissuto in Australia per circa 1,6 milioni di anni, attraverso le vicende climatiche del Pleistocene, ma i suoi ultimi esemplari risalgono a circa 50 000 anni fa. Benché cosí imponente, *Diprotodon* aveva un nemico naturale. Da quelle parti, e sempre tra il Pliocene e la fine del Pleistocene, si aggirava infatti un superpredatore non enorme, solo 130 kg, ma con un morso piú potente di quello di un leone attuale, il carnivoro *Thylacoleo carnifex*, naturalmente marsupiale anche lui, come si conviene alla fauna cenozoica australiana. E come lui scomparso intorno a 50 000 anni fa: una strana coincidenza con la prima colonizzazione umana dell'Australia.

Pressappoco intorno alla stessa data, dall'Australia sono scomparsi non solo i grandi mammiferi ma anche enormi rettili e massicci uccelli, come i *Dromornithidae*, anatroni alti 3 m e pesanti fino a 250 kg. Almeno sette specie diverse appartenenti a cinque generi, avevano zampe micidiali e becchi da stritolare grandi semi o grandi scheletri e non dovevano essere soggetti facili da trattare, neppure da parte di uno scaltro cacciatore: sembra che siano tra i sopravvissuti piú longevi tra i tanti «grandi» scomparsi dall'Australia prima dell'inizio dell'Olocene. La Tasmania è oggi divisa dall'Australia dallo stretto di Bass, un tratto di mare di circa 240 km, ma piú volte è stata connessa al continente-isola durante le fasi di regressione marina. Solo durante l'ultimo periodo glaciale questo è avvenuto almeno quattro volte, tra 77 000 e 14 000 anni fa, in coincidenza con i periodi di maggior freddo. La data dell'arrivo dell'uomo sull'isola, che presumibilmente ha sfruttato una di queste connessioni, è circoscrivibile intorno a 55-45 millenni fa. La megafauna estintasi in coincidenza con questi eventi consisteva, tra l'altro, in una specie appartenente ai monotremi – un gruppo antico di mammiferi con caratteristiche rettiliane – e sei specie di marsupiali, l'ultimo dei quali ad aver lasciato tracce è stato *Protemnodon anak*, un cangurone di un quintale e mezzo sparito poco piú di 40 000 anni fa.

Oltre a questi piú celebri estinti, qua e là per il mondo tanti altri grandi mammiferi, uccelli, rettili sono scomparsi alla fine del Pleistocene. Troppi per passare inosservati, tanto che qualcuno alla fine ha tirato fuori il termine e il concetto «Late Quaternary megafauna extinction», l'estinzione della megafauna del tardo Quaternario. Vediamo i numeri: 50 000 anni fa, quando il clima del pianeta si andava progressivamente avvicinando alle fasi piú intense del periodo glaciale e si stava compiendo l'espansione globale di *Homo sapiens*, sul pianeta vi era una megafauna – per convenzione si definiscono cosí gli animali di peso superiore ai 44 kg – di oltre 150 generi; 10 000 anni fa, quando la colonizzazione delle masse continentali da parte dell'uomo moderno si era praticamente conclusa e il clima si andava stabilizzando sui regimi tipici dell'interglaciale, quasi 100 di questi generi erano scomparsi, per un totale di circa 180 specie.

I numeri parlano di dinamiche differenti, nel mondo che aveva già da tempo conosciuto l'uomo e in quello per il quale l'uomo era una novità, come nel Nuovo Mondo. Qui la strage fu piú pesante. Nell'America del Nord due interi ordini che costituivano la megafauna pleistocenica, i Perissodattili e i Proboscidei, non esistono piú. Il 72 per cento dei generi di grandi mammiferi pleistocenici nordamericani non è sopravvissuto nell'Olocene. A livello specifico, fra 15 600 e 11 500 anni fa si è verificata la totale scomparsa di mammiferi di peso superiore ai 1000 kg, è sparito il 50 per cento di quelli tra 1000 e 32 kg e il 20 per cento di quelli tra 32 e 10 kg. Nell'America meridionale è scomparso l'83 per cento dei generi pleistocenici, con tre interi ordini – Notoungulata, Proboscidea e Litopterna – e tutti i grandi Xenartri. L'estinzione è stata totale per le specie di peso superiore a 320 kg, ed elevata per quelle tra 320 e 100 kg. Anche in questo caso il segmento temporale della catastrofe è tra la fine del Pleistocene e l'inizio dell'Olocene, ma sulle Isole Caraibiche si registra un ritardo nella scomparsa della megafauna, parte della quale è sopravvissuta fino all'Olocene medio. In Australia sono scomparse tre intere famiglie di marsupiali per un totale di 14 dei 16 generi di grandi mammiferi pleistocenici, insieme a tutti i grandi rettili e al gigantesco *Genyornis*. Qui l'estinzione è stata catastrofica per le specie di dimensioni maggiori, con la completa perdita di tutte le faune di peso superiore ai 100 kg e la quasi totale scomparsa di quelle tra 100 e 32 kg. Il grosso di questa catastrofe sembra essersi verificato tra 80 000 e 40 000 anni fa.

In Eurasia, nella Siberia nordorientale e nell'estremo nord dell'America si è perso invece «soltanto» il 35 per cento dei generi di mammiferi, anche in questo caso con grande prevalenza delle specie di maggiori dimensioni. L'estinzione qui si è verificata complessivamente su un arco di tempo piú lungo, con due fasi principali. Fra 48 500 e 24 800 anni fa, dall'Eurasia sono spariti tra gli altri l'elefante dalle zanne diritte e gli ippopotami, mentre in Alaska e nello Yukon, fra 35 400 e 24 800 anni fa, si è registrata la scomparsa dei cavalli emioidi e dell'orso dalla faccia corta. Il secondo gruppo di estinzioni si è verificato fra 20 e 10 millenni fa e ha compreso soprattutto specie adattate ai climi freddi. Un andamento ancora diverso si è registrato in Africa, dove sono scomparsi solo 10 generi di quelli presenti nel Pleistocene (21 per cento) e questo è accaduto su un arco di tempo maggiore rispetto agli altri continenti, a iniziare probabilmente da circa centomila anni fa. Anche qui tuttavia si è verificata un'estinzione maggiore a carico delle faune di piú grandi dimensioni, con la scomparsa di oltre la metà delle specie di peso superiore ai 1000 kg.

Il quadro generale che ci restituisce la paleontologia del Quaternario è quindi che le comunità faunistiche degli ecosistemi terrestri dell'Olocene differiscono sostanzialmente da quelle del Pleistocene Medio-Superiore per la mancanza delle specie animali di maggiori dimensioni, a lenta riproduzione e perciò forse piú vulnerabili rispetto alla variazione dei fattori climatici e alla predazione sfrenata. La biodiversità interna delle comunità si è ridotta maggiormente fra il tardo Pleistocene e l'Olocene di quanto non fosse accaduto nel corso dei precedenti cicli glaciali-interglaciali che hanno attraversato tutto il Pleistocene. Le specie sopravvissute dei generi decimati sono quasi sempre quelle piú piccole, notturne, arboree, abitanti dell'interno delle foreste, oppure specie di elevate altitudini. Le estinzioni sono state piú intense nelle aree continentali dove non vi era stata presenza umana precedente all'arrivo di *Homo sapiens* e hanno avuto la minore intensità in assoluto in Africa. C'è un'altra differenza che balza agli occhi: fino al Pleistocene Medio la macrofauna delle comunità del pianeta era distribuita tra un grande numero di specie, comprese almeno tre o quattro del genere *Homo*, mentre all'inizio dell'Olocene il numero dei grandi mammiferi non umani si era drasticamente ridotto e tra le specie umane solo una era sopravvissuta e si stava espandendo, *Homo sapiens*.

Anthony D. Barnosky, uno dei paleontologi che stanno cercando di comporre un quadro generale dai tanti studi particolari sulle estinzioni del tardo Quaternario, anche per trarne spunti per affrontare la situazione attuale, ha provato a tradurre tutto ciò in biomassa. Andando a vedere come è cambiata la distribuzione della massa degli organismi sulla Terra fra Pleistocene e Olocene, fino ai giorni nostri, ha scoperto alcune relazioni interessanti. La distribuzione delle masse corporee delle specie di mammiferi presenti sulla Terra prima che cominciasse questa storia, diciamo centomila anni fa, era raggruppata intorno a due valori: da una parte le specie di peso minore, tra uno e 1000 gr, dall'altra un insieme piú modesto di grandi specie, tra 10 e 1000 kg, al cui interno si trovava appunto la megafauna. Di questo secondo sottoinsieme facevano parte anche gli uomini, con una massa media individuale, almeno negli ultimi 400-500 millenni, stimata intorno ai 65-70 kg. Attingendo alle ricostruzioni della densità delle popolazioni umane si può avere un'idea della variazione nel tempo di biomassa umana e non umana.

La figura che si ricava è imbarazzante: la biomassa della megafauna pleistocenica non umana si è mantenuta quasi costante, intorno ai 100 milioni di tonnellate, nell'ultima parte del Pleistocene, fino a circa 50 millenni fa, poi è diminuita leggermente fra 50 000 e 12 000 anni fa e infine ha subito un tracollo fra 11 500 e 5000 anni fa, quando è passata dall'ordine di grandezza del centinaio a quello delle decine di milioni di tonnellate. D'altra parte, si stima che la stazza umana totale fosse contenuta tra 60 000 e 70 000 tonnellate fino al Paleolitico Medio, per passare a oltre 400 000 nel Paleolitico Superiore, a circa 13 milioni di tonnellate 2000 anni fa, che poi diventarono quasi 20 milioni nell'anno Mille e circa 420 milioni nella seconda metà del XX secolo. Oggi abbiamo superato i 469 milioni di tonnellate di zavorra umana per il pianeta, chilo piú chilo meno. In un certo senso, quindi, a partire da 15 millenni fa, si è verificato un travaso di biomassa dalla megafauna non umana a quella umana. Tuttavia lo scambio non è stato perfetto: la biomassa totale ha subito di fatto una contrazione durante la fine del Pleistocene e ha toccato il minimo all'inizio dell'Olocene. Da allora ha ripreso a salire, ma lo ha fatto ovviamente non grazie al reintegro della megafauna che era e rimane estinta, ma in virtú dell'aumento della biomassa umana e di quella del bestiame allevato.

Ci sono voluti quasi 10 millenni affinché il valore originario della biomassa pleistocenica venisse recuperato, grazie all'incremento della popolazione umana e dei grandi mammiferi «al seguito». Poi, dal momento della Rivoluzione industriale, si è verificata un'impennata fino all'ordine di grandezza del miliardo e mezzo di tonnellate tutto incluso. Sono cifre che da una parte ci danno l'idea dell'ingigantimento progressivo dell'impronta ecologica, ma d'altra parte dicono una cosa ancora piú scottante: l'uomo si è avvantaggiato dell'estinzione della megafauna pleistocenica, prima appropriandosi di parte di quella che veniva a mancare con la scomparsa dei grandi mammiferi e poi facendo esplodere la biomassa totale delle faune del pianeta, attraverso sistemi di monopolio e controllo della produzione ecosistemica assolutamente inediti per la Terra. Indipendentemente dall'accertamento delle responsabilità sulla fine dei grandi mammiferi pleistocenici, che verrà valutata nel seguito del dibattimento, il perito Barnosky ha quindi scoperto il movente di questo scempio: il monopolio della biomassa e dell'energia. In una prospettiva ecologica globale, qualunque sia stata la causa dell'estinzione, si è verificato un drammatico cambiamento nella struttura generale delle catene trofiche del pianeta e nel modo in cui l'energia e i materiali fluiscono attraverso gli ecosistemi terrestri. Una rivoluzione ecologica senza precedenti al centro della quale c'è il nostro imputato. Ma siamo sicuri che non ci siano precedenti?

L'idea che di tanto in tanto sulla Terra si sia verificato qualcosa fuori dall'ordinario e il pianeta si sia rifatto piú volte il look dal punto di vista biologico è molto condivisa tra i geologi e i paleontologi e risulta familiare anche al pubblico dei non esperti. Un paladino della tesi secondo cui periodicamente avviene un pandemonio che azzera le comunità biotiche, per lasciare spazio a nuove faune e flore quando le acque si placano, è stato il naturalista francese Georges Cuvier. In un suo studio della fine del XVIII secolo, sulla paleontologia degli strati geologici nell'area di Parigi, espose la sua teoria delle catastrofi in modo chiaro:

> Tutti questi fatti coerenti tra loro e non smentiti da alcuna controprova mi sembra che provino l'esistenza di un mondo precedente al nostro, sconvolto da qualche tipo di catastrofe.

La storia della vita sulla Terra appare cosí come una successione di cicli di creazione – Cuvier era antievoluzionista – permanenza senza cambiamenti ed estinzione radicale. Il catastrofismo cuvieriano trovò una netta opposizione nel pensiero di un grande geologo inglese, Charles Lyell, che approfondí e diffuse le idee di James Hutton, considerato il vero padre della geologia moderna. Secondo Lyell i fattori che hanno dato forma alla Terra e a tutte le sue componenti hanno agito nel tempo con sostanziale continuità e sono ancora oggi in azione. L'uniformismo-attualismo di Hutton e Lyell piaceva molto a Darwin, che vi inquadrò la sua teoria sull'origine delle specie per selezione naturale. Sappiamo quanto il gradualismo abbia dominato la biologia post-darwiniana fino alla Sintesi Moderna e come questo abbia poi trovato un contraltare nelle teorie dell'evoluzione discontinua, che progressivamente si sono fatte strada anche nel campo paleoantropologico. Tornando al tema, come al solito i fatti hanno avuto ragione delle speculazioni e l'accumulo progressivo di una quantità sempre maggiore di reperti paleontologici dalle piú diverse formazioni geologiche del pianeta, la possibilità di dare loro una datazione assoluta mediante i vari metodi isotopici che si sono affermati dalla metà del secolo scorso e la messa a sistema delle conoscenze in una comunità scientifica globale sempre piú interconnessa, hanno fatto sí che, senza rinunciare alle idee fondanti di Lyell e Darwin, ci si sia resi conto che le modificazioni geologiche e l'evoluzione biologica non sono poi processi cosí lineari e continui.

Che nella storia della Terra, senza dover ricorrere al catastrofismo-creazionismo, si siano succedute fasi caratterizzate da assetti geo-biologici diversi fu ben categorizzato alla fine del XIX secolo dal paleontologo John Phillips con la sua formalizzazione delle tre grandi ere post-cambriane: l'Era Paleozoica, quella Mesozoica e quella recente o Cenozoica, delimitate da brevi periodi di riduzione dell'eterogeneità paleontologica. Oggi si dice di riduzione della biodiversità. Gli inventari sempre piú completi di faune e flore, come i database compilati da Jack Sepkoski dell'Università di Chicago per le faune marine, permettono di analizzare con strumenti statistici le fluttuazioni della biodiversità in serie temporali lunghe decine e centinaia di milioni di anni. Se restringiamo l'orizzonte all'ultimo mezzo miliardo di anni, la dinamica degli eventi che se ne deduce è quella di una esplosione della biodiversità nel periodo Cambriano, intorno a 540 milioni di anni fa, a cui fece seguito una ulteriore radiazione nel periodo Ordoviciano, fra 490 e 460 milioni di anni fa, seguita da un primo tracollo, la crisi della fine dell'Ordoviciano. Da questo momento, per circa 180 milioni di anni del periodo Paleozoico, si alternarono fasi di alta e bassa diversità, finché avvenne una nuova e brusca riduzione: la grande estinzione della fine del Permiano, intorno a 260-240 milioni di anni fa. Toccato questo minimo un'aria nuova sembrò arrivare sulla Terra, marcata da un progressivo incremento della biodiversità marina durante tutto il Mesozoico e il Cenozoico, ma tra queste due ere, tra la fine del Cretaceo e l'inizio del Paleogene, circa 65 milioni di anni fa, si verificò un altro improvviso e drammatico tonfo biologico. Quanto in questa ricostruzione possano pesare distorsioni tafonomiche – vale a dire errori derivanti dalla diversa probabilità di fossilizzazione e conservazione dei reperti paleontologici – non si sa, ma certo i segnali principali sono cosí marcati che qualcosa deve essere realmente accaduto. Insomma, che dal rumore di fondo delle variazioni della biodiversità si possano isolare alcuni significativi eventi «catastrofici» di estinzione di massa sembra fuori discussione. Quanti?

Tradizionalmente si parla dei cinque grandi: I) l'evento dell'Ordoviciano, terminato circa 443 milioni di anni fa, quando nel giro di alcuni milioni di anni scomparve l'83 per cento delle specie; II) l'estinzione del Devoniano, quando in un paio di decine di milioni di anni, verso 360 milioni di anni fa sparí il 75 per cento delle specie; III) la catastrofe della fine del Permiano culminata circa 250 milioni di anni fa quando, in un lasso di tempo che potrebbe andare dal milione alle poche migliaia di anni, si determinò un vero azzeramento delle comunità marine, con la scomparsa del 96 per cento delle specie; IV) l'evento del Triassico, terminato 220 milioni di anni fa con l'eliminazione dell'80 per cento delle specie; V) infine la nota estinzione del Cretaceo di 65 milioni di anni fa, quando qualcosa sconvolse la Terra producendo non solo la scomparsa dei popolari dinosauri ma anche l'eliminazione del 76 per cento delle specie marine. Questi sono i *big five* della letteratura scientifica e della fiction letteraria e cinematografica, ma ognuno ha la sua storia, come intensità e durata e in quanto a probabili cause.

I due big piú discussi dal punto di vista delle possibili cause sono l'estinzione del Permiano (III) e quella del Triassico (IV). I duelli tra i ricercatori si fanno con le armi sempre piú potenti della ricostruzione paleoclimatica, sfruttando tutti i proxy isotopici, chimici e biologici che si riesce a mettere in campo. È una vicenda scientifica appassionante e piena di colpi di scena, dove comunque riecheggiano gli antichi elementi del gradualismo e del catastrofismo. Facciamo due esempi, relativi proprio alle estinzioni del Permiano e del Triassico, che sono le piú marcate ma che intervennero in due fasi molto diverse della storia della Terra. Nel primo caso, le masse continentali che si erano formate nei precedenti miliardi di anni, si erano coagulate nella Pangea, un megacontinente collocato nella parte sud del globo terrestre, circondato dall'enorme oceano della Pantalassa. Il processo di formazione della Pangea, che fu solo l'ultima di una serie di aggregazioni di masse continentali in formazione, si concluse intorno a 300 milioni di anni fa e fu seguito dalla diaspora dei frammenti continentali piú o meno grandi e dalla serie di successive collisioni tra questi, che ha portato nel corso del Mesozoico e del Cenozoico all'attuale geometria dei continenti e degli oceani. Si è visto nel I capitolo quanto questa geometria influenzi la struttura delle correnti marine e aeree responsabili della ridistribuzione dell'energia e dei materiali tra le varie parti del pianeta.

Secondo una teoria continuista, la progressiva semplificazione della geometria continentale che ha portato alla Pangea sarebbe responsabile delle catastrofi che si sono verificate nel corso del Paleozoico e culminate con quella del Permiano. Il ragionamento, che parte dallo studio incrociato di vari proxy relativi al carbonio, allo zolfo, alle temperature superficiali dell'oceano, alla produzione primaria, gira intorno all'idea che la catastrofe sia stata determinata da una sorta di asfissia oceanica. L'esistenza di un'unica enorme massa oceanica avrebbe praticamente azzerato le correnti profonde, facendo sí che enormi quantità di carbonio pompate nel mare dal fitoplancton venissero bloccate negli abissi di questo immenso oceano. La CO_2 atmosferica sarebbe per questo diminuita, determinando un raffreddamento della Terra, con conseguente formazione di calotte ghiacciate. Per effetto dell'albedo si sarebbe instaurato il classico feedback tra ghiacci e ulteriore raffreddamento, fino al raggiungimento di un picco glaciale, in conseguenza del quale la circolazione oceanica si sarebbe rimessa improvvisamente in movimento. Questo avrebbe provocato l'improvviso affioramento massiccio dell'anidride carbonica e dell'acido solfidrico dai sedimenti profondi, con una sorta di avvelenamento delle zone oceaniche superficiali. La devastazione chimica diretta e la riduzione drammatica della produttività primaria avrebbero determinato a catena il crollo delle comunità bentoniche marine lasciando un segno profondo nelle serie paleontologiche. È solo una delle teorie, ma rende l'idea dell'approccio continuista. D'altra parte è vero che in tutte le estinzioni di massa vi è comunque e sempre il segno di una fortissima riduzione della produttività primaria oceanica. Che questa sia la causa o uno dei fenomeni che si determinano nella cascata di effetti prodotta da altri fattori, questo è un dato di fatto: quando si tocca la produttività primaria, attraverso modificazioni climatiche o altro, il sistema Terra sballa.

La versione moderna del catastrofismo è rappresentata invece dalle teorie dell'impatto extraterrestre. Calma, non c'è niente di fantascientifico, solo che in questo caso si fa riferimento a un evento «esogeno» improvviso, anche relativamente puntiforme, che avrebbe innescato una serie di processi a cascata, fino alla catastrofe ecologica. Ne è un esempio la teoria che Luis Alvarez, suo figlio Walter, il chimico nucleare Frank Asaro e la paleontologa Helen Michael formularono nel 1980 per spiegare la transizione drammatica fra Cretaceo e Paleogene. Studiando le rocce stratificate ai lati di una strada di Gubbio, nell'Italia centrale, questi scienziati identificarono una anomalia nella concentrazione di iridio, un metallo della famiglia del platino scaricato sulla Terra a seguito dell'impatto di asteroidi che ne sono ricchi. La firma dell'iridio era in questo caso molto profonda: in corrispondenza con un'età di 65 milioni di anni, con un'approssimazione di poche migliaia di anni, la concentrazione del metallo schizzava dalle tipiche 0,1 parti per miliardo di massa del campione a oltre 6 parti per miliardo. E, guarda caso, l'anomalia coincideva con quella che i geologi e i paleontologi avevano già identificato come una delle crisi biotiche (V) piú profonde del pianeta. La teoria dell'impatto ha riattivato lo studio dei fenomeni di estinzione di massa e ha acceso un'enorme polemica tra gradualisti e neocatastrofisti, ma è entrata anche nell'immaginario collettivo: se chiediamo al primo che passa cos'ha prodotto l'estinzione dei dinosauri, nove su dieci ci risponde che è stato un impatto da parte di un corpo celeste. La firma dell'iridio non si legge solo nelle rocce di Gubbio ma almeno in altre 350 località sparse per mezzo mondo. Si è anche identificato il luogo dell'impatto: un asteroide di circa 10 km di diametro è andato a infrangersi nel golfo del Messico, in prossimità della località di Chicxulub, producendo un cratere di circa 200 km di diametro. L'impatto di un oggetto di quella massa viaggiante a velocità di vari chilometri al secondo, su una piattaforma di sedimenti di carbonati e solfati, produsse una gigantesca esplosione che lanciò balisticamente materiali a velocità anche maggiori della velocità di fuga dalla Terra. Tracce dei materiali di eiezione di Chicxulub sono stati identificati in sedimenti oceanici di una grande quantità di località, dal Giappone all'Australia, in tutto l'Oceano Pacifico e nell'Atlantico, in Europa e in Asia centrale. Questa schiacciante conferma non prova che l'asteroide sia stato la causa diretta dell'estinzione ma certo la coincidenza è clamorosa. Secondo una ricostruzione piú completa, l'impatto non sarebbe stato altro che l'evento scatenante, che mise in moto una cascata di effetti geologici, climatici e biologici i quali, determinando la riduzione della produzione primaria, avrebbero finito per produrre la catastrofe biologica.

Saltiamo ora dagli scenari geologici e paleoclimatici a quelli dell'ecologia classica, dove domina un concetto, quello di comunità. La comunità biotica è l'insieme di tutti gli organismi che popolano una determinata area geografica in un determinato momento. Le specie della comunità sono legate tra loro da una moltitudine di rapporti, dalla predazione alla competizione ai rapporti mutualistici, e si scambiano materiali ed energia. Inoltre, le comunità interagiscono con le componenti non biologiche dell'ambiente – suolo, atmosfera, acqua – generando un sistema integrato bio-abiotico strutturalmente e funzionalmente coeso. Gli ecologi del XX secolo, dal biologo inglese Sir Arthur George Tansley ai fratelli Eugene e Howard Odum, hanno coniato il famoso termine «ecosistema» per descrivere tutto ciò. L'estremizzazione delle teorie funzionaliste della sinecologia – l'ecologia dei sistemi integrati sovraspecifici – del XX secolo è rappresentato dalla teoria di Gaia, formulata intorno al 1970 dal chimico James Lovelock e dalla microbiologa Lynn Margulis, secondo la quale il pianeta – chiamato cosí dal nome della dea madre di tutti gli esseri viventi – sarebbe un unico globale ecosistema e cioè un sistema integrato dove le innumerevoli componenti biotiche – le singole specie, dai batteri ai grandi mammiferi – e quelle abiotiche – suolo, atmosfera, acque interne e oceaniche, ma anche il clima – sarebbero legate tra loro da processi cibernetici di regolazione che sostanzialmente ne produrrebbero il continuo adattamento alle oscillazioni endogene e d'origine esterna, determinando una generale stabilità dinamica della Terra.

Tornando alle singole comunità, due ecologi della prima metà del XX secolo le hanno definite e studiate, soprattutto quelle delle terre emerse, arrivando a concepire due modelli diversi e per certi aspetti alternativi. Da una parte, Henry Allan Gleason sottolineava il carattere individualistico della membership delle diverse specie di una certa comunità: le popolazioni di ciascuna specie si sistemano ovunque esistono le condizioni climatiche e trofiche adatte alla loro persistenza. La comunità di Gleason è quindi un raggruppamento occasionale di popolazioni che si trovano lí ciascuna per le proprie esigenze biologiche e per le proprie caratteristiche adattative: come un aereo di linea dove i singoli passeggeri si ritrovano seduti l'uno accanto all'altro solo per la comune esigenza di viaggiare da Parigi a Hong Kong in quel determinato giorno, ciascuno per i propri affari. Frederic Clements, pure lui botanico e statunitense, sottolineava invece il carattere integrato della comunità, dove le singole popolazioni, di solito, non lavorano da solisti ma interagiscono stabilmente con le altre. Se vogliamo insistere con la metafora, in questo caso possiamo figurarci un volo charter noleggiato dai membri di un club che hanno deciso di andare a farsi una vacanza collettiva alle Canarie con parenti e amici. La comunità di Clements è quindi un sistema integrato di popolazioni, generato e mantenuto dalle interazioni biotiche che le legano. Esagerando con questa impostazione, si può immaginare la comunità come una sorta di superorganismo che ha un suo sviluppo dall'inizio alla fine della sua esistenza, come la vicenda ontogenetica di un organismo tra fecondazione e morte.

Chi dei due ecologi ha ragione? Entrambi, naturalmente, nel senso che lo studio delle comunità dei piú diversi ecosistemi, dalle savane africane alla tundra, dai fondali oceanici alle foreste tropicali, dimostra che ciascuna comunità si colloca in un qualche punto tra l'estremo occasionalista di Gleason e l'insieme integrato di Clements. Alcune comunità sono club fortemente chiusi e coesi, mentre altre sono costituite da soggetti molto piú opportunisti. La comunità coesa è generalmente resiliente, cioè robusta rispetto alle variazioni esterne come quelle climatiche, ma è molto sensibile alle variazioni di struttura interna; se una popolazione del gruppo viene eliminata o comunque messa in difficoltà dal punto di vista demografico, questo può produrre una disgregazione dell'intero sistema. Le comunità alla Gleason invece sono meno sensibili a questo tipo di perturbazioni demografiche interne, ma rispondono *one-to-one* alle variazioni ambientali, tanto che le modificazioni della loro struttura possono essere utilizzate come «indici biotici» del cambiamento climatico e dello stress ambientale antropogenico.

Clements e Gleason erano però d'accordo sul fatto che le comunità non si mantengono mai inalterate nel tempo. Le specie che le compongono e la loro abbondanza, le relazioni biotiche, i flussi di energia e di materiali interni alla comunità e i trasferimenti tra la comunità e l'ambiente abiotico e viceversa, sono tutte caratteristiche che si modificano nel tempo. Questo è il concetto di successione, centrale nell'ecologia moderna. Coerentemente con l'impostazione di Gleason, le successioni costituiscono la risposta della comunità alla variazione delle condizioni al contorno, geologiche e climatiche: cambiano le condizioni, cambia il profilo del club. Secondo la teoria organicista di Clements, invece, le successioni sono prevalentemente prodotte dalla dinamica delle interazioni tra le diverse componenti biotiche dell'ecosistema, cioè sono processi autogeni. Questi modelli, che hanno fatto la storia dell'ecologia del XX secolo – e che hanno implicazioni pratiche di enorme attualità per la conservazione e gestione dei sistemi naturali – hanno un campo di applicazione locale o regionale e si riferiscono a orizzonti temporali che vanno dai giorni alle decine o centinaia di anni.

Ma le stesse idee generali possono essere traslate a livello globale e su scale temporali dell'ordine di grandezza delle grandi ere geologiche: milioni di anni. Insomma, lo studio delle grandi catastrofi biotiche può essere affrontato non semplicemente in termini statistici, ma con i modelli dell'ecologia delle comunità e delle successioni, naturalmente aggiungendo un elemento che contraddistingue le successioni lunghe da quelle brevi: il fattore evoluzione. È quello che tra gli altri propone Richard J. Twitchett della School of Earth, Ocean and Environmental Sciences di Plymouth in Gran Bretagna. Si scoprono cosí alcune cose interessanti; per esempio il fatto che, indipendentemente dalla natura del fattore d'innesco, il crollo della produzione primaria è sempre il fattore che determina il tracollo del sistema. Oppure che nel collo di bottiglia dell'estinzione si determina una variazione a tre stadi della struttura delle comunità: la scomparsa rapida e selettiva di un sottoinsieme delle specie pre-crisi, la momentanea occultazione di alcune specie in zone rifugio, la successiva espansione di queste dopo la crisi, accompagnata dalla comparsa di specie completamente nuove.

Secondo questa impostazione, le grandi estinzioni di massa che si sono verificate almeno cinque volte nell'ultimo mezzo miliardo di anni non sarebbero altro che i fenomeni maggiori di un incessante rimodellamento delle comunità del pianeta, una megasuccessione globale generata sia da dinamiche esterne – dalle grandi variazioni climatiche, all'estrema situazione dell'impatto di un asteroide – sia dall'interazione di processi interni, di natura biotica. Sta di fatto che di tanto in tanto il sistema va fuori dall'equilibrio. E l'idea generale che si ricava dalle centinaia di studi, sempre piú incisivi e circostanziati su questi argomenti, è che sempre ci sia in ballo un mix di concause che a un certo punto produce una rapida, profonda transizione ecologica da uno stato prima a uno stato dopo. È come se saltassero i meccanismi di regolazione per un accumulo di tensione e l'equilibrio metastabile venisse a crollare anche a seguito di un singolo evento puntiforme che funziona da innesco. La goccia che fa traboccare il vaso. La lettura in chiave ecologica delle grandi estinzioni del passato rivela che quegli eventi, oltre a eliminare la maggior parte delle specie preesistenti, hanno determinato la chiusura di una serie di contenitori ambientali per aprirne altri, le nuove nicchie ecologiche, che sono stati riempiti dagli eredi dei pochi superstiti e dai tanti nuovi inquilini che si sono originati evolutivamente. Le radiazioni evolutive che hanno fatto seguito alle catastrofi, dense di fenomeni di speciazione, hanno fatto ripartire i sistemi ecologici planetari su basi completamente nuove e non si è mai trattato semplicemente di un ritorno ai vecchi equilibri. La discussione sulle cause è aperta, caso per caso, ma se c'è una cosa che sembra di poter escludere è che mai si sia trattato di qualcosa messo in moto da una sola delle tantissime specie presenti sulla scena. Quest'ultimo punto potrebbe marcare l'originalità di ciò che è accaduto alla fine del Pleistocene e che prosegue ancora oggi, spingendo il sistema verso il punto di non ritorno.

2. *Sospetti di complicità.*

Martin vs. Leakey. Non è l'annuncio di un match al Madison Square Garden per la conquista della corona mondiale di una categoria di pugilato, ma uno scontro intellettuale che si è giocato sul ring di una delle riviste scientifiche piú importanti e ha visto come protagonisti due pesi massimi della paleontologia e della paleoantropologia. Tra il 1966 e il 1967, la rivista «Nature» ha pubblicato una serie di botte e risposte tra lo zoologo statunitense Paul Martin e quel gran personaggio di Louis Seymour Bazett Leakey, figura chiave della paleoantropologia africana. Martin sosteneva l'idea di una responsabilità diretta dell'uomo nella scomparsa di mammiferi pleistocenici africani e piú in generale nell'aver prodotto la crisi delle megafaune della fine del Quaternario, attraverso un'intensa attività di predazione. Dall'altra parte, Leakey sosteneva che il fattore che aveva scatenato le crisi demografiche e le estinzioni delle faune andava ricercato nelle variazioni climatiche della fine del Pleistocene, esprimendo incredulità circa la capacità da parte di uomini, ancora a una densità di popolazione relativamente bassa e non ancora dotati di armi molto efficaci, di produrre quelle carneficine.

L'eco di quel dibattito non si è spenta, anzi è piú vivace di prima, alimentata dalla serie crescente di prove e controprove fatte di reperti paleontologici, paleoantropologici, archeologici, paleoclimatici, paleovegetazionali, genetici e chi piú ne ha piú ne metta. Caliamo le carte, enunciando le principali teorie. Chi sostiene la responsabilità umana, e per la precisone di *Homo sapiens*, si riferisce a un suo coinvolgimento piú o meno diretto nell'estinzione delle megafaune. La teoria che chiama in causa direttamente l'imputato è appunto quella dell'*overkill* di Martin, secondo la quale l'uomo moderno, cacciatore del Paleolitico Superiore, ha preso di mira una dopo l'altra una serie di specie di grandi erbivori determinandone la scomparsa. Nella sua versione piú radicale la teoria di Martin delinea uno scenario di vero e proprio *blitzkrieg*, cioè una rapidissima avanzata dell'uomo in un nuovo territorio, accompagnata e alimentata – è proprio il caso di dirlo – dalla caccia alle megafaune. Un evento molto rapido, che si propaga come un'onda, nel corso del quale la biomassa animale viene convertita in biomassa umana, naturalmente rispettando la regola ecologica secondo cui se uccido e mangio una preda che ha 1 di contenuto energetico, al massimo posso incamerare 0,1. Il *blitzkrieg* sarebbe stato in certi casi rapidissimo, portando all'estinzione della megafauna di un'area raggiunta dall'uomo in un tempo dell'ordine della decina o al massimo del centinaio di anni.

Di solito chi sostiene una cosí pesante responsabilità umana si sforza di dimostrare che vi sono coincidenze temporali tra la comparsa dell'uomo o la sua espansione demografica in una certa area geografica e la scomparsa di specie di grandi mammiferi. Chi nega questa responsabilità cerca di smontare questa tesi provando che la scomparsa si è verificata prima dell'arrivo/espansione dell'uomo, o che si è verificata troppo dopo, o che si tratta di una coincidenza fortuita. Insomma, almeno in parte i giochi si fanno sul filo della cronologia degli eventi. Ovviamente gli indizi piú ricercati sono quelli diretti: il reperto fossile piú recente per misurare l'ultima presenza di una specie in una determinata area, il reperto antropologico o archeologico piú antico per misurare la prima comparsa dell'uomo.

In molti casi la scomparsa dei grandi mammiferi risulta immediatamente posteriore alla comparsa dell'uomo. Sulle isole la coincidenza è fuori discussione. Neppure i piú accaniti negazionisti delle responsabilità umane del tracollo delle faune tra Pleistocene e Olocene si oppongono a questa cristallina evidenza: dalle isole della Melanesia a quelle dell'Oceano Indiano, dal Madagascar alla Nuova Zelanda, la scomparsa dei grandi animali seguí rapidamente l'arrivo dell'uomo. Ci sarà occasione di approfondire questo aspetto ma, tanto per fermare l'idea, conviene portare un caso puntiforme ma emblematico, tratto da un accadimento recente, del tardo Olocene, quando il nostro imputato era ormai un uomo maturo. Nel suo libro di poesie «Evanescenza delle specie» il poeta russo contemporaneo Andrei Bronnikov canta con tristezza la scomparsa di un gigantesco mammifero marino di 9 m di lunghezza e varie tonnellate di peso, che viveva indisturbato in colonie remote su alcune piccole isole a est della penisola Kamchatka. Intorno al 1740 una spedizione, voluta e finanziata da Pietro il Grande e affidata al comando del danese Vitus Jonassen Bering, raggiunse l'arcipelago delle Komandorskiye Ostrova (isole Commander). A bordo c'era il naturalista tedesco Georg Wilhelm Steller che si dava un gran daffare a raccogliere e descrivere le specie animali e la flora di quell'angolo remoto di mondo. Tra le altre specie Steller descrisse appunto *Hydrodamalis gigas*, un sirenide conosciuto per questo con il nome di mucca marina di Steller. Purtroppo, però, la descrizione del naturalista tedesco suona come un epitaffio, perché subito, nel corso della spedizione, e in seguito, nel giro di pochissimi anni, sulle Komandorskiye Ostrova si verificò una mattanza che portò alla completa estinzione del sirenide. Quante altre volte si è ripetuta una storia simile nel corso degli ultimi 40 000 anni!

La prossimità temporale fra l'arrivo dell'uomo e le sparizioni è piú discutibile sullo scenario delle grandi masse continentali. In America del Nord la documentazione fossile ci parla dell'estinzione di una quindicina di grandi mammiferi – come mastodonti e mammuth, cavalli e camelidi – fra 13 500 e 11 500 anni fa, in corrispondenza con la presenza dei cacciatori Clovis. In America del Sud però le cose sono meno chiare perché, se è vero che nell'estremo sud la maggior parte delle estinzioni si raggruppa tra 12,5 e 8 millenni fa (quindi subito dopo l'arrivo dell'uomo o nei successivi 4 millenni), in Brasile e nel Cile centrale vi sono anche estinzioni che sembrano precedere la presenza umana e addirittura nella parte settentrionale dell'America meridionale l'ultima presenza delle megafaune è prevalentemente anteriore a questa. La questione dell'Australia è molto discussa perché, se è vero che le estinzioni ebbero inizio circa 50 000 anni fa (che è una data in accordo con l'arrivo di *Homo sapiens*), si protrassero però per ben 18 millenni: un *blitzkrieg* come dire, un po' lunghetto. Un po' la stessa cosa vale anche per l'Eurasia, dove le estinzioni abbracciano un periodo molto ampio, fra 48,5 e 7 millenni fa. In Africa, come si è detto, il fenomeno fu meno intenso e ancora piú diluito, ma l'Africa ha una storia a sé sia dal punto di vista dell'uomo moderno, che lí è nato, sia per il fatto che tra l'uomo in generale e le grandi faune c'era una consuetudine che si perdeva nella notte del Pleistocene.

Proprio questo è un punto interessante, la novità o la co-evoluzione. Coerente con la teoria di Martin è il fatto che l'intensità e la rapidità delle estinzioni sembra proprio essere stata maggiore nelle aree geografiche dove l'uomo con il suo arrivo rappresentava una novità in assoluto, come in America o in Australia, o dove, come nell'Europa di 45 millenni fa, di uomini ne erano vissuti, ma non lui, *Homo sapiens*. L'«ingenuità» delle faune evolutesi in assenza di un cacciatore cosí scaltro, ne avrebbe costituito l'elemento di debolezza. La selettività ponderale dell'ecatombe faunistica della fine del Pleistocene, che non sembra aver analogie nelle precedenti catastrofi, sarebbe un'altra prova di questa tesi, dato che le specie di grandi dimensioni sarebbero state piú ambite in termini di rapporto tra sforzo di caccia e rendimento energetico, anche perché meno agili. Il fatto che si trattasse perlopiú di specie a basso tasso di riproduzione avrebbe poi ridotto la loro capacità di risposta demografica alla pressione predatoria umana. I grandi predatori, d'altra parte, sarebbero stati vittime collaterali dell'*overkill* degli erbivori, come conseguenza della riduzione delle loro prede da parte dell'uomo; oppure questi potrebbe aver agito direttamente per levar di torno competitori e minacce.

L'intensità con cui i ricercatori discutono di questi aspetti deriva anche dai problemi intrinseci di questo approccio cronologico, perché l'ultimo fossile non è mai quello dell'ultimo esemplare: la *last appearance date* dà sempre una sovrastima dell'anzianità della scomparsa, ma di quanto non possiamo saperlo. D'altra parte, il reperto antropologico/archeologico piú antico è sempre una sottostima dell'anzianità della presenza umana e anche in questo caso non possiamo sapere di quanto l'arrivo reale abbia preceduto la prima manifestazione raccolta dai ricercatori. Per questi errori si possono avere incertezze dell'ordine delle migliaia di anni che, soprattutto nell'ottica del *blitzkrieg*, fanno una bella differenza. Data l'ambiguità delle prove dirette, si cercano allora dei segni indiretti ma piú robusti. Insomma, si va alla ricerca di testimoni affidabili che ci dicano quando sono effettivamente scomparse le vittime da una determinata area e quando vi è comparso il presunto colpevole. Il primo testimone è un fungo microscopico del genere *Sporormiella*, che cresce nell'apparato digerente dei mammiferi erbivori e rilascia spore in masse gelatinose dentro le deiezioni di quegli animali. Quando le spore di questo ascomicete diffondono e vengono trasportate dalle acque o dal vento, vanno a finire anche nei sedimenti dei laghi e nelle torbiere, dove entrano a far parte del materiale che i palinologi usano per ricostruire le variazioni della vegetazione di un'area e quindi la sua paleoclimatologia. Solo che in questo caso la ricostruzione riguarda la variazione della presenza di erbivori: maggiore è la biomassa di erbivori in giro in una determinata epoca, maggiore la presenza di *Sporormiella* nei sedimenti di quel determinato orizzonte stratigrafico. La riprova che il proxy funziona è data dal fatto che nei sedimenti recenti c'è maggiore densità di spore in aree a elevata intensità di allevamento zootecnico. L'analisi delle coproliti – feci fossili – dei moa, i grandi uccelli estinti della Nuova Zelanda, ha dimostrato che il proxy *Sporormiella* funziona anche per gli uccelli, purché erbivori.

La seconda è una spia della presenza umana che viene ricercata negli stessi sedimenti in cui si contano le spore di *Sporormiella*, con l'ovvio vantaggio di poter controllare dallo stesso archivio se e quanto sono coincidenti le eventuali variazioni. Si tratta del segno piú infallibile dell'arrivo dell'uomo in una determinata area, perché sia che appicchi il fuoco volontariamente per aprire varchi dove cacciare, o in seguito all'incremento della frequenza di incendi legati alla trasformazione antropogenica della vegetazione, un fatto è certo: quando l'uomo arriva lascia il segno e il segno è costituito dalle particelle di carbone. L'esistenza di questa intima associazione tra l'uomo e la frequenza degli incendi, e quindi del carbone nei sedimenti, è accertata oltre ogni ragionevole dubbio nel caso della colonizzazione di grandi e piccole isole nel corso dell'Olocene, ma ci sono prove robuste anche per le grandi masse continentali.

La storia della co-variazione dei due testimoni – carbone su, *Sporormiella* giú e viceversa – è molto chiara e istruttiva nel caso del Madagascar, dove il dramma che altrove è andato in scena tra Pleistocene e Olocene, si è compiuto molto piú tardi, dato che l'uomo vi è arrivato solo 2,3 millenni fa. Il Madagascar è un'entità biogeografica unica sul pianeta, una sorta di Africa in miniatura, rimasta isolata nell'Oceano Indiano occidentale per buona parte del Cenozoico. In una terra priva di grandi predatori e uomini, l'evoluzione ha forgiato un insieme ecologico unico con elementi assolutamente originali di biodiversità, come i lemuri. Questi particolarissimi Primati, presenti solo in Madagascar, appartengono al sottordine degli Strepsirrhini – che letteralmente vuol dire «dal naso umido» – distinti da quelli «dal naso secco», gli Haplorhini, che comprendono tra l'altro gli Ominini. Oggi, in Madagascar, ne vivono un centinaio di specie, di cui alcune fortemente minacciate di estinzione, che vanno dalle dimensioni microscopiche del lemure di *Madame Berthe* (*Microcebus berthae*) di 30 gr, alla decina di chili dell'indri (*Indri indri*). Poco piú di duemila anni fa, prima dell'arrivo dell'uomo, ci vivevano molte piú specie e di dimensioni molto maggiori di quelle che vi sono sopravvissute. Lemuri grandi quanto un gorilla, come *Archeoindris* di circa 200 kg, o il *Megaladapis* di circa mezzo quintale. Le comunità biotiche malgasce comprendevano anche varie specie di rettili, tra cui alcune tartarughe giganti simili a quelle delle Galapagos, e varie specie di uccelli privi di ali e molto grandi come *Aepyornis maximus*, un bestione di 3 m di altezza e quasi mezza tonnellata di peso.

In questo Eden della biodiversità l'uomo arrivò ormai adulto, nel tardo Olocene, e il primissimo segno diretto della sua presenza la dice lunga sulle sue maniere: si tratta del radio di un grande lemure oggi estinto, *Paleopropithecus ingens*, con segni inequivocabili di rimozione della carne mediante un oggetto tagliente. Ma è il carbone dei sedimenti a offrirci la radiocronaca della sua diffusione sull'isola; dalle zone semiaride del sud-ovest, dove il segno compare appunto intorno a 2,3 millenni fa, alle aree umide della costa occidentale, a quelle delle alture interne, dove i sedimenti del lago Kavitaha mostrano un incremento di carbone circa 1400 anni fa. Contemporaneamente si registrano anche altri segni di presenza umana: i pollini di piante introdotte come la canapa e il luppolo, e di piante tipiche di ambienti stressati. Quando compaiono queste spie della presenza umana, la *Sporormiella*, presente in abbondanza nei sedimenti relativi a periodi precedenti del Pleistocene e del primo Olocene, subisce un forte e rapido calo, segno evidente della riduzione dei grandi erbivori. Ma la storia non è finita qui. Dopo alcuni secoli l'andamento si è invertito e in molte aree le spore dell'ascomicete hanno rifatto la loro comparsa e il carbone è nuovamente diminuito. Cosa è accaduto, i Malgasci sono diventati ambientalisti? No, la presenza umana è entrata in un'altra fase: i terreni degradati non sono piú oggetto di incendi frequenti e intensi come dopo il primo contatto e la fauna estinta viene rimpiazzata, con gli interessi, dal bestiame allevato. Nell'anno 1500 dell'era volgare scatta la terza fase: il 10 agosto il navigatore portoghese Diogo Dias – già compagno di Vasco da Gama e come lui impegnato a rompere, a vantaggio delle economie europee, l'equilibrio commerciale e politico che da millenni regnava nell'Oceano Indiano – avvistò le coste di una grande isola che chiamò San Lorenzo, in onore al santo del giorno, ma che sarebbe diventata nota con il nome di Madagascar. Nei secoli che seguirono, drappelli di colonialisti, dagli Olandesi ai Francesi agli Inglesi, conditi con pirati d'ogni sorta, si sono avventati sull'isola contribuendo con la loro esuberanza riproduttiva e le loro culture e religioni a formare quel caleidoscopio genetico-culturale che è oggi il Madagascar. La crescita della popolazione umana, la riconversione della terra e la caccia, hanno prodotto ulteriori devastazioni ambientali che continuano ancora oggi a minacciare la sopravvivenza di singole specie e di intere comunità biotiche.

Ma l'esempio forse piú noto e clamoroso di *blitzkrieg* su grandi isole è rappresentato dall'estinzione dei moa in Nuova Zelanda. Anche qui, paleontologia, archeologia e testimoni come la *Sporormiella* non lasciano adito a dubbi. Prima dell'arrivo dei Maori le due isole del Nord e del Sud erano popolate, tra l'altro, da una comunità unica di grandi uccelli senza ali dell'ordine dei Dinornitiformi. Sette specie, le piú grandi delle quali erano *Dinornis giganteus* e *Dinornis novaezelandiae*, di oltre 200 kg. Unico loro predatore era probabilmente l'aquila di Haast (*Harpagornis moorei*), anche lei endemica della Nuova Zelanda. Anzi tra l'aquila e i moa esisteva probabilmente un rapporto predatore-preda da manuale, una regolazione naturale della densità di popolazione che ne assicurava una coesistenza stabile. La grande quantità di resti di moa associati ai reperti archeologici dimostra che la caccia intensa caratterizzò il primo periodo di insediamento umano e molto probabilmente fu uno dei fattori che ne garantí il successo, tanto è vero che gli archeologi parlano di «periodo dei cacciatori di moa» per definire la fase arcaica della presenza umana sulle due Isole. La fase acuta del *blietzkrieg* sarebbe durata circa un paio di secoli, tra l'arrivo dei colonizzatori Polinesiani intorno alla fine del XIII secolo e quattro secoli fa, con qualche strascico successivo. Successivamente la strategia di sussistenza sembra essersi spostata verso l'utilizzazione delle risorse marine e delle piante, fino all'arrivo degli europei. La variazione della densità di *Sporormiella* nei sedimenti di alcuni laghi dell'Isola del Sud conferma questa vicenda, con una riduzione tra l'arrivo dei primi colonizzatori e il XVI secolo, alla quale ha fatto seguito recentemente un nuovo aumento dovuto alla introduzione del cervo in alcune aree di montagna. I modelli matematici che sono stati elaborati per ricostruire la vicenda parlano di una popolazione totale delle varie specie di moa di circa 160 000 individui al momento dell'arrivo dei Maori. La riduzione brusca e lineare della loro densità, fino all'estinzione, non richiese l'intervento di dinamiche indirette, come la distruzione di habitat idonei, ma fu semplicemente il risultato di un'azione di caccia diretta e intensa. Uno degli effetti collaterali è stato quasi sicuramente la scomparsa dell'aquila di Haast, i cui ultimi esemplari risalgono al XV secolo. E sappiamo che il *blitzkrieg* assunse poi tinte fosche di genocidio quando i Maori sbarcarono sulle isole Chatam e vi trovarono i piú ingenui Minori.

Le indiscutibili evidenze dell'*overkill* che si è verificato su queste grandi isole non scuotono piú di tanto gli scettici. Sui continenti avrebbero agito altri fattori. Quali? Il clima naturalmente, visto come probabile causa naturale di quello che si presenterebbe come un normale ricambio faunistico, una successione allogena di fine glaciazione. Se si considerano specifici scenari regionali vi sono talvolta elementi coerenti con questa tesi, soprattutto quando le estinzioni sembrano precedere l'arrivo dell'uomo, come nella parte settentrionale dell'America del Sud. Anche in questi casi l'idea che la causa vada ricercata solamente nelle oscillazioni climatiche della transizione post-glaciale non è però del tutto convincente, se non altro perché talune delle faune estinte, almeno a livello di genere, erano piuttosto navigate in termini di adattamento climatico; non poche si erano fatte vari saliscendi di quelli che ci mettono sotto gli occhi le ricostruzioni paleoclimatiche dei ghiacci di Dome C o di Vostok. Però, alcune specie che si sono estinte nel tardo Pleistocene, pur appartenendo a generi assai longevi, erano frutto di speciazioni particolari che si erano verificate nel corso dell'incalzare della glaciazione. L'Eurasia e l'America del Nord erano popolate da specie adattate ai climi freddi e legate agli ecosistemi di foresta aperta e alle praterie che si espandevano a scapito dei sistemi forestali piú occlusi a seguito del clima glaciale. Piú che per una crisi adattativa rispetto alle nuove condizioni climatiche determinatesi con la rapida terminazione della fine del Pleistocene, molte faune sarebbero andate in crisi per un effetto indiretto, a seguito delle trasformazioni degli habitat determinate dalla variazione del clima. Vi sono varie sfaccettature di questa idea, che tirano in ballo appunto la frammentazione dell'habitat, la riduzione delle tipologie di piante alle quali erano adattati i grandi erbivori, crisi comunitarie dovute alla rottura degli equilibri tra consumatori e tra questi e le loro risorse, che si erano stabiliti nel corso di lunghi processi di co-evoluzione. Sono tutte idee interessanti, che mettono in evidenza la complessità dei rapporti tra clima, assetto vegetazionale, raggruppamento degli erbivori e comunità trofica nel suo complesso, ma sono ipotesi che non riescono a provare l'esclusività delle cause climatiche e a scagionare la responsabilità della predazione umana.

Una serie di dettagliati studi sulla fauna sudamericana tra Pleistocene e Olocene ha permesso, ad esempio, di ricostruire le fasi della grande estinzione di bradipi giganti, proboscidei, cavalli e camelidi che si è verificata nelle regioni nordoccidentali del continente a partire da 12 000 anni fa. La crisi faunistica nelle regioni costiere dell'Ecuador sembra essere stata effettivamente innescata dalle variazioni climatiche dell'inizio dell'Olocene; una prima fase di aridità avrebbe spinto varie specie di grandi mammiferi a migrare dalla Cordigliera verso le zone costiere, dove si venne cosí a determinare una concentrazione eccessiva di specie originariamente adattate a condizioni ambientali diverse. In seguito il clima produsse un ispessimento dei sistemi forestali lungo le coste, che determinò il tracollo di una comunità già eccessivamente affollata. Un rifugio, insomma, si sarebbe trasformato in una trappola. Il crollo delle comunità per eccesso di impacchettamento è del resto un principio che Robert MacArthur e Richard Levins, due giganti dell'ecologia del XX secolo, hanno messo chiaramente in luce con analisi sperimentali su comunità ricostruite in laboratorio e mediante modelli matematici. Gli studi sulle vicende dell'Ecuador sono emblematici, perché non negano l'intervento umano ma lo considerano come un cofattore: l'uomo avrebbe agito su un sistema già in bilico a causa delle variazioni climatiche. Del resto, anche nell'estremità meridionale dell'America del Sud, se è vero che le estinzioni seguirono di poco l'arrivo dell'uomo, è anche vero che questo coincise con un momentaneo ritorno ai climi freddi: lo Antarctic Cold Reversal. E perfino in America del Nord, la classica palestra di scontro fra sostenitori dell'*overkill* e delle cause climatiche, i due sospetti vanno a braccetto: la diffusione dei cacciatori Clovis coincise con lo Younger Dryas.

Comincia quindi a delinearsi un quadro, piú complesso ma piú realistico rispetto alle posizioni estreme dei partigiani dell'*overkill* contro quelli del clima. Intanto, per portare una popolazione locale o un'intera specie all'estinzione non è necessario un *blitzkrieg*: sappiamo bene quanto sottili possano essere gli effetti e quanto complessa sia spesso la cascata di eventi messi in moto da una pressione venatoria anche non estrema, che può portare all'estinzione di una popolazione. Ce lo insegnano, purtroppo, esperienze recenti legate allo sfruttamento delle risorse ittiche, che dimostrano come un prelievo eccessivo possa condurre la popolazione oltre quella soglia di sicurezza rappresentata dalla «popolazione minima vitale». A questo punto, anche se il prelievo non si spinge fino all'eliminazione totale, la popolazione entra in un vortice di estinzione, a causa della variabilità nel successo riproduttivo, dell'impoverimento genetico, della variazione aleatoria di fattori ambientali. In secondo luogo, l'effetto può essere assolutamente indiretto, nel senso che una popolazione anche non soggetta a caccia o pesca va in crisi perché è stato alterato un altro nodo della rete trofica al quale essa è legata; può trattarsi non solo della riduzione della densità di una preda che induce l'estinzione del predatore, come nel caso dei moa e dell'aquila di Haast in Nuova Zelanda, ma anche della riduzione della densità di una specie alla quale un'altra specie è legata da un rapporto mutualistico, o di un predatore naturale che con la sua attività regola i rapporti di competizione tra varie specie consentendone la coesistenza stabile, o infine l'introduzione volontaria o meno di nuove specie predatrici che sconvolgono gli equilibri che si erano stabiliti co-evolutivamente nella comunità. La storia e la preistoria sono piene di casi in cui l'uomo si è portato al seguito cani, maiali e ratti che si sono infiltrati nelle catene trofiche native sconvolgendole. Infine l'uomo, in taluni casi, potrebbe aver agito involontariamente, favorendo la diffusione di epidemie nelle popolazioni di grandi mammiferi. È stata anche avanzata un'ipotesi secondo cui una supermalattia veicolata in qualche modo dall'uomo sarebbe stata letale per le faune impreparate dell'Australia e delle Americhe, ma non ci sono prove che questo sia veramente accaduto, almeno non per la grande crisi della fine del Pleistocene. Rimane infine l'azione indiretta per eccellenza, quella che oggi è forse la maggiore causa di riduzione della biodiversità, cioè la trasformazione dell'habitat. È da mettere in conto, perché in molti casi l'interferenza da parte dell'uomo con gli ecosistemi e i paesaggi è stata molto rapida e precoce: le tracce di carbone e i pollini di piante ruderali ne sono la conferma. Tuttavia questo meccanismo indiretto, affermatosi prepotentemente dopo il Neolitico, non è plausibile che possa aver avuto un reale effetto generalizzato nel segmento temporale corrispondente a un'economia ancora prevalentemente legata alla caccia-raccolta.

È sempre piú emergente l'idea che in realtà il ko della megafauna alla transizione Pleistocene-Olocene sia stato determinato da una sorta di «uno-due», tanto per rimanere all'immagine pugilistica dell'incipit del paragrafo. L'ipotesi dell'azione sinergica clima-uomo non nasce da un bisogno di metter pace tra opposti schieramenti di ricercatori, ma è quella che sembra spiegare meglio una serie di fatti reali. La biogeografia del Quaternario mette in evidenza rimaneggiamenti continui dell'areale di distribuzione delle specie che con l'alternanza tra fasi calde e fredde, aride e umide subirono una serie di contrazioni ed espansioni geografiche. Alla transizione fra l'ultimo massimo glaciale e l'Olocene, l'assetto vegetazionale che si era affermato in Eurasia e in America settentrionale durante l'ultima parte della glaciazione subí una profonda trasformazione. Al ridursi delle masse glaciali della Fennoscandia e della Laurentide, l'ecosistema dominante, il mosaico steppa-tundra, venne sostituito gradualmente dalla tundra al nord e da ecosistemi forestali al sud. La risposta delle popolazioni eurasiatiche fu differenziata: un primo gruppo di specie, come il cervo (*Cervus elaphus*) si espansero geograficamente; altre come la renna (*Rangifer tarandus*) si ridislocarono in aree da cui erano precedentemente assenti; un terzo gruppo di specie come il cavallo (*Equus ferus*) subirono una notevole contrazione di areale ma sopravvissero; altre specie ancora si estinsero subito durante la transizione, come il rinoceronte lanoso (*Coelodonta antiquitatis*), o piú tardi durante l'Olocene, come il mammuth (*Mammuthus primigenius*) e il cervo gigante (*Megaloceros giganteus*). Le specie maggiormente colpite dall'azione sinergica clima-uomo sono quelle la cui risposta alle variazioni climatico-ecologiche è stata una riduzione demografica e una concentrazione in zone rifugio, settentrionali per le specie adattate al freddo e meridionali per le altre. Su queste popolazioni contratte e delimitate spazialmente si è concentrata la caccia umana con esiti fatali. Il clima avrebbe quindi prodotto fenomeni di frazionamento delle popolazioni naturali, una sorta di insularizzazione, che avrebbe facilitato l'intervento catastrofico dell'uomo. Questo spiega tra l'altro il ritardo di estinzione evidente in molte ricostruzioni paleontologiche della fine dei grandi mammiferi tardo pleistocenici, che manifestarono una prima fase di contrazione, seguita da una prolungata esistenza in aree piú circoscritte e solo piú tardi dalla totale scomparsa. I biologi della conservazione delle popolazioni naturali sanno molto bene che il fenomeno paleontologico dell'*extinction lag* (ritardo di estinzione) trova un corrispondente nell'attualità in quello che appare come un *extinction debt*: il debito di estinzione, cioè la fase di precarietà di molte specie attuali che permangono per tempi piú o meno lunghi in uno stato di vulnerabilità rischiando di scomparire anche per cause minime e aleatorie.

Molti ecologi guardano con estrema attenzione a queste dinamiche, nella convinzione che i processi iniziati nel tardo Pleistocene siano ancora in atto e che anzi debbano ancora esprimere tutto il loro potenziale distruttivo. Quella delle megafaune del tardo Quaternario sarebbe solo l'inizio di una storia piú ampia che si è dipanata lungo tutto l'Olocene e che si è amplificata negli ultimi due-tre secoli, i cui esiti piú clamorosi sono ancora tutti da vedere. In questo lasso di tempo si sono amplificati enormemente i fattori di impatto, sia perché la popolazione umana è aumentata di un fattore 1000, sia perché la capacità di intervenire sulle dinamiche naturali si è dilatata di un fattore semplicemente incalcolabile e passa oggi attraverso tecnologie che non erano neppure pallidamente presenti nell'uomo del Paleolitico Superiore. Secondo molti scienziati, quella che comunque è stata un'interferenza inedita dell'uomo cacciatore-raccoglitore del Paleolitico Superiore sugli ecosistemi e le comunità naturali del pianeta, dal Neolitico in poi sta procedendo verso la sesta estinzione di massa, alimentata dai processi di controllo esasperato della produzione primaria, di frammentazione dell'habitat, di introduzione di specie aliene, di diffusione di patogeni e, contemporaneamente, dall'alterazione climatica legata ai gas serra. Insomma l'uomo si è messo in proprio anche dal punto di vista del lavoro una volta svolto dal suo principale complice: le vicende climatiche.

3. *Perché gli altri no.*

La domanda s'impone e non per un estremo tentativo di difesa dell'imputato ma per capire meglio come e perché si sia verificato tutto questo. Intanto, è proprio vero che gli altri, dalle Australopitecine alla sequela dei vari *Homo*, da *habilis* a *neanderthalensis*, non avevano mai lasciato impronte cosí profonde sulla fauna quanto quelle dei primi *sapiens* cacciatori-raccoglitori? Non è solo la maggiore distanza di tempo a produrre l'impressione di un incolmabile distacco tra noi e loro nell'incisività dell'interferenza ecologica? Ci sono accumuli di resti animali documentabili fin dal Paleolitico Inferiore, ci sono estinzioni di alcune specie, ma mai un combinato come quello del Paleolitico Superiore. Eppure gli strumenti di caccia con cui i moderni si affacciarono in Europa o in Australia 50-40 000 anni fa non erano poi cosí micidialmente superiori ai buoni strumenti musteriani. Le ricostruzioni che Donald K. Grayson e Françoise Delpech hanno fatto dei resti di caccia nelle grotte dell'alta Dordogna abitate tra 65 000 e 12 000 anni fa dimostrano una sostanziale invarianza nella pressione venatoria sulle grandi faune locali tra Paleolitico Medio e Superiore. Non si percepisce da questo punto di vista alcuno stravolgimento tra gli strati musteriani dei *neanderthalensis* e quelli dei *sapiens*, se non un'intensificazione della caccia relativa alle renne che costituiscono le prede piú ricorrenti seguite da tutta una sfilza di altre specie, dalle capre ai rinoceronti. Sicuramente anche *Homo erectus* e *Homo rhodesiensis*, che si erano sparpagliati in mezzo mondo, si erano sostenuti pesantemente con la caccia per centinaia di migliaia di anni. E lo avevano fatto anche quando il clima andava incontro a oscillazioni analoghe o addirittura piú ampie di quelle della fine del Pleistocene. Il nostro esordio non ricalcava forse i loro stili di vita? Non del tutto.

Quando si dice cacciatore-raccoglitore si dice qualcosa di molto generico. Ci sono moltissimi modi di cacciare, moltissimi modi di raccogliere e infinite varianti dell'economia complessiva di caccia-raccolta. Anche se ci limitiamo a studiare le poche e sparse comunità di cacciatori-raccoglitori sopravvissute alle trasformazioni del Neolitico, abbiamo sotto gli occhi una sbalorditiva varietà di economie di sussistenza. L'etnografia degli ultimi due secoli ha descritto e catalogato decine e centinaia di questi modelli antropologici riempiendo di reperti interi musei: luoghi, volti, nomi di popoli, manufatti, lingue. Un terribile senso di perdita irrecuperabile di una diversità antropologica ed etnologica travolta dalla globalizzazione genetica e culturale. Quanto queste ombre possono aiutarci a far luce sul perché e sul quando *Homo sapiens* è diventato cosí plastico sotto il profilo ecologico? Gli scettici ritengono che la maggior parte di queste realtà siano troppo contaminate dalla prossimità con il mondo dominante post-neolitico e post-industriale. Si contano anche molti casi in cui la caccia-raccolta è stata adottata successivamente, da popolazioni una volta pienamente integrate nel giro dell'agricoltura, dell'allevamento o addirittura della produzione industriale. Piú costruttivamente, altri pensano che dallo studio di queste popolazioni si possano trarre almeno una serie di spunti per indagare piú a fondo negli archivi della paleontologia e dell'archeologia, alla ricerca delle origini del rapporto tra uomo moderno ed ecosistemi, specialmente se dalla catalogazione si passa all'interpretazione, dalla pura narrazione al confronto tra modelli e fatti.

Che la storia evolutiva dell'uomo sia un capitolo della storia naturale della predazione non ci sono dubbi. Gli Ominini sono in realtà gli onnivori piú originali, eclettici e trasformisti che l'evoluzione abbia prodotto. Con il termine Ominini gli antropologi indicano la «tribú» – in senso tassonomico – dell'uomo, cioè quel raggruppamento sistematico che comprende l'uomo moderno e tutte le specie ora estinte che hanno con l'uomo moderno una relazione filogenetica piú stretta di quanto non l'abbiano con altre specie viventi. Il loro profilo ha assunto progressivamente le caratteristiche di *outlier* – una anomalia – rispetto a ogni rigido schema trofico, dei virtuosi dell'improvvisazione ecologica. Solo che la disinvoltura nel modo di suonare quella tastiera, cioè di sfruttare le differenti categorie di risorse e di modulare le scelte di dettaglio entro ciascuna di esse, è cambiato – eccome – nel corso degli eventi, come ha messo bene in luce, tra gli altri, l'antropologa Mary Stiner. La storia è cominciata con un inserimento strisciante nel club dei carnivori, quando gli Ominini hanno imparato ad accedere con tecniche innovative a parti delle prede che altri predatori trascuravano o utilizzavano sfruttando una potente dentizione. Tanti indizi puntano sul fatto che almeno dalle Australopitecine in poi la storia sia stata quella di un gruppo di onnivori i quali progressivamente si concentrano su qualche forma di predazione, inizialmente in modo marginale e forse non del tutto dissimile da quanto accade nei Primati non umani attuali, poi sempre piú sistematicamente, ma sempre in un'ottica onnivora. I primi ciottoli scheggiati da *Homo habilis* non gli servivano per uccidere a sassate le prede o per tagliarne a mo' di coltelli da cucina le parti molli, ma molto piú probabilmente a fratturare le ossa di prede già uccise da altri per ricavarne il grasso midollo, una tecnica che verosimilmente ha riciclato dopo averla inventata per spaccare grandi semi. *Homo erectus* ha fatto un gran passo avanti, riuscendo a espandersi negli ecostemi dell'Eurasia oltre 1,5 milioni di anni fa all'interno di raggruppamenti di predatori di cui facevano parte carnivori molto efficienti, come la iena (*Pachycrocuta brevirostris*) e la tigre (*Megantereon whitei*), perché aveva imparato ad alzare sempre piú la posta da un'attività di furto o di recupero di parti di prede non utilizzate a quella di vero e proprio cacciatore, che abbatte le prede e ne utilizza tutte le parti; ma non si è mai tagliato alle spalle i ponti dell'onnivoria. Meglio di altri onnivori-carnivori, come orsi e cinghiali, poteva egregiamente spostare le proprie preferenze tra differenti tipi di risorse quando la disponibilità di quelle di piú alto rango veniva a diminuire.

La Optimal Foraging Theory è una delle teorie nate in quella zona di intersezione tra ecologia, etologia e biologia evoluzionistica che prende il nome di ecologia comportamentale. La OFT affronta in termini bioeconomici il tema della scelta delle categorie di risorse, fissando il concetto che in generale il consumatore utilizza una risorsa in modo tale da massimizzare una «valuta» che sempre è riferita alla *fitness*, cioè alla capacità dell'individuo di diffondere o favorire la diffusione di geni uguali ai propri, mediante il successo riproduttivo in generale o sue componenti immediate, come la capacità di trovare un partner, le probabilità di sopravvivenza della prole propria o di individui geneticamente simili a lui. Ma nel caso piú generale di varie alternative tra diversi tipi di risorse offerte dall'ambiente, su cosa si basa la scelta dei predatori per la massimizzazione di questa *currency*? I modelli del foraggiamento ottimale prendono in considerazione varie caratteristiche della risorsa, in relazione alla fisiologia del predatore, come il valore energetico globale della preda, il contenuto di grassi o di proteine, la quantità di determinati micronutrienti. Però cacciare e consumare una preda presenta ovviamente anche dei costi e quindi quello che conta non è tanto il guadagno lordo prodotto dalla sua utilizzazione, quanto la differenza tra questo e il costo necessario ad acquisirla. Inoltre la ricerca e la manipolazione di una preda richiedono del tempo e questo non è uguale per tutti i tipi di preda: alcune sono piú frequenti nell'habitat altre meno, alcune richiedono tempi di lavorazione post-cattura o di digestione elevati e altre meno. E il tempo è oro, perché il consumatore non ne ha di illimitato. Allora, spesso, la scelta da parte del predatore di fronte a una serie di alternative si spiega in termini di valutazione complessiva di questi differenti termini di ordine energetico, nutrizionale e temporale. Non importa possedere capacità cognitive stravolgenti: una sterminata serie di esperimenti e di osservazioni in natura dimostra che anche molti invertebrati riescono egregiamente a orientare le proprie scelte alimentari in relazione alla *profitability* – convenienza relativa – delle risorse.

La gerarchia di convenienza tra differenti risorse disponibili non è assoluta, altrimenti si sarebbe affermato un solo modello di predazione. La ragione dell'enorme varietà di strategie di predazione e, in generale, di utilizzazione delle risorse che si rileva tra specie diverse va ricercata da una parte nei vincoli morfo-funzionali delle differenti specie, risultato della loro storia evolutiva, e dall'altro nelle dimensioni dello spazio ecologico in cui la singola popolazione è collocata. In genere le strategie di foraggiamento sono molto plastiche, anche in animali cognitivamente semplici, proprio per consentire una adattabilità alle differenti condizioni ambientali. Dato che nella *profitability* entrano i guadagni ma anche i costi, schemi comportamentali diversi e una differente capacità di ampliare e adattare il repertorio comportamentale attraverso varie forme di apprendimento, consentendo di variare le tecniche di ricerca delle prede o la loro manipolazione, possono produrre gerarchie di preferenza molto differenti tra diversi tipi di risorse. Insomma, non solo tra specie diverse ma anche entro la stessa specie in luoghi diversi o in tempi diversi della vicenda ontogenetica di un singolo organismo la *profitability* relativa tra differenti tipi di prede può variare molto e quella che adesso e qui è una preda di serie a, può diventare domani o là una risorsa di serie b, e viceversa. Perché questa digressione sulle basi della teoria del foraggiamento? Perché è inquadrando in questo schema concettuale i fatti relativi all'uomo che se ne spiegano analogie, omologie e differenze rispetto ad altri predatori e si comprende anche l'enorme peso che hanno avuto i feedback positivi tra biologia, capacità cognitive, cultura e demografia nel modificare progressivamente il suo modo di recitare nello scenario delle catene trofiche. L'acquisizione di tecniche di caccia e raccolta diverse – ma anche di manipolazione, conservazione e trattamento dei cibi – ha prodotto variazioni drammatiche nella *profitability* relativa delle risorse e quindi nelle strategie di caccia-raccolta che si sono affermate in tempi diversi e in luoghi diversi della evoluzione e diffusione dell'uomo. E il differente modo di interpretare il ruolo di cacciatore-onnivoro ha inevitabilmente modificato anche la profondità della sua impronta.

Già nel Paleolitico Medio in Eurasia, e nella Media Età della Pietra in Africa, diciamo mezzo milone di anni fa, ci sono indizi evidenti di grande abilità e selettività nella caccia ai grandi mammiferi ungulati, di strategie di gruppo, di forme complesse di caccia, come lo spingere le prede in strettoie per concentrarle e poterle colpire meglio o per ucciderle facendole cadere da dirupi. Ma è intorno a 250 000 anni fa che comparve quella che è una caratteristica distintiva della predazione umana sui grandi ungulati: la caccia selettiva degli adulti che hanno appena raggiunto l'età riproduttiva. Gli altri grandi predatori, in genere, non presentano questo tratto comportamentale, sia quando rivolgono la loro scelta a caso, come fanno molti predatori d'agguato, sia quando si concentrano semmai sulle fasce giovanili o sugli individui al termine della vita riproduttiva, piú facili da cacciare. La preferenza per i «debuttanti della riproduzione» era ovviamente legata alla loro migliore qualità in termini energetici e soprattutto di grassi ma richiedeva specifiche forme di pianificazione delle battute e piú efficaci strumenti di caccia, per diventare possibile e conveniente. La cosa che interessa dal punto di vista dell'*overkill* è che questa strategia comporta un forte impatto sul piano della demografia della preda, perché viene colpito il cuore riproduttivo della popolazione, quando invece la predazione sui giovani e sugli anziani, che hanno una valenza riproduttiva minore, è maggiormente compatibile con lo sfruttamento «sostenibile» della popolazione di prede. Questa caccia *prime-age-focused*, che si accentua nel corso del Paleolitico Superiore, marca una differenza sostanziale tra gli uomini e le altre specie di grandi carnivori che si muovevano negli ecosistemi della parte finale del Pleistocene.

Ma c'è un altro elemento che distingue non solo l'uomo dagli altri predatori ma anche il sospetto serial killer dai diversamente *sapiens*. I primi segni archeologici della capacità di costruire reti, trappole e tagliole viene dall'archeologia del Paleolitico Superiore: impronte di cordicelle e strutture annodate fanno la loro comparsa in varie parti dell'Eurasia intorno a 25-30 millenni fa e da questo momento è un crescendo di indizi sulla capacità di produrre strumenti molto versatili per la caccia della fauna minore. La microfauna è stata presente nella dieta dell'uomo da sempre, almeno per un 5-10 per cento dell'intero menú, e vari siti musteriani europei, specialmente quelli meridionali del tardo Paleolitico Medio, restituiscono un repertorio archeozoologico molto ampio che comprende piccoli mammiferi, rettili e molluschi oltre alle immancabili renne e agli altri grandi ungulati. A prima vista sembra quindi che le differenze tra *Homo sapiens* e gli altri inquilini umani degli ecosistemi eurasiatici non sia poi cosí grande. Ma, come abbiamo visto nel III capitolo, affinando l'analisi balza agli occhi qualcosa di interessante. Negli strati delle grotte in Italia e nel Levante si osserva una variazione nella composizione di questi complementi gastronomici tra il Paleolitico Medio e quello Superiore. All'inizio le prede minori erano costituite da specie sessili o lente e a basso tasso di riproduzione, come mitili, gasteropodi marini e tartarughe terrestri. Piú tardi comparvero invece prede veloci e riproduttivamente piú vivaci, come pernici e lepri e anche le risorse vegetali furono sempre piú ricercate. Questa tendenza si è rafforzata dopo l'ultimo massimo glaciale ed è culminata nel Mesolitico europeo che precedette l'arrivo dell'ondata neolitica. È esattamente per descrivere questa tendenza alla diversificazione trofica, che l'archeologo Kent V. Flannery ha coniato il termine *broad spectrum revolution* – la rivoluzione della diversificazione alimentare – che piú in generale si è manifestata fin dall'inizio del Paleolitico Superiore.

Questi dati hanno implicazioni enormi per la nostra ricostruzione dei fatti. Primo: la capacità di raccogliere prede veloci è consentita solo a condizione che queste salgano nella gerarchia di *profitability*, o che quelle lente scendano. Si sono verificate entrambe le cose: le prede veloci, costosissime da raccogliere con mezzi banali, diventano interessanti se si dispone di trappole, tagliole o reti tipo quelle che molti cacciatori-raccoglitori africani attuali utilizzano per cacciare piccole antilopi, lepri e casuarine. Le prede lente scendono la scala di interesse perché diventano piú rare in seguito a un prelievo insistito. La loro utilizzazione ha portato a fenomeni di estinzione locale e ha lasciato il segno nei resti di alimenti: lo studio morfometrico delle ossa di tartaruga e dei gusci di patelle dimostrano una progressiva riduzione di taglia nei successivi strati, segno di un affanno demografico nelle popolazioni sfruttate. Si tratta infatti di popolazioni a bassa resilienza, che non riescono cioè a compensare con la riproduzione un prelievo intenso. Quando le hai finite, o trovi le renne o digiuni. Le popolazioni di animali mobili e veloci come pernici e lepri sono invece molto piú spostate verso la r-selezione, cioè hanno maggiori capacità di assorbire il colpo della predazione. Questo vuol dire che chi riesce a cacciarle si assicura una fonte di alimentazione meno soggetta a esaurirsi e quindi la loro utilizzazione può entrare stabilmente a far parte di un'economia di caccia-raccolta piú garantita che gli permette di essere piú competitivo rispetto a chi non ci riesce. Abbiamo utilizzato questo ragionamento per spiegare la scomparsa dalla scena di *Homo neanderthalensis* sotto la pressione competitiva di *Homo sapiens*. Il secondo aspetto è che chi riesce comunque a praticare forme di prelievo sostenibile a base di faune minori si svincola dal condizionamento demografico imposto dalla disponibilità delle prede «di serie a», renne e affini; questa considerazione va dritta al cuore della domanda: perché noi sí e gli altri no nella vicenda dell'*overkill*?

Secondo la tesi della difesa il fatto che l'uomo moderno della transizione Pleistocene-Olocene non fosse un cacciatore di grandi faune piú smodato rispetto a *Homo erectus*, *Homo heidelbergensis* o *Homo neanderthalensis*, lo scagionerebbe da una responsabilità diretta nella questione delle estinzioni della megafauna. Ma il ragionamento con cui l'accusa smonta questa tesi è sottile e sicuro e gli viene suggerito proprio dallo studio dei sistemi preda-predatore. Per capire la questione partiamo dalla lettura dei registri di caccia della Hudson's Bay Company, un'impresa dedita al commercio delle pelli fondata addirittura nel XVII secolo e rimasta attiva nei territori dell'America settentrionale per vari secoli. I registri su cui venivano riportate le transazioni commerciali tra i cacciatori e la Compagnia erano molto accurati e costituiscono un eccezionale archivio demografico. Elaborando le informazioni con sistemi statistici appropriati e introducendo le debite correzioni, che ripuliscano i dati dalle variazioni dovute all'introduzione di nuove tecniche di caccia o alle guerre di ogni tipo legate alla colonizzazione dell'area, si possono ricavare le variazioni demografiche che le specie da pelliccia piú comuni hanno subito nel corso del tempo, almeno per un paio di secoli. Puntiamo gli occhi su due specie legate da un tipico rapporto preda-predatore: *Lepus americanus* e *Lynx canadensis*, lepri e linci. La loro densità oscilla con una periodicità statistica di circa dieci anni e i cicli di oscillazione delle linci inseguono quelli delle lepri con un ritardo di uno o due anni. Questo fenomeno della co-oscillazione demografica di prede e predatori non è esclusivo di questa coppia di amici, ma si ripete in una grande varietà di casi naturali e può essere osservata in laboratorio negli organismi piú diversi, dai parameci ai coleotteri, dai crostacei agli acari, in presenza dei loro predatori. Piú in generale, il fenomeno si riproduce ogni volta che un predatore e la sua preda preferita – se non addirittura esclusiva – vengono a trovarsi confinati in un sistema ambientale comune. Due esperti che abbiamo già chiamato in causa per capire meglio la competizione tra *sapiens* e *neanderthalensis*, Alfred Lotka e Vito Volterra sono riusciti a spiegare questi fenomeni mediante un semplice modello matematico, appunto il modello Lotka-Volterra preda-predatore o LVPP. Nonostante la sua estrema parsimonia, il modello LVPP riproduce le oscillazioni delle due popolazioni e dimostra che in isolamento il sistema è instabile, non solo perché la minima perturbazione lo fa saltare ma anche perché, dato che il predatore ha comunque bisogno di una quantità minima di prede per poter sopravvivere, è piú facile che sia lui a estinguersi che non la sua preda. Anche il terzo esperto, Georgii Frantsevich Gause, conferma con i suoi esperimenti di laboratorio che se si mettono popolazioni di predatore e preda in un ambiente isolato è il predatore a scomparire per primo, dopodiché la preda, libera da vincoli, fa quello che deve fare.

I modelli e gli esperimenti della demoecologia sui rapporti predatore-preda sono interessanti perché ci dicono che la disponibilità della preda regola automaticamente la densità di un predatore che non abbia alternative rispetto a essa, o che comunque si polarizzi molto su di essa rispetto alle possibili alternative che gli offre l'ambiente. C'è una densità limite al disotto della quale la quantità di preda presente nell'habitat non è piú sufficiente a mantenere una popolazione minima del predatore; se questo non riesce a trovare prede alternative deve emigrare o si estingue. Nelle catene trofiche questo meccanismo assicura quella che gli ecologi chiamano regolazione dal basso: la densità delle specie di ciascun livello regola quella delle popolazioni del livello trofico superiore. Questo è il meccanismo fondamentale di regolazione naturale dei rapporti tra prede e predatori, che vengono resi ancora piú stabili da tutta una serie di fattori ecologici e comportamentali, come la complessità strutturale dell'habitat, la presenza di vie di scampo e rifugi per le prede, le modalità di cattura e utilizzazione delle prede da parte del predatore che comportano un limite superiore alla frequenza con cui il predatore attinge a quella categoria di prede. Se invece un predatore può utilizzare tipi di risorse alternative rispetto alla preda piú ambita, la sua densità non è piú condizionata in maniera automatica da questa. Il fatto che un predatore insistente ma plastico se la cavi bene anche quando la sua preda preferita – mettiamo, i grandi ungulati o altre megafaune – diventa scarsa, può essere letale per questa, perché il suo sfruttamento può essere spinto fino all'eliminazione totale senza che la popolazione del predatore ne risenta.

Il ragionamento è forte e lascia la difesa in grande imbarazzo. C'è un corollario a questo ragionamento: non solo si spiega cosí perché i «diversamente *sapiens*» non hanno prodotto devastazioni cosí pesanti della biodiversità, ma si capisce anche perché non hanno mai raggiunto non diciamo l'attuale densità umana ma neppure quella che *Homo sapiens* raggiunse alla fine del Paleolitico, quando era ancora un cacciatore-raccoglitore: la loro densità era molto regolata dalle loro prede ottimali. Quando la densità dei grandi ungulati aumentava anche la densità umana in una certa area aumentava, ma quando le prede scemavano anche la densità degli uomini diminuiva, finché non si ristabiliva l'equilibrio. Il largo spettro di risorse e la grande disinvoltura del cacciatore *sapiens* fece saltare quel tipo di regolazione. E non senza altre spiacevoli conseguenze per il pianeta.

Capitolo quinto
Impronte collaterali

Raoni Metuktire, capo della gente Kayapo del Mato Grosso e del Parà, si batte con determinazione contro lo scempio della deforestazione dell'Amazzonia. Nonostante la strenua difesa di Raoni e di tanti altri personaggi, movimenti e organizzazioni internazionali, la piú grande foresta del mondo se ne sta andando a un ritmo vertiginoso: dei 4,1 milioni di ettari del 1970 ne sono stati distrutti oltre 745 000, quasi il 20 per cento, 10-30 000 ettari ogni anno. Al ritmo attuale, in una ventina d'anni il 40 per cento della foresta amazzonica non esisterà piú. Lo scempio è praticamente iniziato nel 1972, con l'apertura dell'autostrada Transamazzonica. Da allora e per una serie di incontenibili interessi economici, la piú grande foresta del mondo è stata presa d'assalto dalle piú grandi multinazionali che producono materia prima per mangimi e biocarburanti e commerciano il legname. Questa violenza si aggiunge alla cronica distruzione legata alla realizzazione di aree per l'agricoltura di sussistenza, la pastorizia e l'allevamento zootecnico, realizzata spesso con l'antica tecnica del taglia-e-brucia.

La foresta amazzonica è il caso piú noto al grande pubblico, ma tutte le foreste tropicali del pianeta sono oggetto di simili scempi. I rapporti della FAO ci sbattono in faccia numeri da capogiro: 750-800 milioni di ettari, pari a circa la metà degli 1,6 milioni iniziali delle foreste tropicali, sono stati abbattuti o bruciati. Nella sola decade tra il 1980 e il 1990 è stato spazzato via il 53 per cento delle foreste della Jamaica, il 33 di quelle del Bangladesh, il 30 di quelle della Thailandia e del Costa Rica, tanto per fare alcuni esempi. Dai 5 ai 12 milioni di ettari se ne sono andati per ciascuna nazione tra Messico, Myanmar, Tanzania, Bolivia, Sudan, Indonesia e Zaire. In Brasile, appunto, quasi 38 milioni di ettari in quei soli dieci anni. Se il processo di distruzione proseguirà come adesso, nel 2030 sarà ancora in piedi soltanto il 10 per cento delle foreste tropicali. Quali conseguenze sta avendo tutto questo? Oltre alle ragioni etiche dell'ambientalismo, ci sono considerazioni funzionali che ci devono preoccupare? Il danno collaterale è immenso e le ragioni principali sono l'effetto sul clima e sulla biodiversità. La distruzione e la combustione delle foreste dà un contributo massiccio al riscaldamento globale provocato dall'altra grande fonte di CO_2 che è l'uso dei combustibili fossili. I quasi 4 miliardi di ettari di foreste mondiali, pari a circa il 30 per cento della superficie delle terre emerse, rappresentano un *sink* fondamentale per il carbonio: trattengono 283 gigatonnellate (Gt) di questo elemento, pari a circa il 50 per cento di quello contenuto nell'intera atmosfera, ma la quantità di gas intrappolato nella vegetazione è diminuita di 1,1 Gt ogni anno tra il 1990 e il 2005 proprio a seguito della distruzione delle foreste.

La seconda questione riguarda la riduzione del patrimonio planetario della biodiversità. La distruzione e la frammentazione degli habitat, di cui la deforestazione rappresenta uno degli aspetti piú devastanti, costituisce la prima delle grandi cause antropogeniche dell'estinzione delle specie naturali, accompagnata dal cambiamento climatico, dall'inquinamento e dalla diffusione di specie aliene e, naturalmente, dai danni demografici diretti e indiretti legati allo sfruttamento delle popolazioni naturali. Il World Wildlife Fund ha elaborato un indice planetario della biodiversità, il Living Planet Index, la cui variazione è il termometro della febbre planetaria. Il calcolo di LPI, ottenuto considerando un insieme di quasi ottomila popolazioni di vertebrati, mostra come dal 1970 si sia registrata una riduzione di circa il 30 per cento della biodiversità mondiale. Se ci si concentra invece sulle sole foreste tropicali, qui lo LPI è diminuito nello stesso periodo di circa il 70 per cento. La ragione è che la diversità di habitat espressa da questi ecosistemi è una vera cassaforte della biodiversità naturale e se vengono distrutte le foreste se ne vanno per sempre decine di migliaia di specie.

A parte la giustificata disperazione dei conservazionisti per la perdita di tante specie naturali, la deforestazione produce danni economici enormi dovuti alla perdita di funzionalità degli ecosistemi. L'alterazione della stabilità dei suoli, l'incremento dell'erosione, l'alterazione dei cicli dei nutrienti e la modificazione del ciclo dell'acqua sono gli aspetti piú eclatanti di questo danno planetario, che l'economia classica fa fatica a considerare ma che esiste eccome e che va a costituire un enorme debito che qualcuno prima o poi dovrà pagare. La distruzione e la frammentazione dei sistemi forestali sono un fenomeno recente nella storia dell'uomo? Nelle dimensioni quantitative e globali che ci mettono sotto gli occhi le statistiche della FAO, del WWF e di tante altre agenzie internazionali, ovviamente sí, ma certamente il fenomeno non è nato con la Rivoluzione industriale e neppure con la rivoluzione del Neolitico con l'Età del Bronzo, che pure ne rappresentano i momenti di massimo incremento – come vedremo in una prossima puntata di questo «processo all'uomo». L'alterazione delle comunità vegetazionali ha radici antropologiche molto antiche ed è praticamente iniziata con l'infanzia dell'imputato, come effetto collaterale delle sue pratiche di sussistenza basate sulla caccia, come ora cercheranno di dimostrare numerosi periti dell'accusa.

1. *Guastatori e ingegneri.*

Somalia, ottobre 1973. Due Land Rover con a bordo alcuni ranger del neonato Parco Naturale dell'Oltregiuba si fermano in una radura nella boscaglia vicino al Lac Badanà, al confine con il Kenya. Accompagnano un gruppo di ricercatori che studiano gli ecosistemi litorali in questo angolo di mondo ancora magicamente illeso, per poco. Hanno chiesto di fare un tour nell'interno per fotografare i grandi mammiferi – giraffe, kudu, gherenuk, elefanti – che sono rientrati dal Kenya nella Somalia meridionale quando si è allentata la pressione venatoria esercitata dai bracconieri. Sono le sei di mattina e l'alba dilaga sulla boscaglia accompagnata dal canto di milioni di uccelli. Ancora un'attesa di un paio di ore in assoluto silenzio sotto lo sguardo severo e attento dei ranger, fino a qualche mese fa bracconieri, ma ora reclutati nel nuovo corpo di sorveglianza dei parchi naturali. Poi qualcosa cambia; al posto dei canti che inondavano il paesaggio del Lac Badanà, completamente cessati ora che l'aria comincia a farsi calda, si avverte un rumore di sottofondo, inizialmente un debole crepitio lontano, poi sempre piú forte e vicino fino a diventare uno scroscio, come di una ruspa che avanza senza motore nella vegetazione. Schianti di rami di acacia che si rompono. Dalla boscaglia sbucano sette bellissimi esemplari di *Loxodonta africana*, un gruppo di grandi femmine e un piccolo impacciato e traballante. È un incontro ravvicinato indimenticabile. Lo spettacolo è quello di una vera squadra di guastatori.

Gli elefanti sono un esempio di quelli che gli ecologi chiamano «ingegneri dell'ecosistema», cioè di animali che, attraverso la modificazione della struttura fisica e vegetazionale dell'habitat, esercitano un controllo sulla biodiversità e sulla funzionalità dei sistemi ambientali. Molti altri grandi erbivori svolgono funzioni di ingegneria ambientale, ognuno con caratteristiche specifiche. I rinoceronti bianchi (*Ceratotherium simum*) contribuiscono a mantenere chiazze di erba a stelo corto nelle praterie africane favorendo la produttività primaria e il riciclo dei nutrienti. Il loro lavoro è anche fondamentale per contenere la frequenza e l'intensità degli incendi a livelli tali da garantire un giusto grado di disturbo che produce il massimo della biodiversità vegetale e animale nelle praterie sudafricane. Un analogo ruolo chiave per il mantenimento degli ecosistemi a prateria viene svolto anche dai bisonti nordamericani (*Bos bison*). Le decine di milioni di questi grandi mammiferi che fino a un paio di secoli fa pascolavano nelle Grandi Pianure esercitavano un forte controllo sulla struttura vegetazionale delle praterie, con effetti positivi sulla biodiversità, la produzione primaria e il regime degli incendi. La grande caccia degli europei tra il 1830 e il 1860, che ne ha determinato la riduzione a poche migliaia di capi, ha prodotto quindi ripercussioni macroscopiche su questi sistemi ambientali. Questi delicati feedback positivi tra megaerbivori, comunità vegetazionale e fuoco, che incidono profondamente sulla struttura e sulla funzionalità degli ecosistemi, sono al centro delle tesi che vedono nelle modificazioni faunistiche prodotte dai cacciatori del Paleolitico le cause della prima interferenza umana sull'assetto vegetazionale del pianeta.

Il lavoro di ingegneria ambientale dei grandi erbivori è fondamentale anche per mantenere l'assetto di uno degli ecosistemi ai quali è legata l'origine dell'uomo, quell'affascinante mosaico di prateria, arbusti e acacie, o palme, descritto da tanti nostalgici esploratori e viaggiatori e fotografato da milioni di turisti: la savana africana. In tutta l'Africa sub-sahariana la variazione spaziale e temporale del rapporto tra alberi e praterie e quindi la formazione della savana, è dovuta all'interazione di pochi fattori fondamentali: il clima ovviamente, con le precipitazioni e le escursioni termiche, la natura dei suoli piú o meno drenati e quindi in grado di trattenere un minore o maggiore quantitativo di acqua. Su tempi lunghi gioca anche un altro fattore, la concentrazione di CO_2 atmosferica, perché le erbe hanno una fotosintesi C4, piú svincolata dalla concentrazione di anidride carbonica, mente gli alberi ce l'hanno C3 e quindi sono piú sofferenti quando la CO_2 diminuisce, come nei periodi glaciali, ma si trovano bene durante gli interglaciali. Tutto questo viene amplificato dalla competizione diretta tra erbe, arbusti e alberi. Sí, anche le piante competono e lo fanno anche violentemente, per il controllo dello spazio disponibile dove estendere le radici, i rami e le foglie; le prime per captare acqua e nutrienti, i secondi la luce, tutto quanto serve ed è essenziale per un produttore primario.

Ci sono soggetti esterni che mettono bocca in questo gioco e determinano vincitori e vinti nella sorda lotta che si svolge sopra e sottoterra: il fuoco e gli erbivori. Il primo spazza veloce le praterie senza intaccare le radici delle erbe, anzi ne stimola la ricrescita e la germinazione dei semi, ma può ridurre in cenere un'acacia vecchia di molti anni. Gli erbivori delle savane fanno un lavoro piú complesso del fuoco, agendo direttamente e indirettamente sulla demografia delle erbe e degli alberi. La vita di un albero è una storia complessa, fatta di tanti eventi: la produzione dei semi, la loro diffusione e la germinazione solo se non vengono mangiati dai granivori e se capitano nel posto giusto; l'accrescimento della plantula, che richiede nutrienti e luce a sufficienza e non deve essere soffocata dall'erba né brucata dagli erbivori; fino all'albero adulto, che produce frutti e semi per diffondere i propri geni, ma che continua a fare i conti con i brucatori che insistono a strappargli rami e foglie e con i soliti nutrienti e luce. Gli erbivori entrano un po' dappertutto in questa storia e tra loro e le piante c'è un antico rapporto di co-evoluzione. Gli erbivori non sono tutti uguali, per dimensioni, comportamento e ruolo ecologico. Nella savana ce ne sono di piccoli che pesano pochi grammi e di grandissimi con masse corporee di tonnellate. Ci sono i pascolatori che si nutrono di erbe e di piccole piante, come i topolini e i rinoceronti. I grandi mammiferi brucatori come gli elefanti e le giraffe sono invece in grado di uccidere un albero insistendo nello spogliarlo di rami e foglie, favorendo cosí lo sviluppo delle praterie aperte. Se questi vengono a mancare, la savana tende a riempirsi di arbusti e alberi.

Le piante si difendono dagli erbivori in molti modi; con la rigenerazione di rami e foglie compensano la perdita di parti rimosse, oppure cercano di scoraggiare i brucatori sviluppando sostanze di sapore sgradevole, spine e altre difese. Le acacie sottoposte all'azione dei brucatori, oltre a munirsi di una grande quantità di spine, investono anche in guardie del corpo, come le formiche del genere *Crematogaster*. Ce ne sono di varie specie sul mercato, meno aggressive e piú aggressive. Il costo è diverso, naturalmente: per convincere le formiche piú aggressive a installarsi su di sé la pianta deve produrre molto nettare in eccesso, mentre per quelle meno efficaci ne basta una minor quantità. Una questione di costi, dunque, e tutte le difese costano, perché distraggono energia e materiali per la crescita e la riproduzione. La pianta deve quindi fare bene i conti e scegliere la soluzione migliore tra costi e benefici in funzione della pressione dei brucatori. Alcune piante sviluppano un tipo di ramificazione che rende difficile strappare loro rametti e foglie. Questo accade in Nuova Zelanda, dove si sono evolute forme con rami a molla e foglie esterne piccole che mettevano in difficoltà i grandi uccelli erbivori come i moa che, non potendo tritare le foglie con il becco, lo usavano a mo' di pinza ritirando poi il collo per strappare le foglie dai rami. Anche oggi, che i moa sono stati eliminati dall'uomo, rimangono molte specie di piante munite di questo adattamento che, come tutti gli adattamenti, ha un prezzo e quindi, se il pericolo viene a cessare, rende la specie meno competitiva rispetto a chi non ce l'ha. In Australia molte specie di acacia sono ricoperte di spine fino a un'altezza ben oltre quella raggiungibile dagli erbivori attuali, ma compatibile con quella che potevano raggiungere i grandi marsupiali erbivori scomparsi alla fine del Pleistocene. Lo stesso accade per le piante del genere *Cyanea* delle Hawaii, che una volta venivano brucate dalle oche giganti ora scomparse. Questa paura dei fantasmi ci dice che tutte queste piante sono relitti di flore adattate ad altri scenari ecologici, veri anacronismi viventi, paradossalmente destinati a soccombere dopo la scomparsa dei loro nemici naturali.

Ma il rapporto tra piante e erbivori non è solo una guerra infinita, ci sono anche fenomeni di facilitazione e aiuto reciproco. Gli erbivori delle savane, con il loro calpestio, tendono ad allontanare i roditori, che sono i nemici principali dei semi, e quindi l'effetto indiretto è quello di favorire la crescita di arbusti e alberi. Attraverso la deposizione di feci e urine molti erbivori accelerano il riciclo dei nutrienti nel suolo delle savane. Se usano come gabinetto un luogo particolare ecco che possono determinare una grande concentrazione locale di nutrienti come il fosforo e l'azoto, regolando la competizione tra le erbe e gli alberi. Varie gazzelle, tra cui gli impala, assicurano cosí il mantenimento di praterie nelle zone aperte che frequentano per le loro parate nuziali o per vedere meglio i predatori. Un altro modo per aiutare le piante è quello di agevolarne la diffusione ingerendone frutti e semi per riemetterli con le feci a qualche distanza. Anzi, i semi di molte piante devono risiedere per qualche tempo nell'apparato digerente degli erbivori per poter essere in grado di germinare. I grandi erbivori africani si nutrono di grandi frutti di grandi piante che trasportano a grandi distanze. Anche da questo punto di vista troviamo tracce di una co-evoluzione, che si è trasformata in un ingombrante anacronismo dopo la scomparsa dei grandi erbivori. In America del Sud crescono piante che producono semi di forma e grandezza simili a quelli che oggi in Africa vengono dispersi dagli elefanti e da altri grandi erbivori. I semi di oltre un centinaio di specie attuali venivano una volta dispersi dai gonfoteri. Questi enormi proboscidei, simili agli elefanti e come questi veri ingegneri ambientali, erano molto diffusi nel Miocene e fino all'inizio del Pleistocene, soprattutto nell'America settentrionale e meridionale. Poi si ridussero, ma alcune specie sopravvissero egregiamente all'ultima glaciazione e anche al periodo post-glaciale, finché si estinsero tra 9 e 6 millenni fa. Alcuni resti di questi bestioni sono stati trovati associati agli strumenti dei cacciatori Clovis in America del Nord e nell'insediamento di Monte Verde in Cile, risalente a circa 14 000 anni fa. La scomparsa dei gonfoteri ha fatto venir meno un importante mezzo di diffusione per molte piante americane dai grandi frutti, tant'è vero che queste piante stanno scomparendo. È il caso del genere *Maclura*, di cui è rimasta solo una specie, l'arancia degli Osagi (*Maclura pomifera*), con una distribuzione naturale estremamente limitata e una forte riduzione della variabilità genetica. La scomparsa dei grandi mammiferi pleistocenici ha dunque determinato l'interruzione di un'ampia serie di partenariati funzionali tra vegetazione ed erbivori, che si erano stabiliti durante una lunga storia di co-evoluzione.

La squadra degli ingegneri non si limita a mammuth, elefanti, rinoceronti e giraffe e le savane non sono i soli ecosistemi a essere regolati dall'azione dei brucatori e dei pascolatori. L'azione regolatrice prodotta dagli erbivori è un fenomeno molto diffuso. Questo significa che l'ecatombe della megafauna alla transizione tra Pleistocene e Olocene, di cui l'uomo è stato come minimo coprotagonista, non può non aver avuto come effetto collaterale l'alterazione della struttura vegetazionale di grandi aree della Terra, la prima grande impronta ecologica nel verde del pianeta. L'accusa è pesante, ma ci sono prove?

In America del Nord la transizione tra Pleistocene e Olocene, come abbiamo visto nel IV capitolo, è stata segnata da una serie di sconvolgimenti, a partire dalla scomparsa di tutte le specie animali piú pesanti di 1000 kg e del 50 per cento di quelle i cui individui pesavano piú di una trentina di chilogrammi; inoltre le specie scampate all'ecatombe hanno subito variazioni notevoli nella loro distribuzione geografica. Lo studio dei sedimenti degli antichi laghi degli Stati Uniti centro-orientali non lascia dubbi: le spie della presenza della megafauna, le spore del fungo coprofilo *Sporormiella*, sono abbondanti negli strati del Pleistocene, ma si riducono bruscamente 14,8 millenni fa e dopo poco piú di mille anni sono ridotte al minimo, segno che la densità degli erbivori è crollata in quel breve intervallo di tempo. L'estinzione totale dei colossi ghiotti di foglie ed erba si è compiuta però fra 13 e 11,5 millenni fa. Un processo in due tempi dunque: rarefazione e scomparsa. Questi eventi sono stati accompagnati da grandi modificazioni della vegetazione. Negli strati corrispondenti al periodo 17-10 000 anni fa, i pollini fossili degli stessi laghi nordamericani mostrano la comparsa di comunità diverse dalle precedenti, ma anche dalle attuali, come se si fosse verificata una fase di transizione. Le foreste contenevano un misto di latifoglie tipiche degli attuali climi temperati, come frassini, carpini e olmi, insieme però a conifere come larici e abeti boreali del genere *Picea*. Per effetto sinergico del rapido riscaldamento del Bølling-Allerød e della riduzione dei grandi erbivori si è verificato un riarrangiamento della vegetazione che, a sua volta, ha prodotto un accumulo di biomassa combustibile che si è tradotta in un aumento della frequenza degli incendi. Su quel qualcosa che insieme alle variazioni climatiche ha dato l'avvio alla catena di eventi non sembrano esserci dubbi. Nelle aree dove sono state condotte queste dettagliate ricerche, come nel Wisconsin sudorientale, il declino della *Sporormiella*, sintomatico del collasso demografico dei grandi erbivori, è coevo con i resti delle macellerie lasciati dai cacciatori che si aggiravano da quelle parti tra 14,8 e 14,1 millenni fa. Sembra proprio che la caccia intensiva dei grandi erbivori abbia innescato una serie di eventi a cascata che, facilitati dal cambiamento climatico, ha portato allo sconvolgimento della struttura delle comunità di piante.

Ci sono seri indizi che anche in Eurasia la caccia di *Homo sapiens* e i relativi effetti sulla megafauna abbiano provocato una grande trasformazione delle comunità vegetazionali e quindi degli ecosistemi. Sergey Zimov, direttore della Stazione scientifica del Museo statale di Sakha-Jakuzia, ha avuto l'idea grandiosa di ricostituire l'ecosistema che alla fine del Pleistocene dominava il nord della Siberia. Il progetto non ha solo intenti locali di restauro ambientale e di valorizzazione turistica dell'area, ma si prefigge di mitigare un grande rischio ambientale che potrebbe contribuire non poco al riscaldamento globale del pianeta nell'immediato futuro. Circa 12 000 anni fa, all'inizio dell'Olocene, queste enormi regioni erano caratterizzate da un ecosistema che Zimov ha battezzato «la steppa del mammuth», un sistema di praterie con sparsa vegetazione arbustiva che ospitava una ricca comunità di erbivori, tra mammuth, rinoceronti lanosi, bisonti, cavalli, renne, buoi muschiati, alci e yak, oltre a una quantità di altre specie piú piccole. Al seguito di questa comitiva di erbivori si muovevano i predatori, dal leone delle caverne ai lupi. Oggi, «la steppa del mammuth» non esiste piú, sostituita da tundra e foreste che ospitano una comunità biotica completamente diversa. Il suolo nella tundra siberiana odierna è mantenuto saturo d'acqua dai muschi che ne impediscono la traspirazione e l'evaporazione, e con le basse temperature si forma un permafrost in cui viene immagazzinata una grande quantità di carbonio. Si stima che la quantità di carbonio imprigionato in questo *sink* sia di circa 500 Gt, cioè 2,5 volte quello contenuto in tutte le foreste pluviali del pianeta. Se il riscaldamento globale in atto farà scongelare il permafrost della tundra, questa enorme quantità di carbonio finirà per essere immessa in atmosfera sotto forma di CO_2 e di CH_4. Il conseguente aumento dell'effetto serra sarebbe devastante e innescherebbe un feedback inarrestabile. Per questo, tentare di ricostituire l'ecosistema a prateria che garantisce una notevole traspirazione e quindi un minor ristagno di acqua e accumulo di carbonio è un lavoro molto importante. Ma come riuscirci? Il nome steppa del mammuth non è casuale. Secondo Zimov e molti altri ricercatori la struttura dell'ecosistema delle praterie siberiane veniva attivamente mantenuta proprio grazie all'attività dei grandi erbivori pleistocenici. È stata la loro scomparsa per l'attività sinergica di uomo e clima a determinarne la trasformazione in tundra. L'idea è quindi quella di ricostituire una comunità di grandi erbivori per far tornare la steppa. Ovviamente non è possibile riportarvi mammuth e rinoceronti lanosi, scomparsi per sempre, ma si può tentare il restauro introducendo alcuni surrogati, come i cavalli e i bisonti dell'America del Nord. Un audace progetto di ricostituzione del grande «parco del Pleistocene» in una delle aree piú critiche della terra dal punto di vista del cambiamento climatico, che è al centro dell'attenzione della comunità scientifica internazionale.

La scomparsa della megafauna pleistocenica potrebbe aver prodotto grandi cambiamenti anche nella vegetazione delle aree temperate dell'Europa. Qui però si scontrano due opinioni diverse. Tradizionalmente si riteneva che prima dell'impatto antropico legato alla diffusione dell'agricoltura il panorama forestale delle pianure dell'Europa nordoccidentale olocenica fosse dominato da foreste primigenie chiuse, con vegetazione arborea alta e densa, composta da tigli, olmi e querce, con un sottobosco di frassini e da cespugli di nocciolo e altre specie. Secondo la teoria classica del botanico scozzese Alexander Watt, all'interno di questa struttura chiusa potevano aprirsi varchi temporanei per effetto di fattori di disturbo, come il vento che causa la caduta di vecchi alberi e gli incendi locali provocati da fulmini. La chiazza generata dal disturbo, però, viene presto ripopolata da alberi della foresta e si richiude rapidamente. La teoria del *phase-gap* prevede quindi che in una matrice sostanzialmente omogenea e chiusa si formino pochi e passeggeri varchi. Se cosí stanno le cose, la foresta olocenica europea pre-neolitica dovrebbe aver lasciato tracce palinologiche in cui dominano i pollini delle grandi piante arboree. E cosí effettivamente indicano gli strati sedimentari post-glaciali di molte località europee tra 9 e 6 millenni fa. Non solo, ma un esperimento naturale ha permesso ai paleobotanici di confrontare la situazione tra località dove erano presenti ancora grandi erbivori e dove invece, come in Irlanda, la macrofauna di erbivori e onnivori era molto scarsa. Ebbene, non sembrano esservi differenze palinologiche, a dimostrazione che le foreste erano effettivamente molto dense, indipendentemente dalla presenza di grandi erbivori. Un punto a favore della difesa. Tuttavia non tutti sono d'accordo. Il botanico olandese Frans Vera è paladino di una cordata di paleoecologi che ritengono invece che già prima dell'avvento del Neolitico l'uomo europeo sia stato indirettamente l'artefice di una rivoluzione del verde, nel senso che la formazione di foreste spesse e chiuse sarebbe stata determinata proprio dalla scomparsa dei grandi erbivori da lui cacciati. La prova cruciale sarebbe, secondo Vera, il fatto che i pollini di fasi climatiche simili al primo Olocene ma piú antiche, come quelle del penultimo interglaciale di circa 120 millenni fa – quando i grandi erbivori non erano ancora stati eliminati – dimostrano che almeno nelle pianure alluvionali europee si estendeva un mosaico foresta-pascolo. Lo rivelano non solo i rapporti tra pollini di alberi e cespugli ma anche la presenza di pollini tipici di piante associate a frequente disturbo vegetazionale e l'abbondanza di coleotteri che utilizzavano le feci dei grandi erbivori. D'altra parte, la capacità da parte degli erbivori di mantenere mosaici dinamici di foresta-arbusteto-prateria è provata da una quantità di casi attuali, che rivelano come la semplificazione dei consorzi di erbivori comporti la riduzione della varietà vegetazionale e della biodiversità di una zona.

Gli ecologi usano il termine di «successione vegetazionale ricorrente» per definire la variazione di una struttura forestale attraverso una serie di stadi che si ripetono ciclicamente. Se in una grande foresta questo fenomeno si verifica diffusamente ma in maniera asincrona in varie località, ecco che l'intero sistema prende l'aspetto di un mosaico vegetazionale dinamico. Attraverso l'azione diretta della defoliazione, del calpestio e dell'alterazione del ciclo dei nutrienti, gli erbivori favoriscono questa dinamica, alla quale concorre anche il fuoco, la cui frequenza e intensità varia peraltro in relazione all'accumulo di materiale combustibile, sulla cui quantità gioca l'erbivoria. Questi fatti sono in accordo con l'idea dell'ecologo sudafricano Norman Owen-Smith, secondo il quale ai megaerbivori deve essere riconosciuto lo status di «specie chiave». Il termine di *keystone species* è stato coniato da un altro celebre ecologo, Robert Paine, per designare quelle particolari specie, tipicamente predatori di vertice delle catene trofiche, che con la loro attività predatoria regolano i rapporti competitivi tra differenti specie della comunità che ne costituiscono la dieta. Dato che a sua volta questo effetto si propaga ad altre specie di altri livelli della catena trofica, con un meccanismo a cascata verso il basso, l'eliminazione o anche la sola rarefazione dei predatori di vertice può avere effetti devastanti sulla struttura dell'intera comunità. Secondo Owen-Smith un lavoro di regolazione analogamente importante e insostituibile lo esercitano proprio alcuni grandi erbivori e la grande estinzione che si è verificata tra Pleistocene e Olocene con la partecipazione dell'uomo costituirebbe appunto la prima grande impronta di *Homo sapiens* sui sistemi vegetazionali terrestri e quindi sulla funzionalità degli ecosistemi.

Viene spontanea un'obiezione: sí, ma l'uomo, dopo aver contribuito a eliminare i grandi erbivori, presto li ha sostituiti con altri, ma addomesticati: capre, pecore, bovini, bufali, cammelli e onnivori come i maiali. Questo dovrebbe aver ripristinato l'integrità degli ecosistemi, o no? Il fatto è che l'azione dei differenti erbivori non è sempre la stessa. Quando nelle savane africane i bovini domestici vanno a sostituire le specie native, semplificando di molto il consorzio degli erbivori, la struttura e il funzionamento della savana ne risulta drammaticamente modificato a favore degli arbusti. Abbiamo visto quanto complessi e delicati siano i rapporti di partenariato tra erbivori e vegetazione di un determinato ecosistema sviluppatisi grazie a una lunga co-evoluzione; difficilmente l'introduzione di specie domestiche – selezionate in una nicchia ecologica disegnata dall'uomo – può sostituire l'opera di ingegneria ambientale dei nativi, anzi è spesso la causa di altre e profonde alterazioni ambientali. L'introduzione di erbivori domestici fa quindi parte della serie di pesanti interventi dell'uomo sulle comunità vegetazionali e di conseguenza sulla dinamica della produzione primaria del pianeta iniziata con l'estinzione delle megafaune del tardo Quaternario.

C'è un altro aspetto da considerare quando si valutano gli effetti collaterali della scomparsa dei grandi erbivori sulle formazioni vegetazionali terrestri. Barnosky si era divertito a fare due conti su quanta della biomassa della megafauna estintasi tra Pleistocene e Olocene fosse stata catturata dall'uomo. Altri ricercatori, tra i quali Christopher Doughty e Christopher Field della Carnegie Institution di Stanford, si sono invece messi in testa di misurare le conseguenze della scomparsa dei grandi erbivori sulla funzionalità degli ecosistemi. La valuta standard da considerare per capire come funziona un ecosistema è la produzione primaria, cioè la quantità di energia – o di carbonio – che un ecosistema incorpora nell'unità di tempo attraverso la fotosintesi dei suoi produttori, piante in terra e fitoplancton negli oceani e nei laghi. In particolare, conviene considerare la produzione al netto di quella che viene utilizzata per la respirazione dalle stesse piante, per questo detta produzione primaria netta (PPN). L'intero pianeta ha una PPN di circa 105 Gt di carbonio all'anno, di cui poco piú della metà viene prodotta negli ecosistemi terrestri e il resto negli oceani. Tenuto conto del numero di specie di erbivori che si sono estinte, della loro densità e del consumo di materiale vegetale, si arriva a stimare che la loro scomparsa abbia liberato 1,2-1,6 gigatonnelate di carbonio. Dato che la produttività era differente nelle varie aree del pianeta e il numero di erbivori estinti pure, è facile capire come anche l'energia liberata fu molto diversa. Oltre la metà fu liberata tra America meridionale e settentrionale (rispettivamente il 35 e il 23 per cento), l'Eurasia contribuí per il 21 per cento, seguita dall'Africa con il 14 e infine dall'Australia con il 7.

Dove è andata a finire tutta questa energia «verde»? Qualcuno ne ha approfittato? Ebbene, oggi l'umanità si appropria di circa 15,6 Gt di carbonio all'anno (stima del 2000). In realtà solo il 53 per cento di questa energia è direttamente raccolta dall'uomo per soddisfare le proprie esigenze trofiche, energetiche e infrastrutturali, mentre il 40 per cento è PPN perduta, che viene cioè a mancare rispetto al potenziale planetario a causa delle modificazioni antropiche della superficie terrestre, come il degrado dei suoli, la deforestazione, la conversione di formazioni vegetazionali a agroecosistemi, con rendimento inferiore rispetto a molti sistemi naturali ma in forme piú gradite all'uomo. Inoltre, il 7 per cento della PPN viene consumata da «fuoco amico», cioè da combustione di biomassa favorita o innescata dall'uomo. Le 8,2 Gt di carbonio direttamente raccolte oggi annualmente dall'uomo costituiscono una cifra circa sei volte maggiore di quella che si è liberata con l'estinzione della megafauna. Questo valore in eccesso è stato raggiunto gradualmente, con il passaggio delle popolazioni umane da un'economia di caccia-raccolta (che utilizza tra lo 0,001 e lo 0,1 per cento della PPN prodotta da un'area sfruttata) al pastoralismo (8 per cento) e all'agricoltura (48 per cento). I ricercatori statunitensi hanno stimato che il sorpasso si sia verificato tra cinquecento e duecento anni fa, quando il consumo di PPN da parte dell'umanità ha superato il valore liberato dall'estinzione della megafauna.

Quale morale ha questa storia di travaso energetico e quale importanza ai fini processuali? La prima considerazione è immediata: prima della fine del Pleistocene questa energia serviva a sostenere un'ampia e variegata comunità di erbivori fatta di centinaia di specie, mentre oggi ne sostiene una sola, l'uomo. Anche per l'energia prodotta da praterie, savane e foreste si è verificata quindi una monopolizzazione senza precedenti nella storia della Terra. Il secondo aspetto riguarda il nostro destino. La produzione primaria costituisce la base per il normale funzionamento dei cicli biogeochimici e per il mantenimento di un alto livello di biodiversità. Sebbene la relazione tra PPN e biodiversità non sia lineare, è intuitivo che, in generale, piú energia è disponibile in un ecosistema, piú florida e complessa è la rete trofica che vi può risiedere. Non è chiaro quale sia il limite di rischio per la quantità di PPN di cui ci si può globalmente appropriare senza che il sistema entri definitivamente in crisi, ma secondo molti esperti gli attuali livelli di appropriazione, che tra energia estratta e sciupata si aggirano intorno al 24 per cento del totale terrestre e continuano a crescere, comportano una riduzione della funzionalità degli ecosistemi terrestri le cui conseguenze in termini di riduzione dei «servizi» non tarderanno a mettere in difficoltà l'intera umanità. In questa storia ricompare un personaggio che ha da sempre un rapporto ambiguo con l'uomo e l'uomo con lui: il fuoco. Prima che *Homo sapiens* si appropriasse di parti cospicue della PPN liberatasi con l'estinzione della megafauna pleistocenica, chi ne ha approfittato per primo è stato proprio lui, il grande erbivoro sempre affamato di biomassa combustibile.

2. *Fuoco piú fuoco meno.*

Non tutte le centinaia di satelliti artificiali che circondano la Terra stanno lí per scopi militari o di comunicazione. Ce ne sono anche di quelli che sorvegliano il pianeta per rilevarne l'umore e lo stato di salute: satelliti meteorologici, piattaforme con sensori che misurano le caratteristiche dell'atmosfera, della superficie terrestre, degli oceani. L'immensa quantità di informazioni che trasmettono a terra ha fatto fare un enorme passo avanti alla nostra possibilità di capire le dinamiche globali di questo pianeta straordinario. Solo mezzo secolo fa tutto questo era semplicemente impossibile e l'ecologia si è avvantaggiata enormemente di questi progressi tecnologici, compiendo l'ultimo passo verso la sua piena maturità. Tra questi occhi che guardano la Terra dall'alto ce ne sono anche di quelli che riescono a localizzare gli incendi, tutti gli incendi che si verificano in ogni angolo del mondo. Un gruppo internazionale di scienziati ha elaborato i dati per gli anni che segnano il passaggio dal XX al XXI secolo, rivelando che, nel solo 2000, sono andati in fumo oltre 3,5 milioni di chilometri quadrati tra foreste, boscaglie e praterie. In Australia sono bruciati oltre 520 000 chilometri quadrati di prateria e savana, mentre la Russia detiene il record per le foreste di conifere e quelle miste, con oltre 30 000 chilometri quadrati; il Congo è invece il capofila per quelle a latifoglie, di cui sono bruciati circa 13 000 ettari in un solo anno soltanto in quel paese. Quando gli incendi toccano direttamente aree popolate dall'uomo e fanno danni e vittime, o quando emettono enormi nuvole di fumo che si estendono per mesi su ampie regioni della Terra, mettendo in crisi trasporti e attività produttive oltre ad arrecare gravi disturbi alla salute umana – come accade regolarmente per gli incendi delle foreste nel Sud-est asiatico – allora la questione fa notizia e per alcuni giorni qualunque cittadino, anche di nazioni molto lontane da quelle investite dagli incendi, viene emotivamente attivato dai media. Si sciorinano le cifre e i costi in miliardi di dollari e la reputazione del fuoco subisce un duro colpo. Poi torna il silenzio, fino alla prossima catastrofe. La maggior parte di questi incendi è causata dall'uomo, volontariamente o meno. Se vi capita di viaggiare dall'Europa al Sudafrica tra febbraio e marzo con un volo di linea notturno e non state tutta la notte a dormire o a guardarvi il solito film offerto dalla compagnia aerea, ma di tanto in tanto date un'occhiata dal finestrino, quando l'aereo sorvola la fascia a sud del Sahara tra Nigeria, Camerun, Ciad meridionale, Sudan meridionale ed Etiopia, è molto probabile che vi capiti di vedere enormi incendi. Sono in gran parte provocati dall'uomo per evitare che la savana si riempia di cespugli e arbusti o per creare aree favorevoli alle coltivazioni dentro le foreste. Vittime, danni e paura, ma anche vantaggi economici; da sempre questa ambivalenza lega il fuoco all'umanità.

L'uomo può vantarsi di aver inventato molte cose, ma non il fuoco. Gli incendi dilagano sul pianeta almeno da 400 milioni di anni e sono stati molto frequenti tutte le volte che l'atmosfera si arricchiva di ossigeno e c'era abbastanza carburante da bruciare: durante il Carbonifero, tra 360 e 300 milioni di anni fa, e durante tutto il Mesozoico, fra 250 e 65 milioni di anni fa. Il fuoco ha un lungo intricato rapporto con la vita. Per vivere deve alimentarsi di biomassa vegetale, ma per farlo ha bisogno di ossigeno, che è un gas prodotto dalla vita: cianobatteri, alghe, piante. Occorre anche un fattore di ignizione e prima che l'uomo inventasse i fiammiferi c'erano solo i fulmini e le eruzioni vulcaniche. Ma il fuoco a sua volta modifica la vita, a tutti i livelli della complessità biologica, dagli organismi agli ecosistemi. È un grande consumatore ecosistemico, un erbivoro ingordo che a differenza degli erbivori animali non subisce la pressione dei predatori, ma come loro costituisce un potente fattore selettivo nei confronti delle specie vegetali. I botanici hanno descritto una quantità di adattamenti che permettono a varie specie di piante di resistere agli incendi: la forma slanciata delle plantule di *Acacia* nelle savane o l'imponente mole di *Pinus ponderosa*, le parti sotterranee degli arbusti della macchia mediterranea adatte a una rapida ricrescita dopo che il fuoco ha incenerito tronco e rami. Una strategia che si è ampiamente affermata è anche quella di ripristinare la popolazione subito dopo l'incendio, attraverso un incremento della germinazione dei semi. Addirittura ci sono piante i cui semi vengono rilasciati solo se l'involucro che li contiene è investito dalle fiamme e altre i cui semi germinano solo se vengono riscaldati dall'incendio o se vengono a contatto con sostanze volatili rilasciate dalla combustione. Si è cosí evoluta una complessa flora «pirofila», non solo capace di resistere agli incendi ma anzi dipendente da essi. Neppure l'uso del fuoco come arma è un'idea originale dell'uomo. Alcune piante hanno caratteristiche strutturali che favoriscono la diffusione delle fiamme; altre contengono sostanze altamente infiammabili che fanno sí che intorno alla pianta si crei una sorta di terra bruciata dove solo i propri semi possono ricrescere. Giocando sulla propria resistenza, le piante incendiarie fanno fuori le altre specie che non si sono adattate al fuoco e quindi riescono ad allargare la propria presenza sul territorio proprio sfruttando il fuoco.

Queste relazioni tra fuoco e piante hanno avuto una enorme importanza evolutiva per la vegetazione del pianeta e per lo sviluppo dei suoi ecosistemi. Ci sono argomenti convincenti, ad esempio, a favore dell'ipotesi che la diffusione delle Angiosperme nel corso del Cretaceo sia stata opera del fuoco. Le Angiosperme sono le piante i cui semi si originano all'interno di un involucro protettivo, a differenza delle Gimnosperme. Oggi le Angiosperme comprendono un'enorme varietà di specie che vanno dalle erbe ai grandi alberi con frutti, ma un centinaio di milioni di anni fa erano erbacce che si spargevano nel sottobosco delle grandi foreste di conifere. Come hanno potuto dilagare e prendere il sopravvento? Il loro successo è legato a un sodalizio che queste piante stabilirono con il fuoco. La migliore architettura del sistema idraulico, che fa circolare l'acqua nelle loro foglie, ha fatto aumentare l'efficienza della loro fotosintesi, rendendole molto piú rapide nella crescita e nell'accumulo di biomassa e questo le ha rese demograficamente meno vulnerabili al fuoco rispetto alle Gimnosperme. Incendi piú frequenti, favoriti dall'accumulo di biomassa combustibile, hanno quindi prodotto la diffusione delle Angiosperme che a loro volta hanno favorito la frequenza degli incendi. Qualcosa di analogo è avvenuto con l'evoluzione della fotosintesi di tipo C4. Le piante erbacee con questo tipo di fotosintesi comparvero circa 30 milioni di anni fa, ma iniziarono a dominare gli ecosistemi terrestri solo 21 milioni di anni dopo, alla fine del Miocene. La loro affermazione è legata alla loro capacità di funzionare meglio delle piante C3 a basse concentrazioni di CO_2, ma anche perché piú capaci di recuperare i danni inferti dagli incendi, tanto da potersi permettere una elevata infiammabilità: un feedback piante-fuoco decisivo per l'evoluzione della vegetazione terrestre.

A questo gioco tra fuoco e piante partecipano anche gli erbivori che, strutturando le comunità di piante attraverso la regolazione del rapporto praterie-foreste, determinano variazioni nel regime degli incendi. In generale, tra il fuoco e gli animali erbivori si stabilisce un rapporto di competizione, in quanto il primo sottrae nutrimento agli erbivori mentre questi sottraggono materiale combustibile al fuoco. La distribuzione dei grandi biomi terrestri, dai deserti alla tundra, dalle praterie alle savane e alle foreste, è fondamentalmente determinata da pochi principali fattori climatici, come la temperatura e le precipitazioni oltre che dall'altitudine, ma la loro distribuzione fine dipende fortemente anche dal fuoco. Una grande serie di osservazioni in natura e di studi sperimentali prova senza ombra di dubbio che soprattutto le praterie, le savane, la macchia mediterranea e le foreste a latifoglie devono la loro distribuzione planetaria e continentale e le loro proprietà funzionali all'intensità, alla frequenza e al tipo degli incendi. Messe tutte insieme, queste formazioni vegetazionali coprono circa il 40 per cento della superficie della Terra. Una serie di recenti modelli vegetazionali suggerisce che senza il controllo determinato dagli incendi le foreste chiuse si espanderebbero di molto, passando dal 27 al 56 per cento della superficie vegetata della Terra, soprattutto a spese delle piante C4.

Il regime degli incendi dipende sia spazialmente che temporalmente dal clima. La quantità di materiale combustibile è infatti legata alla produttività della comunità vegetazionale, che a sua volta dipende dalle precipitazioni e dalla temperatura, mentre la combustibilità del materiale varia molto in relazione al suo contenuto in acqua. Anche la frequenza dei fulmini – uno dei principali fattori di ignizione – dipende dal clima e dalle stagioni. È noto, ad esempio, che esiste una relazione tra la frequenza degli incendi nelle foreste pluviali tropicali e le variazioni climatiche legate al fenomeno di El Niño. Ma anche con il clima il fuoco stabilisce un rapporto non propriamente passivo. La frequenza degli incendi può generare variazioni climatiche rapide o a lungo termine, su scala regionale o globale, che a loro volta producono una intensificazione della frequenza degli incendi. Su tempi lunghi, un feedback positivo tra fuoco e clima è dato dal fatto che gli incendi rilasciano grandi quantità di CO_2 attraverso la combustione del materiale vegetale e questo determina un incremento della concentrazione di questo gas, che a sua volta fa aumentare la fotosintesi globale, cioè la produzione di vegetazione sul pianeta e quindi di materiale combustibile. Si calcola che attualmente gli incendi di qualsiasi natura rilascino nell'atmosfera circa 4 miliardi di tonnellate di CO_2

ogni anno, pari alla metà del quantitativo legato alla combustione di petrolio, metano e carbone. Inoltre, le variazioni di colore della superficie terrestre, quando a causa degli incendi le foreste sono sostituite da terra nuda e poi quando questa terra è coperta da un manto nevoso, generano variazioni dell'albedo che pure incidono sul bilancio termico della Terra. Tutti questi fattori legati agli incendi producono variazioni di segno diverso, ma l'effetto serra complessivo legato agli incendi è positivo e sappiamo che da sempre, anche in epoche pre-antropiche, la frequenza di incendi aumenta quando il clima si riscalda. Inoltre, le nubi di cenere che si formano nella troposfera a seguito dei grandi incendi salgono fino alla tropopausa diffondendo su grandi aree e producono una intensificazione dei fulmini aria-suolo e quindi della frequenza degli incendi. Al triangolo fuoco-vegetazione-erbivori si aggiunge quindi anche l'interazione con il fattore clima. Con la «domesticazione», peraltro sempre imperfetta, del fuoco, con la eliminazione dei grandi erbivori tra Pleistocene e Olocene e poi con le variazioni climatiche legate alle sue attività, l'uomo si è quindi inserito di prepotenza in questa dinamica, iniziando a far sentire tutto il proprio peso nella modificazione degli ecosistemi del pianeta.

Anche se non l'ha inventato, l'uomo può farsi vanto di essere l'unico animale ad aver preso una certa confidenza con il fuoco e ad aver imparato presto a trarne vantaggi. Il rapporto tra uomo e fuoco è antichissimo: se è vero che le savane africane hanno costituito lo scenario in cui si sono svolti molti capitoli dell'evoluzione dell'uomo, allora in un certo senso siamo figli suoi, come metaforicamente riportano tante mitologie dell'origine, perché il fuoco ha avuto una parte importante nella diffusione delle savane e delle praterie aperte. Ai bambini che studiano per la prima volta la preistoria si racconta di come sia avvenuto il primo incontro, quando i nostri progenitori, forse le piccole Australopitecine di Laetoli, hanno intuito che quel terrificante fenomeno presentava anche aspetti positivi. Una carogna arrostita dal fuoco innescato da un fulmine o da una pioggia di lapilli è meglio di una carogna cruda andata un po' a male. Brandire un ramo incendiato può aiutare a far fuggire un gattone che non ha esattamente voglia di leccarvi la faccia e di mettersi a fare le fusa. Tutte ipotesi però, fino ai primi segni certi di utilizzazione volontaria e di domesticazione del fuoco, cioè fino a che non si può dimostrare una capacità di mantenerlo e di controllarne la diffusione e, infine, la capacità di produrlo a piacimento e di tenerlo confinato in uno spazio ristretto quanto un forno, una caldaia o la camera di scoppio di un motore a combustione interna. Una lunga storia e un lunghissimo rapporto, senza il quale l'uomo non sarebbe diventato quello che è diventato e non avrebbe mai raggiunto i livelli di trasgressività ecologica che lo fanno unico.

Per attizzare il fuoco della discussione in un convegno di archeologi non c'è miglior sistema che lasciar cadere la domanda: ma quando è iniziata la domesticazione del fuoco? Alcuni tenui indizi di materiali bruciati provengono dalla valle dell'Olduvai in Tanzania, da Koobi Fora e dal lago di Baringo in Kenya, tutti siti frequentati da *Homo ergaster/erectus* 1,8-1,2 milioni di anni fa, ma si tratta di materiali la cui combustione ha cause molto incerte. Il piú antico ritrovamento di fuoco che sembrerebbe essere antropogenico è avvenuto nella località di Gesher Benot Ya'aqov nel nord di Israele e, secondo il gruppo della Hebrew University che ha analizzato ossa di animali, resti vegetali e utensili con tracce di fuoco, questi reperti risalirebbero a circa 700 millenni fa. La lavorazione acheuleana dei manufatti e la data mettono in relazione la scoperta con una delle fasi di diffusione dell'antenato dell'uomo di Heidelberg dall'Africa attraverso il Levante. È una scoperta importante, che dimostra come già nel Paleolitico Medio i nostri antenati fossero in grado di gestire con una certa sicurezza questo fondamentale catalizzatore dei loro rapporti con il mondo e con gli altri uomini. Gli indizi di luoghi circoscritti di combustione si fanno relativamente piú frequenti quando ci si addentra nel Paleolitico Medio e Superiore, soprattutto in Europa. A Terra Amata, vicino a Nizza, sono state scoperte le tracce di quelli che potrebbero essere una serie di focolari dove *Homo heidelbergensis* o i proto-Neandertal avrebbero cucinato i loro cibi. In Estremo Oriente invece, tracce di ossa animali bruciacchiate sono state trovate a Zhoukoudian, vicino a Beijing, nelle grotte abitate da *Homo erectus*.

Bisogna accorciare i tempi di qualche centinaio di migliaia di anni però per trovare i segni di fuochi della cui origine umana quasi nessun archeologo dubita. Lo scenario cambia completamente; siamo in Sudafrica, nelle grotte dove l'uomo anatomicamente moderno aveva adottato stili di vita decisamente piú avanzati dei suoi predecessori, con tanto di microlame e simbolismo: le culture di Howiesons Poort di 65-60 000 anni fa e di Still Bay nella sua fase piú antica, di quasi 165 000 anni fa. I bifacciali lanceolati di Still Bay erano ricavati da silcrete, un minerale costituito da granuli di quarzo in una matrice di silice. Questo materiale esiste di diverse qualità, piú o meno obbedienti al colpo di percussore che le scheggia. Nei dintorni delle località dove sono state ritrovate le lame fatte con silcrete piú docile non c'è, però, alcuna traccia di possibili cave del materiale di qualità. Ma gli archeologi sudafricani hanno scoperto che riscaldando silcrete di bassa qualità si può ottenere comunque un materiale ben lavorabile e che questo era ciò che effettivamente accadeva. Lo prova il fatto che il colore delle lame lavorate è rossiccio, a causa della presenza dell'ematite, un minerale di ferro che si forma dalla goethite, che invece è gialla, quando viene riscaldata. Quindi abbiamo due importanti scoperte: l'uso deliberato e controllato del fuoco, sicuramente datato a oltre 160 millenni fa, e per uno scopo completamente diverso dalla cottura delle carni o dei vegetali. Da notare inoltre che gli artigiani di Still Bay facevano le prove generali per diventare lavoratori di metalli: bastava che per caso nel forno finisse un sasso un po' speciale e la strada della protometallurgia era aperta. Forni veri e propri, di forme sempre piú avanzate, accompagnano il dilagare di *Homo sapiens* nel mondo. Ne è pieno il Paleolitico Superiore dell'Eurasia, ne sono pieni i primi insediamenti in America. A quel punto la domesticazione del grande erbivoro era già a un punto molto avanzato.

Oltre a produrre il fuoco a piacimento e a utilizzarlo in ambienti confinati come strumento per la cottura dei cibi o per i loro esperimenti con i sassi, i cacciatori-raccoglitori del Paleolitico Superiore erano già in grado di modificare il regime degli incendi naturali favorendone o limitandone la diffusione, ma anche intervenendo piú direttamente, mediante la concentrazione di biomassa combustibile e l'ignizione artificiale, con il risultato di lasciare le prime impronte nel verde del pianeta anche molto prima di inventare la motosega. Le prove vengono da varie aree del mondo, ma è l'Australia che fornisce i dati piú citati e discussi. La flora australiana è ricchissima di specie endemiche di alberi, arbusti, erbe, felci e licheni. Solo di acacie se ne contano quasi novecento specie, il 75 per cento di tutte quelle presenti al mondo. Questa enorme varietà di specie si è sviluppata almeno dal Cretaceo e ha una discendenza diretta dalle flore del Gondwana, il supercontinente di cui l'Australia faceva parte insieme alle altre masse continentali dell'emisfero sud. Oggi le formazioni vegetazionali maggiori sono costituite da foreste piú o meno aperte, soprattutto nelle aree costiere dell'Australia orientale e della Tasmania, da alberi sparsi e arbusteti, e da boscaglie xerofile nelle aride parti centrali del continente, dove sono presenti anche ampie zone a prateria e deserti. La savana tropicale domina la parte settentrionale del continente. Questo complesso mosaico vegetazionale e paesaggistico non è esattamente quello che trovarono i primi coloni europei al loro arrivo circa 150 anni fa. Neppure quello però era «naturale», perché differiva molto da quello che a loro volta avevano trovato i primi uomini *sapiens* arrivati circa 50 000 anni prima. Per tutto quel tempo l'uomo aveva già messo pesantemente del suo, anche a forza di incendi.

La preistoria degli incendi può essere scritta con precisione sfruttando una grande quantità di indizi. Ci sono studiosi di tutto il mondo – spesso riuniti in gruppi internazionali, come il Global Paleofire Working Group – che si cimentano in questa ricostruzione sempre piú precisa, con l'obiettivo di determinare come i fattori climatici e le attività umane abbiano interagito nel determinare la dinamica degli incendi. Il proxy per eccellenza, lo sappiamo, è rappresentato dalle particelle di carbone o di fuliggine prodotte dalla combustione della biomassa vegetale che si ritrovano nei sedimenti dei laghi, delle torbiere e degli oceani. Altri indizi riguardano invece gli effetti ecologici degli incendi, come la comparsa di pollini di piante ruderali nelle serie palinologiche, che stanno a significare un'intensificazione degli eventi di disturbo; oppure lo studio delle tracce che gli incendi lasciano negli anelli di accrescimento degli alberi. In una di queste ricostruzioni, realizzata con i sedimenti estratti dal fondo dell'Oceano Pacifico a nord della Nuova Guinea, si leggono molto chiaramente le variazioni del regime di incendi nella vasta area del Sud-est asiatico insulare e dell'Oceania, dalla fine del Pleistocene a tutto l'Olocene. Il carbone vegetale e il carbonio pirogenico dei sedimenti si mantengono su valori molto bassi per circa 350 millenni, con oscillazioni legate all'alternanza di fasi climatiche calde e fredde, umide e aride, dovute alle variazioni del regime monsonico; ma all'improvviso, tra 53 000 e 43 000 anni fa, si assiste a un brusco aumento di queste spie della combustione. Non può essere un caso che queste date coincidano con l'invasione del Sahul da parte degli uomini anatomicamente moderni.

Aumentiamo gli ingrandimenti della nostra lente e mettiamo a fuoco un punto preciso dell'Australia nordorientale: il bacino del paleolago di Lynch, dove è presente una serie di sedimenti di una novantina di metri che ci raccontano una storia durata quasi 130 millenni. Sfogliando una parte degli strati di Lynch si può montare un giallo ecologico che inizia intorno a 40 000 anni fa. Il film si apre con l'improvvisa scomparsa delle spore del fungo *Sporormiella*. Subito dopo, i residui di carbone nei sedimenti aumentano di tre-quattro volte rispetto alle decine e centinaia di anni precedenti. Passano pochi millenni e si apre un altro scenario: aumentano di molto i pollini di piante erbacee, come le Poacee. La scena finale è quella della comparsa di pollini delle piante sclerofille – quelle che anche oggi caratterizzano le formazioni vegetazionali di zone relativamente aride e interessate da incendi – a scapito degli alberi delle foreste tropicali che dominavano la zona di Lynch prima di questo sconvolgimento. C'è la mano dell'uomo in questa serie di eventi? Resti paleoantropologici o archeologici diretti nella zona di Lynch non sono stati trovati, ma in giro per l'Australia ce ne sono un bel po' e ci dicono che un nuovo personaggio è apparso nel continente tra 50 e 45 millenni fa. In alcune migliaia di anni il protagonista ha ridotto fortemente con la caccia la densità dei grandi erbivori; il conseguente accumulo di biomassa combustibile non piú consumata dagli erbivori ha fatto aumentare la frequenza degli incendi, che egli produceva anche direttamente; l'effetto sinergico della scomparsa degli erbivori e dell'aumento della frequenza degli incendi ha portato alla diffusione di erbe ruderali e poi di sclerofille, a scapito delle precedenti foreste pluviali.

La soluzione del giallo è quindi che una serie di effetti a cascata, innescati dall'uomo con il coinvolgimento del fuoco, finirono per produrre uno scenario ecologico molto diverso da quello di partenza. Nel backstage vediamo che gli stessi sedimenti ci parlano di altre trasformazioni della vegetazione, al termine del periodo interglaciale Eemiano, 120 000 anni fa, e all'inizio dello stadio freddo del MIS4, 75 000 anni fa; ma in quei casi non si registrarono variazioni apprezzabili di *Sporormiella*, quindi niente grandi variazioni degli erbivori e soprattutto niente da segnalare per quanto riguarda il regime degli incendi: sarà mica perché in Australia, nell'Eemiano, non era ancora arrivato l'uomo? Ma, per continuare con il thriller, se è facile capire il perché dell'*overkill* della macrofauna, quale sarebbe stato il movente dell'attività incendiaria dei primi *sapiens* australiani?

I Martu sono uno popolo di Aborigeni che vive nel Deserto occidentale australiano. Sono molto orgogliosi del loro rapporto con l'habitat da cui traggono la maggior parte delle risorse e nei cui confronti hanno un'autentica venerazione. Il paesaggio della terra dei Martu è costituito da dune sabbiose, piccole colline rocciose, acacie sparse e soprattutto distese di spinifex, un'erba perenne che forma cespugli a cupola che essi utilizzano in molti modi diversi: come cibo, medicamento e collante, ma anche per costruire trappole e nasse per pescare. Gli incendi del mangul, la prateria matura di spinifex, servono a creare spazi aperti dove attrarre e cacciare gli uccelli predatori o i gonna, i grandi lucertoloni di cui i Martu sono ghiotti. Ma, piú in generale, l'uso appropriato degli incendi ha come risultato quello di mantenere alta la biodiversità e la produttività dell'habitat. L'incendio del mangul ha anche significati sociali e rituali che vanno oltre l'immediato utile venatorio ed è un modo per obbedire alla legge del Yulupirti, trasmessa fin dai giorni delle origini. C'è anche una valenza comunicativa, perché il fumo che si leva dall'incendio dello spinifex e il mosaico che si sviluppa a seguito degli incendi è un segno della presenza attiva del gruppo sul territorio e della sua consistenza.

Si deve molto al rapporto tra l'uomo e il fuoco se l'Australia che trovarono i primi Europei non era quella che aveva creato Dio ma quella che si erano costruiti gli Aborigeni nel corso di cinquantamila anni di frequentazione, come ebbe a dire l'antropologa australiana Sylvia Hallam. C'è la convinzione che quello che fanno oggi i Martu con il fuoco sia molto simile a quello che facevano gli Aborigeni dell'Australia prima del contatto con gli Europei e che addirittura questo rapporto con gli ecosistemi, mediato dal fuoco, sia un retaggio delle pratiche con cui i cacciatori-raccoglitori si crearono un habitat a misura delle loro esigenze economiche e sociali fin dal momento della colonizzazione iniziale del continente da parte di *Homo sapiens*. L'esploratore e naturalista prussiano Ludwig Leichhardt, scomparso misteriosamente nel sud del Queensland alla metà del XIX secolo dopo aver esplorato ampie zone dell'Australia orientale, scriveva che gli Aborigeni incendiavano regolarmente la boscaglia e le praterie per attrarre le prede in aree particolari. Sulla base di una grande quantità di osservazioni e testimonianze, l'antropologo Richard Gould ha potuto concludere un lavoro sulla etnografia dei popoli aborigeni dell'Australia occidentale sostenendo che l'abile uso del fuoco consente loro di ottenere una serie di risultati come: abbattere alberi, ripulire campi, rinnovare vegetazione senescente, creare zone aperte e produttive dove si concentra la selvaggina, oltre naturalmente arrostire il cibo o affumicarlo, stanare animali e scacciare ospiti indesiderati dalle loro dimore. Si ricava quindi l'idea che il fuoco, non solo confinato in luoghi circoscritti ma anche utilizzato nell'ambiente esterno tramite l'innesco e il controllo degli incendi, sia stato uno strumento fondamentale che ha regolato i rapporti tra gli Aborigeni e l'ambiente, tramandato di generazione in generazione con alterne vicissitudini dall'inizio della prima colonizzazione dell'Australia. Quando gli Europei arrivarono in Tasmania vi trovarono un'antica popolazione aborigena che disponeva di un armamentario tecnologico veramente molto scarso e aveva persino dimenticato con quali strumenti si genera il fuoco, ma ciò non impediva a quella gente di gestire con perizia gli incendi per creare nella foresta tropicale zone aperte dove cacciare.

La memoria torna a un personaggio incontrato nel Borneo malese seguendo la diffusione di *Homo sapiens* nel Sud-est asiatico insulare, proprio verso l'Australia e la Nuova Guinea: Deep Skull, l'inquilino della caverna di Niah a Sarawak. Anche questa storia comincia circa 40 000 anni fa, quando i primi uomini di sembianze moderne iniziarono la loro abitazione della grotta. I pollini degli strati sul fondo dell'antica dimora ci dicono che all'inizio il paesaggio era quello di una foresta aperta, oppure di una savana, ma nel giro di poche migliaia di anni, grazie a un clima piú caldo e umido, si trasformò in una foresta tropicale densa, dominata da alberi di *Podocarpus*, con un corredo di conifere e piante di sottobosco. Tuttavia, proprio nel bel mezzo di queste fasi forestali, poco dopo i primi segni evidenti di presenza umana, si registrò un improvviso aumento dei pollini di erbe e in particolare della *Justicia*, una pianta che ancora oggi esiste ed è tipica delle comunità vegetazionali che si stabiliscono in un'area di foresta umida subito dopo che questa è stata investita da un incendio. Tra i resti archeologici della grotta di Niah vi sono tracce evidenti di fuochi e nei sedimenti interni ed esterni alla grotta vi sono segni chiari di improvvisi incrementi delle particelle di carbone d'origine vegetale. Tutto lascia pensare quindi che Deep Skull e i suoi compagni, arrivati nella zona durante un periodo dominato dalla savana, abbiano usato il fuoco per mantenere aree aperte quando la foresta avanzava, con lo scopo di attrarre prede e favorire la crescita di piante utili alle loro esigenze alimentari e sanitarie.

Questa ricostruzione degli eventi di Niah è coerente con i molti indizi che anche in Nuova Guinea gli uomini moderni arrivati dall'Africa avessero l'abitudine di appiccare il fuoco alle foreste. *Homo sapiens*, subito dopo l'ingresso in quest'isola, si spinse anche nelle regioni interne fino ad altitudini oltre i 2000 m, dove si estendevano grandi foreste. Nella valle dell'Ivane, nel sud-est dell'isola, sono state trovate tracce di queste attività risalenti allo stesso periodo di Deep Skull: strumenti in pietra che erano probabilmente provvisti di manico e potevano essere adatti per abbattere alberi. Anche in questo caso si registra l'immancabile firma del carbone nei sedimenti corrispondenti a queste prime attività umane e nei siti di residenza si sono ritrovati resti carbonizzati di noci di *Pandanus*, ricche di olii e grassi vegetali. Si pensa quindi che questi primi cacciatori-raccoglitori di stampo moderno, aprendo varchi nella foresta con asce e fuoco, favorissero la crescita delle piante che potevano fornir loro i complementi trofici a una dieta carnivora.

Del resto, questo copione deve essersi ripetuto moltissime altre volte durante la colonizzazione iniziale di nuove terre da parte di *Homo sapiens*. Forti indizi in tal senso si ricavano anche dall'allineamento delle serie palinologiche, di *Sporormiella* e di carbone, nei sedimenti dei laghi dell'America del Nord corrispondenti all'arrivo dei colonizzatori del nuovo mondo. Anche qui l'arrivo dell'uomo, forse in collaborazione con il clima, ha portato al collasso e poi all'estinzione delle megafaune e all'intensificazione degli incendi.

Anche negli ultimi residui di pianeta che non avevano conosciuto la presenza umana, come il Madagascar e la Nuova Zelanda, le cose sono andate in modo analogo, solo che in questi casi gli eventi si sono svolti in pieno Olocene, quando ormai i cambiamenti climatici della fine dell'ultimo periodo glaciale non possono essere invocati come causa delle variazioni vegetazionali. Nell'arido sud-ovest del Madagascar pre-umano il mosaico di foresta, savana con palme e arbusteti dove scorrazzavano i grandi lemuri erbivori, andava raramente incontro a incendi, ma subito dopo arrivati i primi colonizzatori i grandi erbivori collassarono e circa duecento anni dopo si verificò un brusco aumento degli incendi, seguito dalla trasformazione dell'originario mosaico vegetazionale in un ecosistema molto piú monotono di praterie erbose e di vegetazione pirofila. Anche la vegetazione della Nuova Zelanda subí un profondo cambiamento con l'arrivo dell'uomo nel XIII secolo. Le serie palinologiche dei laghi dell'Isola del Sud, come il Diamond Lake, mostrano una veloce transizione da un ecosistema forestale caratterizzato da *Podocarpus* e *Notofagus*, a uno molto piú aperto, dominato da specie erbacee e arbustive. La maggior parte delle piante che componevano la flora pre-umana della Nuova Zelanda non disponeva di alcuno degli adattamenti antincendio presenti nella vegetazione di altre parti del pianeta e questo le rese particolarmente vulnerabili ai fuochi seguiti all'arrivo dei Maori, che produssero una vistosa semplificazione vegetazionale.

3. *Costruttore in erba.*

Con queste prime impronte, dirette e indirette, sulla fauna e sulla vegetazione del pianeta, l'uomo del Pleistocene Superiore, anche con la complicità del fuoco, si è inserito di fatto nel club dei grandi controllori degli ecosistemi. Gli effetti a cascata provocati dalla caccia ai grandi erbivori e dalla modificazione del regime degli incendi hanno innescato meccanismi di feedback passibili di produrre le prime vere impronte sulla struttura delle comunità biotiche e su alcune componenti geomorfologiche e del paesaggio. Ma l'interferenza con questi fattori non può non aver prodotto anche i primi segni, inizialmente molto limitati e contingenti, di modificazione del clima. All'origine di questa scalata al potere ecologico vi sono elementi funzionali e comportamentali non esclusivi di *Homo sapiens*, ma fino ad allora mai cosí fortemente espressi da una sola specie. A questo lo ha portato il processo di ampliamento della nicchia trofica che Flannery ha descritto per il tardo Paleolitico. È indubbio però che questo processo ha subito una importante accelerazione proprio tra Paleolitico Medio e Superiore, in connessione con la comparsa e la diffusione di una nuova forma umana dotata di un apparato cognitivo molto avanzato, che gli permetteva operazioni di *problem solving* di maggiore complessità rispetto a quelle alla portata degli altri Ominini. Le conseguenze del processo di allargamento della nicchia trofica sono state di portata enorme sia sul piano antropologico che su quello ecologico. A esse infatti è legata la capacità dell'uomo *idaltu* di diffondere rapidamente su un orizzonte geografico sconosciuto alle altre specie di Ominini che prima di lui avevano varcato i confini dell'Africa sub-sahariana, e di sostituire o inghiottire demograficamente e geneticamente questi suoi parenti piú stretti che erano rimasti ancorati a specifiche aree geografiche e a stili di vita sostanzialmente immutati per centinaia di migliaia di anni.

La prima delle conseguenze ecologiche di grande portata è la rottura del patto demografico che lega un predatore alle sue prede esclusive o preferenziali, facendo sí che la sua densità e quella delle prede si mantenga all'interno di un definito ambito di oscillazione. Come abbiamo visto nel IV capitolo, l'infrazione di questa regola demoecologica è la premessa dei fenomeni di sovrasfruttamento di specifiche prede che solo un predatore di largo spettro può permettersi senza rischiare di essere travolto egli stesso dalla loro scomparsa. Da qui le grandi estinzioni che, con il concorso delle convulsioni climatiche del tardo Pleistocene, l'uomo ha prodotto sulle megafaune. Un'altra conseguenza sul piano ecologico deriva dal fatto che con questo nuovo profilo l'uomo ha modificato indirettamente e direttamente l'assetto delle strutture paesaggistiche e delle fondamenta energetiche degli ecosistemi, attraverso le modificazioni della loro componente produttiva, la vegetazione. Se anche i «diversamente *sapiens*» avevano progressivamente consolidato il loro status di superpredatori mantenendo un certo grado di onnivoria e quindi si erano già guadagnati un posto nel club delle specie chiave delle catene trofiche – soprattutto di savana – *Homo sapiens* raggiunse l'ulteriore grado di ingegnere ambientale, nel senso che la sua attività prese presto a modificare la struttura stessa dell'ecosistema e il suo modo di funzionare. Insomma, iniziò a modificare le regole del gioco ecologico, influenzando direttamente la demografia delle sue prede e indirettamente anche l'ecologia di specie che non rientravano nel suo spettro trofico.

Sappiamo che non è l'unica specie a far questo: il termine di ingegnere ecologico è applicabile anche a molti grandi erbivori, ma non solo. Un caso ovvio che si cita sempre è quello dei castori, che con la loro speciale mania di costruire dighe producono modificazioni del regime idrico, della vegetazione riparia e del ciclo dei nutrienti, con le quali devono fare i conti tante specie che non hanno alcun rapporto diretto di tipo preda-predatore o di competizione con i simpatici ingegneri. La categoria include anche tanti personaggi meno noti ma non per questo meno importanti, come tutti gli organismi che, attraverso il trasporto di materiali o la modificazione del suolo, di fatto impongono condizioni di lavoro particolari al resto della comunità. Ma se vogliamo allargare il concetto, subito dopo la sua comparsa sul pianeta, il *bios* ha rappresentato un fattore di primo piano tra quelli che determinano l'evoluzione della Terra e dei suoi comparti: il profilo chimico dell'atmosfera ha subito trasformazioni notevoli rispetto all'atmosfera prebiotica proprio grazie all'attività degli organismi fotosintetici e molti organismi hanno partecipato intensamente ai grandi processi geomorfologici. Basti pensare all'origine di formazioni come le Dolomiti, risultato di sollevamenti orogenetici di formazioni coralline e quindi biogeniche.

Molti di questi organismi-ingegneri, attraverso la loro attività fisiologica o comportamentale, determinano variazioni nell'assetto ambientale tali da modificare lo scenario selettivo che agisce su loro stessi e su molti altri organismi, su una scala spaziale che può essere estremamente localizzata – il castoro – o estesa fino a raggiungere dimensioni globali – i cianobatteri che pompano O_2 nell'atmosfera riducente prebiotica rendendola ossidante e determinando cosí anche la formazione del provvidenziale schermo di ozono stratosferico che blocca gran parte delle pericolose radiazioni ionizzanti. Come recita il titolo della pubblicazione con cui John F. Odling-Smee l'ha formalizzata (*Niche Construction. The Neglected Process in Evolution*), la «teoria della costruzione di nicchia» offre una cornice concettuale e metodologica per analizzare i feedback tra il genotipo di un organismo e l'ambiente in cui opera il suo fenotipo. Il nuovo concetto di *niche construction* vanta celebri antenati, in quanto è legato sia al termine strettamente ecologico di ingegnere ambientale che a quello di «fenotipo esteso», introdotto da Richard Dawkins per rappresentare l'idea che il genotipo di un organismo non si esprime soltanto nella costruzione del suo fenotipo «interno» (assetto strutturale, funzionale e comportamentale dell'organismo stesso) ma anche di un fenotipo esterno, dato appunto dalle modificazioni strutturali e materiali prodotte dall'organismo sull'ambiente esterno. Le dighe costruite dai castori sono appunto il loro fenotipo esteso. Ma l'origine di questo modo di ragionare, che lega ecologia ed evoluzione, si trova ben espresso nel pensiero di un altro grande genetista, Richard Lewontin, che in una serie di lavori seminali degli anni ottanta del XX secolo abbatté l'idea tradizionale di un rapporto unidirezionale ambiente-selezione-organismo – l'ambiente pone il problema e l'organismo, anzi la popolazione, deve trovare la soluzione – sostituendola con quella di un rapporto circolare, in cui l'ambiente e la popolazione sono legati da un feedback eco-evolutivo. Gli organismi sono il risultato di processi selettivi che si verificano in un panorama ambientale che viene a sua volta modificato dagli organismi, e cosí via generazione dopo generazione. Insomma, secondo Lewontin, l'organismo lascia una doppia eredità alle generazioni successive: quella genetica, consistente nel proprio DNA, e quella ecologica, data da uno scenario ambientale – la nicchia ecologica modificata – entro cui avverranno i successivi fenomeni selettivi. Queste idee rappresentano complessivamente il tentativo di saldare ecologia ed evoluzione in un'unica costruzione teorica e hanno un'importanza enorme per capire come si è andata costruendo l'attuale dimensione ecologica dell'uomo. Odling-Smee, che applica questi concetti all'antropologia, dice che l'uomo è lo *ultimate niche constructor* (costruttore ultimo di nicchie ecologiche), dove questo attributo può essere inteso nel duplice significato di «piú potente di tutti» o anche di «definitivo», in quanto le trasformazioni dello scenario ecologico da lui introdotte a partire dal tardo Paleolitico e poi esplose tra il Neolitico, la Rivoluzione industriale e i giorni nostri, hanno ristretto lo spazio operativo di altri ingegneri: adesso è lui che decide e impone agli altri le regole del gioco.

Queste idee sono importanti per seguire la rappresentazione che è andata in scena nel corso degli ultimi 10 000 anni e servono anche per tentare di immaginare quali potranno essere le puntate future della storia che stiamo osservando. Da quando l'uomo ha acquisito una forte capacità di modificare e costruire nicchie ecologiche originali, si è innescato un processo di amplificazione di tale capacità – risultante dalle retroazioni evoluzione-ecologia previste dalla *niche construction theory* – che ha allargato enormemente la sua impronta sul pianeta. Al binomio eco-evo si è aggiunta però, nel caso dell'uomo, anche una terza dimensione, quella culturale, che ha impresso una ulteriore accelerazione all'evoluzione dei rapporti tra uomo ed ecosistemi. Qualcuno ha introdotto la metafora della tripla elica per rappresentare questo nuovo motore autoorganizzativo dell'evoluzione umana. Non solo, ma con il Neolitico, che ha come corollario anche la nascita di forme di surplus produttivo, a questo triangolo si è aggiunta anche una dimensione economica: una popolazione, una società, l'intera umanità, lascia in eredità alle generazioni future anche un panorama socioeconomico con cui esse devono misurare le proprie capacità adattative e al cui interno agiscono nuovi fenomeni selettivi che ne modificano l'assetto genetico e culturale.

Capitolo sesto
L'impronta costruita

Un'affollata *plenary lecture* chiude l'ennesimo congresso internazionale sul cambiamento climatico e sulla riduzione della biodiversità. Un noto scienziato ha tracciato la sintesi dei lavori ai quali hanno partecipato centinaia di esperti. I dati della sua presentazione sullo stato di salute del pianeta sono apparsi impressionanti anche ai piú consumati ecologi. Adesso è il momento per una pausa turistica prima di imbarcarsi su un aereo di linea che riporterà ciascuno al proprio studio in ogni angolo del mondo, con nuove idee per nuove ricerche. Uno di questi scienziati passeggia al sole di ottobre lungo la Star Avenue di Kowloon e ha davanti agli occhi l'impressionante skyline di Hong Kong, densa di grattacieli di cemento, metallo e vetro. Quando, negli anni trenta del XIX secolo, durante la guerra dell'Oppio, il piccolo insediamento sulla costa del Mar della Cina meridionale a sentinella del delta del fiume delle Perle fu occupato dalle truppe britanniche, nessuno avrebbe potuto immaginare cosa sarebbe diventato dopo meno di due secoli il seducente Porto dei Profumi.

Sette milioni di abitanti stipati in poco piú di 1000 chilometri quadrati, con una densità di circa 6500 abitanti per chilometro quadrato. Oltre 1800 km di strade principali percorse da milioni di veicoli e treni che si muovono incessantemente lungo i 200 km della metropolitana, trasportando circa 2,5 milioni di persone ogni giorno. Attraverso lo Hong Kong International Airport, costruito audacemente su una grande piattaforma artificiale, transitano 50 milioni di passeggeri e 4 milioni di tonnellate di merci ogni anno. Data la poca terra ancora disponibile a Hong Kong, la produzione agricola è bassissima ma ognuno dei suoi sette milioni di abitanti, a casa propria o negli oltre seimila ristoranti, consuma in media 30 kg di carne bovina, 70 di carne suina e oltre 60 di pesce e frutti di mare ogni anno, che evidentemente accompagna con una buona quantità di riso se si considera che in un anno ne vengono importate oltre 320 000 tonnellate. Traffici di ogni genere fanno di Hong Kong uno dei piú grandi centri commerciali e finanziari del pianeta: quasi centomila imprese di import/export, commercio e finanza che, nonostante le tecnologie informatiche, consumano circa 600 000 tonnellate di carta all'anno.

Dunque dietro la silhouette affascinante di Hong Kong si nasconde – e non troppo – una macchina mostruosa, che ogni giorno divora ed emette una quantità impressionante di materiali e di energia. Qualche cifra ricorrendo alla metafora dell'impronta ecologica. Gli abitanti di Hong Kong calzano veramente largo: ognuno di loro lascia in media un'impronta di circa 4 ettari globali e questo vuol dire che, se tutti gli abitanti del mondo avessero uno stile di vita analogo, occorrerebbero 2,2 pianeti Terra per sostenere l'umanità. Il bello è che la disponibilità di terreno bioproduttivo di Hong Kong è di soli 0,04 ettari per persona. Ne consegue che questo piedone calpesta violentemente i giardini degli altri, come fanno in genere tutte le città e le società «sviluppate». E non è la situazione peggiore, visto che, tanto per rimanere tra le grandi tigri dell'Asia, Singapore ha una *ecological footprint* di 5,5 ettari di terreno bioproduttivo per persona. Se scomponiamo l'impronta di Hong Kong scopriamo che oltre la metà è dovuta all'emissione di gas serra: il 26 per cento di CO_2 è prodotta localmente per far muovere la macchina (quanti milioni di condizionatori servono per far vivere e lavorare sette milioni di abitanti autoaddomesticati in un clima subtropicale?, quanti milioni di litri di carburante servono per far muovere i milioni di autoveicoli e di imbarcazioni?), mentre il 74 per cento, pari a 58 milioni di tonnellate, viene emessa in ogni angolo del mondo per produrre i beni consumati o commercializzati a Hong Kong ogni anno. Queste poche cifre sono sufficienti a rivelarci che questo affascinante paesaggio che ci si apre davanti agli occhi oltre il canale di Victoria Harbour, attraversato incessantemente dai vecchi ansimanti ferries di epoca coloniale, non è altro che un paradossale ecosistema totalmente costruito dall'uomo, che ha sostituito le foreste e le praterie, le insenature e le rive frequentate oltre 35 000 anni fa dagli abitanti di Chek Lap Kok, una delle isolette che sono state ricoperte da milioni di tonnellate di terra, cemento e asfalto per costruire il grande aeroporto internazionale che lega questo ecomostro a tutto il resto del mondo.

Visto che abbiamo evocato un'epoca cosí remota, facciamo ora un viaggio virtuale, prima di intraprendere quello reale che ci riporterà a casa dopo le fatiche – si fa per dire – del convegno sul cambiamento climatico. Approfittando dell'inseparabile armamentario informatico, apriamo Google Earth e digitiamo «Hong Kong»; la palla del mondo gira docilmente e poi si ingrandisce simulando una vertiginosa discesa, finché non si disegna l'intricata geometria di questo angolo della Cina del sud e zoomando possiamo addirittura vedere la panchina su cui siamo seduti al sole. Bene, ora digitiamo un altro nome, Çatalhöyük. Salita rapida, il mappamondo ruota velocemente sotto di noi e dopo aver virtualmente sorvolato da est a ovest tutta l'Asia, di nuovo una discesa vertiginosa ci porta a 3000 piedi sopra una regione della Turchia centro-meridionale. Siamo sull'altopiano Anatolico a breve distanza dalla città di Konya. Senza rendercene conto, abbiamo fatto un viaggio non solo di 8000 chilometri, ma anche di oltre 8000 anni a ritroso nel tempo. Cos'ha di particolare questo luogo che ci possa aiutare a capire come è nato l'affascinante paradosso ecologico di Hong Kong? Là, tra le colline anatoliche, alla fine degli anni cinquanta del XX secolo, gli scavi dell'archeologo James Mellaart riportarono alla luce i resti di una cittadina abitata tra 9,4 e 8 millenni fa da un popolo di cacciatori-raccoglitori che aveva deciso di cessare le proprie peregrinazioni alla ricerca di grandi prede e aveva optato per una forma di vita sedentaria. Una comunità di 5-8000 persone, divise in nuclei familiari ciascuno dei quali proprietario di una casa rettangolare a due piani costruita con mattoni di fango e sterco, sagomati e seccati al sole. Una scala a pioli per salire al primo piano e alla sovrastante terrazza. Le case di questa Hong Kong pre-neolitica erano strettamente agglomerate a formare una sorta di grande alveare e costituivano un insieme compatto. Niente strade e piazze, nessuna costruzione adibita a spazio collettivo. Probabilmente la vita sociale si sviluppava attraverso il complesso sistema di tetti-terrazze dai quali si accedeva alle abitazioni. Neppure sepolture collettive, visto che i morti venivano sepolti sotto il pavimento del piano terreno o addirittura sotto il letto. Nessun luogo di culto comune, ma simboli allusivi al potere maschile – rappresentazioni falliche, raffigurazioni di tori e di leopardi – e alla fecondità femminile, rappresentata da statue di procaci signore dai grandi seni, presenti in ogni casa. Nessun segno particolare di disuguaglianza o stratificazione sociale, visto che le case erano piú o meno tutte delle stesse dimensioni e struttura. Gli archeologi sostengono che le case di Çatalhöyük erano tenute in grande ordine e pulizia e che gli unici luoghi collettivi erano le discariche, situate fuori dal villaggio. Sebbene fossero sostanzialmente cacciatori di cervi, gli abitanti di questa antica città anatolica si cibavano anche di animali che avrebbero di lí a poco mostrato i segni della domesticazione, come pecore e bovini, mentre grano e orzo, ancora con caratteristiche selvatiche, completavano la dieta insieme a ceci, mandorle e pistacchi. Vi venivano fabbricati utensili di ossidiana e altri venivano importati dalla Siria. Questi cacciatori-raccoglitori iniziavano anche a fabbricare vasi di ceramica, cotta nei forni domestici che servivano a cucinare i loro variegati cibi animali e vegetali.

Se si pensa alla sua antichità, Çatalhöyük è una città impressionante per la complessità architettonica e urbanistica, costruita da popolazioni che non avevano ancora maturato una economia realmente agricola. E tuttavia non è la città piú antica. Forse lo è Gerico, situata 260 m sotto il livello del mare nella depressione che corre da nord a sud parallela al Mediterraneo, nell'attuale valle del Giordano. La fondazione di Gerico precede quella di Çatalhöyük, essendo stata abitata fra 13,7 e 12,3 millenni fa dal popolo dei Natufiani, che si muovevano cacciando gazzelle nel Levante e che stagionalmente occupavano insediamenti semipermanenti di dimore a pianta ovale. Abbandonata dai Natufiani, che tornarono a essere mobili al momento dello Younger Dryas, quando il clima post-glaciale si fece di nuovo freddo e arido, fu nuovamente costruita e abitata da una grande comunità pre-neolitica costituita da oltre mille abitanti, alloggiati in un centinaio di abitazioni rettangolari di mattoni di terra e sterco e coperte da un tetto di frasche impastate con fango. Qui ci sono segni di spazi comuni: una torre di quasi 4 m di altezza, con una scala interna e una sorta di muro di cinta largo quasi 2 m alla base, costruito grazie allo sforzo collettivo di molti individui, per far fronte ai rischi di allagamento e forse per proteggere materiali di proprietà comune, ma al tempo stesso chiara manifestazione di una identità comunitaria. Sebbene neppure qui ci siano ancora i segni della presenza di specie animali o vegetali con i caratteri della domesticazione, la Gerico pre-neolitica era sostenuta da un'economia che, pur basata ancora sulla caccia agli animali selvatici, aveva già incorporato ampiamente lo sfruttamento sistematico dei cereali, dei legumi e la gestione attiva di popolazioni selvatiche di ovini e di bovini, che sarebbero state ben presto rese definitivamente domestiche. Questa antica città era dunque un piccolo ecosistema costruito dall'uomo, che ospitava anche una comunità di specie antropofile a lui legate da un intimo rapporto di commensalismo, come topi, cani e gatti.

Tra Gerico e Çatalhöyük da una parte e Hong Kong, Città del Messico o New York dall'altra, è teso un filo – brevissimo in confronto ai 2,5 milioni di anni di caccia-raccolta e di mobilità umana che hanno preceduto la transizione a un'economia agricola – durante il quale *Homo sapiens* ha prodotto tutto quanto di piú affascinante e orribile, utile e superfluo, creativo e distruttivo fosse nelle sue capacità. L'acquisizione di uno stile di vita sedentario, con la costruzione di villaggi abitati in permanenza, è uno dei piú precoci indizi che segnalano l'inizio di quell'inedito processo di trasformazione economico-sociale e ideologica che dette origine, intorno a 10 millenni orsono, a una nuova fase dell'evoluzione bioculturale dell'uomo e ne rese molto piú marcata l'impronta ecologica. Perché non rimanere cacciatori-raccoglitori, sparsi e mobili, effimeri e liberi? La prepotente manipolazione degli ecosistemi che si è manifestata in questo intervallo di tempo, di cui gigantesche città come Hong Kong sono una rappresentazione emblematica, è l'(in)evitabile corollario di una spaventosa crescita demografica e tecnologica dovuta a cause esterne o interne alla nostra dimensione biologico-culturale, o non piuttosto il vero motore della trasformazione che ha aperto e accompagnato questa nuova fase della storia dell'umanità?

1. *Prove di maturità.*

Il passaggio che il pubblico ministero si trova ad affrontare nella ricostruzione della vicenda personale dell'imputato uomo è particolarmente complesso e cruciale. Capire come e perché da una lunga infanzia di fruizione passiva dei prodotti naturali degli ecosistemi, di mobilità interrotta al massimo da un sedentarismo transitorio e occasionale, di sostanziale egualitarismo sociale, di vita spirituale relativamente semplice, di bassa interferenza ambientale, sia improvvisamente (improvvisamente?) emersa la capacità di controllare attivamente la produttività vegetale e animale e, insieme a questa, una struttura economico-sociale completamente (completamente?) nuova e un sistema ideologico totalmente (totalmente?) diverso, è una grande sfida. Saranno sufficienti i migliori esperti antropologi, paleontologi, climatologi, ecologi, genetisti per far luce su quello che si presenta come lo snodo principale di questo dibattimento che tenta di capire come, quando e perché l'uomo ha acquisito la sua pesante dimensione ecologica?

L'immagine della «rivoluzione» del Neolitico che tutti noi da bambini abbiamo ricevuto deriva in gran parte dalla divulgazione semplificata dei risultati di ricerche archeologiche e paleontologiche condotte nell'Asia occidentale e in Europa, e solo piú marginalmente in Asia orientale e nelle Americhe, tra il XVIII secolo e la prima metà del XX, quando ancora i metodi di datazione erano approssimativi, l'archeogenetica praticamente inesistente, la ricostruzione paleoclimatica e paleobotanica piuttosto naïf. Nonostante le molte limitazioni tecnologiche e metodologiche, lo studio dei resti umani e delle strutture residenziali, degli oggetti litici e ceramici e delle rappresentazioni simboliche, dei resti vegetali e animali associati alle comunità umane, aveva prodotto un quadro apparentemente coerente, secondo cui in alcune aree del Vicino Oriente, intorno a 8-9 millenni fa, alcune popolazioni avevano maturato uno stile di vita completamente nuovo, basato appunto sull'agricoltura e sul sedentarismo. Analoghe trasformazioni si erano verificate in tempi diversi anche in alcune regioni della Cina, della Nuova Guinea, dell'Africa occidentale sub-sahariana, dell'America settentrionale e di quella centrale. Da questi centri originari il nuovo stile di vita si era poi diffuso ad altre aree del pianeta, ad esempio dal Levante all'Europa, dalla Cina alla Corea e al Giappone, per movimento di popolazioni o di idee. Il quadro diacronico derivante dagli studi paleoantropologici e archeologici veniva poi integrato dall'etnologia delle popolazioni umane attuali non interessate dagli sviluppi dell'economia agricola e industriale, per tracciare una ripartizione dicotomica tra culture pre-neolitiche, basate sulla caccia-raccolta e quelle post-neolitiche, fondate sull'agricoltura, sulla pastorizia e sull'allevamento coatto del bestiame. L'archeologo australiano Gordon Childe, vicino a una corrente antropologica di ispirazione marxista, è stato uno dei principali sistematizzatori di questa grande mole di informazioni tradizionali, che hanno contribuito a consolidare l'immagine canonica di una forte discontinuità culturale, economica e sociale, che aveva marcato la fine improvvisa del Paleolitico e l'inizio del Neolitico, grosso modo in corrispondenza della definitiva chiusura dell'ultimo periodo glaciale e dell'avvento dell'Olocene.

Il Neolitico di Childe è rappresentato da un pacchetto di elementi sia di cultura materiale che di ordine economico, sociale e ideologico. Tra i primi – come si sottolinea nel termine identificativo – vi sono gli strumenti ottenuti con la molatura di pietre magmatiche, come graniti e basalti, per ricavare dispositivi da taglio e percussione, ma anche per macinare e triturare materiali vegetali e animali. Un classico elemento diagnostico del Neolitico è poi costituito dalla lavorazione di impasti di argilla e dalla loro essiccazione e cottura per ottenere contenitori, strumenti di lavoro, immagini simboliche e ornamenti. Tra gli strumenti litici, ceramici o ricavati dalla lavorazione dell'osso o delle corna, sono ritenuti di particolare importanza diagnostica quelli relativi alla realizzazione di abiti e calzature. La nuova e rivoluzionaria dimensione socioeconomica del Neolitico fu fortemente connotata dalla comparsa di insediamenti stabili di inedita complessità architettonico-urbanistica, sconosciuti nel Paleolitico, nei quali potevano essere riconosciuti i primi indizi di surplus produttivo, nella forma di depositi di materiali vegetali, e di disuguaglianza sociale, rivelati dalla variabilità della forma, strutturazione interna e collocazione delle dimore negli agglomerati residenziali. Quando poi gli insediamenti comprendevano strutture usate per funzioni pubbliche, come elementi difensivi, o luoghi di accumulo collettivo di materiali, si poteva cogliere la dimensione cooperativa della comunità neolitica.

Questo insieme integrato di elementi costituiva quello che, con un termine mutuato dalle teorie della macroevoluzione biologica, veniva identificato come il *bauplan* (schema strutturale) neolitico, il quale tuttavia si riteneva caratterizzato da un ulteriore elemento, che ne era considerato anzi il fattore chiave: la domesticazione di specie vegetali e animali integrate in un'economia basata sul controllo sistematico della produzione. E proprio alla comparsa di specie domestiche e al loro sfruttamento era in definitiva associata nell'ottica di Childe la drammatica discontinuità antropologica del Neolitico. Il confronto tra le culture neolitiche comparse nelle diverse aree geografiche rivelava elementi di diversità in merito alle singole componenti del sistema: le ceramiche del Levante erano diverse da quelle delle culture Xinglongwa e Zhaobaogou della Cina nordorientale; frumento, orzo e ceci coltivati e immagazzinati nell'alta valle dell'Eufrate erano diversi dal miglio e dalla soia utilizzati dagli abitanti dell'altopiano del Loess della Cina settentrionale e dal riso dei coltivatori del bacino dello Yangtze (il fiume Azzurro); le capre e le pecore addomesticate sui monti Zagros o sulla catena del Tauro non erano i maiali e le galline dei primi allevatori delle rive dello Huang He (il fiume Giallo) e del suo affluente il fiume Wei; i simboli cultuali del Neolitico anatolico erano diversi da quelli di Chifeng, nella Mongolia Interna. Tuttavia si trattava di varianti specifiche che non intaccavano l'idea di una sostanziale omogeneità dello schema generale.

Questa è sostanzialmente la ricostruzione semplificata della teoria della rivoluzione del Neolitico, emersa circa settant'anni fa, che inevitabilmente orientava anche la ricerca sulle sue cause. Quali fattori avevano reso necessaria questa «perfetta tempesta» antropologica dopo la lunga bonaccia del Paleolitico? La convinzione che la comparsa del *bauplan* neolitico in aree geografiche cosí distanti come l'Asia occidentale e orientale fosse stata quasi simultanea e, sebbene indipendente, avesse seguito un simile percorso rapido e lineare, orientava la speculazione verso la ricerca di qualche fattore causale globale che avesse spinto o attratto l'uomo verso una nuova dimensione economico-culturale. Ci sono teorie che cercano di spiegare il quando e teorie del dove, e anche del dove-e-quando. Tra le teorie che cercano di spiegare perché solo in alcune aree è comparso il Neolitico, ci sono quelle che mettono l'accento sulla biodiversità naturale, con l'idea che la domesticazione di piante e animali sia stata favorita dalla presenza solo in alcune aree di molte specie endemiche naturali che, soggette a «audizione» da parte dell'uomo, mostravano caratteristiche biologiche che le rendevano potenzialmente idonee per essere adottate in pianta stabile. Tra i primi studiosi che hanno sondato la biodiversità naturale nelle aree candidate per la comparsa dell'agricoltura vi è Nikolaj Vavilov, i cui studi furono interrotti dal processo e dalla tragica detenzione che lo porterà alla morte nel 1943 nel carcere di Saratov per essersi opposto alle sciagurate teorie neolamarckiane di Trofim Lysenko. Ancora al problema del dove, ma anche un po' del quando, cercò di dare risposta lo stesso Childe, secondo il quale l'addensarsi delle popolazioni animali e umane e la concentrazione della biodiversità vegetazionale intorno ad aree ristrette caratterizzate da presenza d'acqua, sotto l'incalzare delle trasformazioni climatiche del post-glaciale, scatenò problemi competitivi la cui soluzione fu l'adozione della domesticazione, in un quadro di relazioni simbiotiche tra l'uomo e gli altri organismi.

Il riferimento alle variazioni climatiche, che fa da sfondo alla «teoria delle oasi» di Childe, è sempre stato un elemento dominante nelle ricostruzioni archeologiche della tempistica del Neolitico. Questa impostazione si è fatta ancora piú evidente quando la paleoclimatologia del tardo Quaternario ha cominciato a sfornare dati sempre piú dettagliati e affidabili che hanno dimostrato come, con una serie di specifiche varianti regionali, alcuni andamenti dei parametri climatici tra la fine del Pleistocene e l'inizio dell'Olocene, tra cui la temperatura e l'umidità, si siano manifestati in modo omogeneo su una scala geografica praticamente globale. Gli eventi climatici che hanno segnato la transizione dall'ultima fase dell'ultimo periodo glaciale all'attuale periodo interglaciale, ben marcati nella stratigrafia dei ghiacci della Groenlandia, sono infatti riconoscibili anche in altre aree del pianeta, soprattutto nell'emisfero boreale come, appunto, il Vicino e l'Estremo Oriente. In particolare, gli eventi che hanno attirato l'attenzione di chi si è posto il problema del perché la transizione del Neolitico si sia manifestata improvvisamente all'inizio dell'Olocene sono il Bølling-Allerød e lo Younger Dryas. Come abbiamo appreso dai precedenti capitoli, il primo fu un periodo segnato da clima relativamente caldo e umido tra 16 500 e 13 000 anni fa, mentre il secondo fu un episodio iniziato 12 900 anni fa caratterizzato dal rapido ritorno a un clima freddo e arido, la cui fine, intorno a 11 700 anni fa, segnò la chiusura definitiva dell'ultimo periodo glaciale.

La cronologia dettagliata della comparsa dell'economia agricola nel Vicino e nell'Estremo Oriente sembra dimostrare che vi è una coincidenza sostanziale tra queste fluttuazioni climatiche e la dinamica generale degli eventi nelle due regioni. Lo sostiene, con la competenza del consumato archeologo e antropologo, Ofer Bar-Yosef, che ha confrontato i risultati dei piú recenti studi di archeologia, archeobotanica e genetica della transizione al Neolitico del Levante e della Cina settentrionale e meridionale. La prima è una vasta regione delimitata a ovest dalle rive del Mediterraneo orientale, a est dal deserto siro-arabico, a nord dai monti del Tauro e a sud dal deserto del Sinai, oggetto di una serie impressionante di studi archeologici che vanno dal Paleolitico Medio al Superiore, dal Neolitico all'Età del Ferro e al Medioevo. Il Levante costituisce la parte occidentale di quella «Mezzaluna Fertile» che una grande quantità di studi archeologici e di genetica indicano come uno dei maggiori centri d'origine dell'economia agricola. Il picco massimo dell'ultimo periodo glaciale, tra 24 000 e 18 000 anni fa, fu per il Levante un periodo freddo e asciutto, durante il quale le popolazioni umane del Paleolitico andarono incontro a una vistosa contrazione, soprattutto nella parte settentrionale. Durante il miglioramento climatico che si verificò tra 16 500 e 14 600 anni fa, una serie di popolazioni di cacciatori-raccoglitori, autoctone o venute dall'Africa del Nord, saturarono l'intera regione, finché, intorno a 14 500 anni fa, vi apparvero i primi segni di un nuovo stile di vita, dove la caccia alle gazzelle era accompagnata dalla raccolta di una grande quantità di prede animali minori e di vegetali. La vera grande novità era rappresentata dalla formazione di strutture abitative a pianta circolare riunite in piccoli villaggi, dove gruppi di cultura natufiana risiedevano per lunghi periodi, come dimostra la presenza di resti di specie commensali – topi, ratti e passerotti – e di piante che crescono o maturano in diversi momenti dell'anno. L'intensificazione nell'uso delle risorse naturali da parte di queste popolazioni è testimoniata anche dai resti di strumenti per la raccolta e lavorazione dei cereali, come falci e mortai.

Il ritorno del clima freddo e arido dello Younger Dryas provocò una riduzione demografica, accompagnata da una serie di risposte diverse nelle differenti parti del Levante, che includevano sia il ritorno a una maggiore mobilità che un incremento del sedentarismo, ma anche l'ulteriore intensificazione delle strategie di caccia-raccolta, con l'inclusione di prede minori mobili come uccelli e conigli e una maggiore utilizzazione di cereali selvatici. Secondo Bar-Yosef fu proprio nella fase terminale dello Younger Dryas che si affermarono in quell'area le prime forme di coltivazione intenzionale. La prima fase del Neolitico (Pre-Pottery Neolithic A), sarebbe iniziata nei popoli di cultura Khiamiana intorno a 11,7-11,5 millenni fa nella parte settentrionale del Levante, come dimostrato dalla presenza di semi di piante associate alla lavorazione del terreno insieme a quelli delle prime specie commestibili intenzionalmente coltivate. L'insieme di piante coltivate da questi primi agricoltori intorno a villaggi come quello di Tell Qaramel, nella Siria nordoccidentale, è vasto: segale, farro, grano, orzo e avena, ma anche legumi come ceci, piselli, e fave. La forma dei semi, delle spighe e dei baccelli di queste piante raccolte nei silos dei villaggi del preneolitico del Levante non mostra ancora quelle caratteristiche della domesticazione che compariranno solo uno o due millenni piú tardi, ma ormai le tecniche fondamentali di coltivazione – come la lavorazione del terreno, la semina e le modalità di raccolta e stivaggio – erano già sostanzialmente presenti. Il «punto di non ritorno» che pochi secoli dopo, con l'ulteriore e definitivo miglioramento climatico, avrebbe portato al pieno Neolitico, era stato superato, grazie alle turbolenze climatiche della fine del Pleistocene.

Con le debite differenze nei dettagli delle specie vegetali e animali coinvolte, le cose in Cina sembrano essersi svolte analogamente. Bar-Yosef vi considera due aree distinte, quella settentrionale – e in particolare la regione del bacino medio e inferiore dello

Huang He – e quella meridionale, a sud dello Yangtze. Nella prima area, l'economia agricola si manifestò soprattutto con la coltivazione del miglio e del panico, mentre la seconda è ritenuta l'area iniziale della coltivazione del riso. Se nelle due aree la transizione al Neolitico si sia verificata indipendentemente o se la seconda sia stata in qualche modo tributaria dell'idea da quella settentrionale è oggetto di discussioni tra gli esperti; in ogni caso, l'insieme del Neolitico cinese ha un'origine indipendente da quella del Levante, da cui dista circa 8000 km e, come il Levante, ha svolto il ruolo di centro di irraggiamento del nuovo modello alle regioni circostanti.

Anche nel nord della Cina il clima dell'ultima parte del periodo glaciale era freddo e secco e la maggior parte della regione era costituita da aree steppiche e desertiche scarsamente popolate. Intorno a 16 000 anni fa, l'incremento della temperatura corrispondente al Bølling-Allerød e il rafforzamento del regime monsonico, e quindi delle piogge, favorirono un moderato ritorno delle foreste nelle aree del vasto altopiano nella grande ansa dello Huang He coperto da una spessa coltre di fertile polvere trasportata dai venti (il *loess*) consentendo la diffusione di popolazioni di cacciatori-raccoglitori che costruivano piccoli ed elaborati strumenti litici, analoghi a quelli presenti in molte aree del tardo Paleolitico della Cina settentrionale, della Mongolia, della Siberia meridionale, in Corea e in Giappone. Questi cacciatori integravano la propria dieta con frutti e semi di varie specie vegetali che trituravano con semplici strumenti di pietra. Anche in questo caso l'arrivo dello Younger Dryas costituí un trauma climatico ed ecologico, costringendo i cacciatori-raccoglitori a ritirarsi nei pochi habitat favorevoli, specialmente lungo il corso dei fiumi, come a Shizitan, vicino al medio Huang He, dove iniziarono a costituire comunità semisedentarie e a intensificare la raccolta e la lavorazione di quelle specie vegetali che, dopo il definitivo miglioramento climatico che fece seguito al Dryas, avrebbero preso a coltivare sistematicamente. Anche nell'area dello Yangtze, sebbene in modo meno traumatico, il clima freddo e relativamente arido dello Younger Dryas produsse una convergenza delle popolazioni umane in aree rifugio dove si sarebbero verificati i fenomeni di intensificazione di uso delle risorse vegetali e animali che si sono osservati nel nord della Cina e del Levante, preludio della transizione al modello agricolo e alla piena domesticazione.

La ricostruzione degli eventi sembra stabilire dunque una coincidenza cronologica tra le oscillazioni climatiche della fine del Pleistocene e il debutto dell'economia agricola, ma non è sufficiente a stabilire se e come il clima sia stato realmente la causa esclusiva del fenomeno. Si coglie in questa tesi una analogia generale con quanto si è visto a proposito dei rapporti fra turbolenze climatiche e origine dell'uomo anatomicamente moderno in Africa intorno a duecentomila anni fa, ma è facile intuire subito dove i critici attaccheranno. Se il clima è un fattore cosí decisivo, perché l'economia agricola non è partita contemporaneamente in tutte le aree d'origine? Nella parte orientale dell'America del Nord, in Messico e in America del Sud la transizione si è manifestata circa cinquemila anni dopo quella del Vicino e dell'Estremo Oriente, e nell'Africa a sud del Sahara ancora piú recentemente. Domanda ancora piú provocatoria: perché in epoche piú remote del Pleistocene, in corrispondenza di fasi analoghe a quella del miglioramento climatico dopo la fine dell'ultimo periodo glaciale (come all'inizio dell'interglaciale Eemiano di 130 000 anni fa), non si colgono i segni di analoghe transizioni? Torneremo sull'argomento clima affrontandolo da una diversa angolazione, ma notiamo come un elemento centrale della teoria dello stress climatico sia la concentrazione demografica in poche aree di una popolazione originariamente piú dispersa. L'affollamento demografico farebbe quindi parte di una catena di eventi che, messa in moto dal clima, avrebbe reso alla fine «necessaria» l'invenzione dell'agricoltura all'interno di un intenso processo di selezione bio-culturale.

Questa idea è alla base delle teorie demografiche della transizione del Neolitico. Lewis Binford, uno dei primi che hanno ragionato intorno a questi meccanismi, ha argomentato come in condizioni di bassa densità delle popolazioni umane e di relativa abbondanza di risorse naturali non ci siano ragioni pressanti affinché la caccia e la raccolta di risorse naturali vengano rimpiazzate da una impegnativa economia di controllo della produzione. In generale, infatti, se si considera il minor tempo speso nella ricerca e nella manipolazione delle risorse, la prima assicura un maggior ritorno energetico nell'unità di tempo. La transizione all'agricoltura deve essersi quindi svolta in uno scenario che per qualche ragione ha rovesciato questa situazione e, secondo Binford, il trauma che ha messo in moto il processo è stata la rottura di un rapporto tra popolazioni e risorse che si è prodotto per effetto di un incremento demografico, lento ma progressivo, nel corso del Paleolitico Superiore. È su questa linea di ragionamento che Mark Nathan Cohen, nel suo libro *The Food Crisis in Prehistory*, arriva all'idea che l'innesco della trasformazione neolitica vada ricercato in una «pressione demografica», che ha reso improvvisamente piú vantaggioso un modello economico basato sul controllo della produzione.

L'antropologo statunitense considera innanzitutto due paradossi, quello della salute e quello dell'efficienza. Il primo si riferisce al fatto che molte prove paleoantropologiche sembrano indicare che il livello di salute delle popolazioni umane, misurato ad esempio attraverso la statura o con i segni delle patologie ossee e dentarie, diminuisce con l'adozione di uno stile di vita basato sulla coltivazione e sull'allevamento. Questo può dipendere sia dalla riduzione della qualità nutritiva degli alimenti, sia dalla maggiore incidenza di patologie associate alla trasmissione di parassiti e malattie infettive derivante dalla sedentarizzazione. Il secondo paradosso si riferisce al fatto che il guadagno netto di energia – cioè la differenza tra l'energia ottenuta dall'utilizzazione delle risorse e quella spesa per la loro acquisizione – è maggiore in una strategia di caccia focalizzata su grandi prede rispetto a una rivolta a un piú largo spettro che includa anche prede minori e prodotti della vegetazione naturale. Solo con un elevato livello di controllo della produzione basato sulla domesticazione di specie animali e vegetali particolarmente produttive e nutrienti e con forme integrate di agricoltura ben ingegnerizzata – efficaci pratiche di sostegno delle specie allevate e coltivate, opportuni metodi di lavorazione dei prodotti – questo rapporto può invertirsi, ma questo non spiega la convenienza immediata di sostituire alla caccia una strategia ancora molto imperfetta di agricoltura. Come ha avuto modo di dire l'antropologa Melinda A. Zeder (del National Museum of Natural History della Smithsonian Institution in Washington), i cacciatori-raccoglitori che alla fine del Paleolitico iniziavano a praticare forme di sfruttamento controllato delle risorse naturali dovevano trarne dei vantaggi immediati e non potevano sapere come si sarebbe potuto sviluppare l'intero processo nel corso dei successivi millenni.

Il paradosso, secondo Cohen, è ancora piú evidente se si considerano i rischi associati alle due strategie: la pratica della caccia comporta generalmente il consumo immediato delle prede, mentre l'agricoltura genera un accumulo di surplus che viene destinato a un uso futuro e questo aumenta i rischi delle perdite dovute a fattori difficilmente prevedibili. È ovvio che a questa linea di ragionamento si può obiettare in molti modi. Intanto, come si è detto, il guadagno netto associato alla utilizzazione di una risorsa – e quindi la sua *profitability* – non è una grandezza fissa e assoluta, ma dipende dalla sua disponibilità, dagli strumenti e dalle tecniche utilizzate per la sua acquisizione, dal modo in cui la risorsa viene trattata dopo la cattura-raccolta. Inoltre i rischi futuri sono un fattore che si bilancia con il grado di prevedibilità delle fluttuazioni temporali e delle variazioni spaziali della disponibilità dei differenti tipi di risorse che un determinato territorio offre. Quindi, la convinzione di Cohen è che sul breve termine molti fattori di ordine bio-economico abbiano tenuto a freno la transizione da un'economia basata su qualche forma ben collaudata di caccia a una agricoltura embrionale, finché qualche fattore impellente non ha spinto le popolazioni dell'Epipaleolitico ad attraversare la barriera del Neolitico e questo fattore è stato, appunto, l'incremento demografico. Secondo questa impostazione, la soglia critica che rende «necessaria» la transizione sarebbe intorno ai 9 abitanti per 100 chilometri quadrati. A parte le considerazioni teoriche, c'è un elemento empirico che non si allinea con queste teorie demo-economiche; il paleodemografo francese Jean-Pierre Bocquet-Appel ha dimostrato che l'incremento demografico non precede ma segue il passaggio da un'economia di caccia-raccolta a quella basata sul controllo della produzione e che anzi in molti casi si osserva una sensibile contrazione della densità delle popolazioni umane nelle fasi che precedono la transizione.

Forse per queste difficoltà oggettive, o forse per una ostilità di matrice filosofica nei confronti di un approccio che vuole ridurre l'origine del Neolitico a un fenomeno di natura prevalentemente economica, Jacques Cauvin, nella sua nota opera *Naissance des divinités, naissance de l'agriculture*, ha rovesciato prepotentemente i termini della questione, sostenendo che il Neolitico è prima di tutto una «rivoluzione dei simboli». L'opera dell'antropologo francese parte dal rigetto della teoria delle «zone marginali», elaborata da vari ricercatori, secondo i quali i primi Natufiani del Levante raccoglitori di cereali sarebbero andati incontro a un'espansione demografica che avrebbe portato parte della popolazione a occupare i margini delle aree ricche di cereali selvatici. Proprio in queste aree marginali sarebbero iniziate le pratiche di assistenza alla crescita della vegetazione naturale e quindi la proto-agricoltura. La teoria di Cauvin, al contrario, mette all'inizio della trasformazione una transizione cognitiva e spirituale. I segni di questa modificazione sarebbero visibili nell'archeologia del Levante e in particolare nella fase della cultura Khiamiana, fiorita intorno a 11 000 anni fa. Una serie di reperti di carattere simbolico testimonierebbe l'affermarsi di ideologie basate sul culto della «virilità produttiva», manifestata da divinità di forma umana. Questo sarebbe l'indizio, anzi il movente, di un viraggio verso un nuovo rapporto, molto piú attivo, dominante e in definitiva invasivo, tra l'uomo e l'ambiente. Potremmo dire che Cauvin ritiene di individuare un'origine sostanzialmente ideologica e non bio-economica del salto di qualità che segna i rapporti tra uomo ed ecosistemi alla transizione tra Pleistocene e Olocene. L'ipotesi è affascinante, perché sottolinea che c'è un importante elemento di autorappresentazione che governa il rapporto tra uomo e ambiente – ricordiamoci delle considerazioni fatte a proposito delle pitture di Chauvet. Ma quella ideologica non può essere una causa prima convincente se si considera il dettaglio cronologico con cui nell'area compaiono gli elementi del *bauplan* neolitico; la simbologia Khiamiana, oltre a non costituire una novità simbolica assoluta, non apparve prima che si manifestassero i primi segni di un accanimento dell'uomo nel suo lavoro di sfruttamento della produzione e di controllo della stessa attraverso una serie di pratiche proto-colturali.

Queste e altre tesi tendono a privilegiare specifici fattori – il clima, la disponibilità di piante o animali selvatici, l'assetto demografico delle popolazioni umane, le modificazioni sociali, culturali e ideologiche – nella dinamica degli eventi che hanno prodotto come un fenomeno rapido, lineare e ineludibile la rivoluzione del Neolitico. Ma qualunque approccio monofattoriale non regge alle considerazioni teoriche e, soprattutto, non sopravvive all'avanzare della ricerca empirica di carattere archeologico, archeobiologico, paleoclimatico, genetico. Quello che si fa strada è piuttosto un modello multifattoriale in cui, come scrive Melinda Zeder,

> ... piú che un singolo meccanismo di innesco, è piú probabile che la rivoluzione del Neolitico nel Vicino Oriente sia stata guidata da un certo numero di forze di ampia scala e ordine elevato che hanno agito in sinergia dando forma a questo processo di sviluppo.

È un passo avanti importante, che viene da chi ha un'esperienza lunga e diretta dell'archeologia e della paleobiologia del Levante e dell'Asia Occidentale. Ma se non si definisce un quadro teorico preciso non si fa un reale passo avanti per comprendere come si sia innescato questo processo interattivo, quale sia stato il meccanismo di integrazione tra differenti elementi che ha prodotto questo rapido *unfolding*.

La difficoltà nel disegnare un quadro coerente dei processi che hanno prodotto la trasformazione del Neolitico dipende in parte da una deformazione prospettica, dovuta al fatto che le sperimentazioni culturali, tecnologiche ed economiche delle fasi di transizione sono archeologicamente meno visibili in confronto alle cospicue tracce lasciate dai sistemi socioculturali maturi. La lunga pratica della caccia-raccolta sviluppatasi nei 2,5 milioni di anni del Paleolitico ha prodotto una quantità enorme di tracce di cultura materiale e di resti di prede che sono stati studiati, catalogati, interpretati da una moltitudine di archeologi del Paleolitico. Le manifestazioni delle culture neolitiche – le nuove pietre, i resti delle abitazioni, le ceramiche, i semi accumulati nei depositi, i simboli del culto – hanno alimentato un'archeologia del Neolitico che ha i suoi metodi interpretativi, i suoi termini, le sue categorie, le sue cattedre universitarie e i suoi convegni. I sistemi di transizione sono piú volatili, mutevoli, meno appariscenti, meno catalogabili, se non con una serie di definizioni che riportano la questione alla dicotomia principale: Epipaleolitico, Mesolitico, Neolitico incipiente ecc. Questo ha fatto sí che il confine tra l'economia di caccia-raccolta e l'agricoltura venisse percepito come una sottile frontiera unidirezionale, attraverso cui le società umane sarebbero transitate linearmente, passando nel minor tempo possibile da un lungo stato stazionario a uno successivo.

Le ricerche archeologiche, archeozoologiche e archeobotaniche dell'ultimo mezzo secolo, al cui inizio possiamo porre emblematicamente il lavoro multidisciplinare di Robert J. Braidwood sulle pendici dei monti Zagros, nell'attuale Iran occidentale, hanno messo in crisi l'idea canonica di una rapida rivoluzione e hanno fornito dettagli sempre piú evidenti dell'esistenza di una complessa fase intermedia, di una «terra di nessuno» come l'ha chiamata l'antropologo americano Bruce D. Smith, nel corso della quale varie popolazioni umane hanno dato luogo a una variegata sperimentazione di forme di sfruttamento di un numero sempre piú ampio di risorse, di un uso progressivamente piú intensivo di alcune specie vegetali e animali, di un controllo sempre piú spinto della produzione e, in definitiva, di una crescente modificazione degli ecosistemi. L'idea era in qualche modo già presente nell'opera di Gordon Childe che, nel suo libro *Man Makes Himself* del 1936, mutuando un concetto dell'ecologia delle comunità, aveva parlato del Neolitico come del «climax» di un lungo processo. Il termine di climax, non particolarmente felice perché inquinato da un'accezione anche involontariamente finalistica, è stato introdotto nell'ecologia per indicare lo stadio finale, maturo e relativamente stabile della successione vegetazionale che si mette in moto a seguito di una perturbazione. Quello che voleva sottolineare Childe è la «inevitabilità» di un processo che invece era rimasto impossibile nel Pleistocene. In realtà, cosí come nel caso delle successioni vegetazionali, i processi che hanno portato all'affermazione di un modello economico, sociale e culturale come il Neolitico non sono stati affatto orientati e necessari ma piuttosto aleatori, densi di sperimentazioni in varie direzioni, fallimenti, catastrofi. L'apparente linearità è una deformazione prospettica che si ha guardando il risultato finale del processo dal punto di vista di chi è già da un pezzo transitato da questa parte della soglia e anzi di transizioni ne ha superate altre e altrettanto pesanti, lasciando i relativi segni sul pianeta.

È possibile esplorare questa terra di nessuno – dove si manifestano modelli che non sono interpretabili con una epistemologia dualistica – sia con gli strumenti dell'archeologia che, con qualche prudenza, con quelli dell'etnografia. Gli archeologi sono scaltri investigatori del passato, soprattutto quando, messe da parte le dispute accademiche sulle complesse classificazioni dei reperti, tentano di ricostruire su basi oggettive le azioni e il comportamento dell'uomo. Una squadra di abili detective ha scoperto i resti di un campo frequentato da pescatori-cacciatori-raccoglitori del Paleolitico Superiore a Ohalo, sulle rive meridionali del Mare di Galilea. Qui, in una terra suggestiva che parla di decine di migliaia di anni di preistoria e storia umana, si è aperta una finestra sull'economia praticata dagli uomini che abitavano il Levante 23 millenni fa, al culmine dell'ultimo periodo glaciale. Le ricerche degli archeologi israeliani e statunitensi hanno riportato alla luce un sorprendente archivio botanico, costituito da novantamila resti di oltre 140 specie vegetali, quasi ventimila dei quali sono semi di piante erbacee, compresi quelli di forme selvatiche di specie protagoniste della successiva transizione neolitica nella Mezzaluna Fertile, l'orzo (*Hordeum spontaneum*) e il farro (*Triticum dicoccoides*). Insieme alle erbe sono stati ritrovati resti di ghiande, mandorle, noccioli di olive, semi di fichi e di uva e di piante medicinali. La quantità di semi ritrovata suggerisce che gli abitanti di Ohalo non raccoglievano occasionalmente i prodotti vegetali ma li ricercavano attivamente e li utilizzavano stabilmente a complemento della loro dieta carnea costituita da gazzelle, uccelli, roditori, pesci e molluschi. Siamo sulla linea della *broad spectrum revolution* di Flannery e Stiner, ma c'è qualcosa di piú. Molti semi di cereali sono tostati e si trovano vicini a una pietra che serviva a macinarli. Frugando con pazienza e con le tecniche piú avanzate fra gli interstizi e le microporosità di questa rudimentale macina, gli archeologi sono riusciti a estrarre una quantità di grani di amido e ad attribuirli alle diverse specie vegetali. Possiamo dire che a Ohalo, oltre 20 000 anni fa, c'era un laboratorio specializzato nella lavorazione di cereali pre-domestici. La cosa è interessante perché la tostatura e la macinazione dei cereali ne fa aumentare del 50-70 per cento l'indice glicemico e quindi l'apporto energetico. È anche cosí che una risorsa di basso rango può salire nella scala della *profitability* ed entrare stabilmente nella dieta. Raccolte di piccoli semi di graminacee e di cereali selvatici si trovano in altre località della fase finale del Paleolitico e manufatti in pietra adatti a triturare e macinare granaglie compaiono sistematicamente in molte aree dell'Eurasia e dell'Africa settentrionale a partire da 45 000 anni fa. Tutto questo illumina la scena della lunga sperimentazione che ha portato all'agricoltura del Neolitico. Molto eloquente è il fatto che nel Levante, al trascorrere del tempo, il volume di semi di cereali pre-domestici aumenta progressivamente rispetto a quello di altre specie di graminacee a semi piú piccoli che non entreranno nel circuito della domesticazione; a Ohalo sono il 65 per cento, nel sito di Habu Hureyra, nel nord della Siria, datato a 12 500 anni fa, sono già al 78 e arrivano al 98,6 per cento nel deposito di semi di 10 800 anni fa di Netiv Hagdud, località della valle del Giordano.

La comparsa della domesticazione è segnalata nelle piante da una serie di caratteristiche strutturali e funzionali geneticamente determinate, che ne modificano il profilo ecologico: semi piú grandi, incremento del numero di semi per spiga, strutture di contenimento dei semi che impediscono la loro dispersione quando la spiga viene scossa, ridotta latenza di germinazione. Nei semi raccolti e utilizzati da questi cacciatori-raccoglitori della parte finale del Paleolitico non è apprezzabile alcuna di queste modificazioni, che iniziano a comparire e si affermano gradualmente piú tardi. La percentuale di semi di farro domestici rivelata dall'irrobustimento del rachide è solo del 10 per cento a Nevalı Çori (alta valle dell'Eufrate, 10 200 anni fa), raggiunge il 35 a Aswad (Siria, 10 000-9500 anni fa) e il 50 a Ramad (Siria, 9500-8500 anni fa). Già in pieno Neolitico, 7500 anni fa, a Kosak Shamali, la percentuale di farro morfologicamente domestico non superava il 65 per cento.

È chiaro che la domesticazione delle piante è stato il risultato di un lungo iter di raccolta intensiva e di intervento attivo sempre piú complesso nella *life history* delle specie selvatiche, ottenuto anche con la modificazione da parte dell'uomo degli ambienti dove queste crescevano spontaneamente. I segni che la raccolta di piante spontanee veniva gradualmente integrata da una serie di pratiche di accompagnamento, scelta e cura delle piante selvatiche e di modificazione del loro habitat, sono difficili da cogliere archeologicamente, ma ci sono. La presenza, insieme ai semi dei cereali, di quelli di piante che crescono in terreni disturbati fa pensare a pratiche di lavorazione del terreno; la presenza di farro selvatico in località del medio Eufrate che non si prestavano per la natura del suolo o la scarsa umidità alla crescita spontanea fa ritenere che oltre 10 000 anni fa queste piante venissero trapiantate da aree naturali ad habitat appositamente preparati, che le specie competitrici che ne limitavano la crescita venissero rimosse e che venissero già praticate forme di irrigazione mediante la modificazione di corsi d'acqua. Era già in atto un vero e proprio «giardinaggio» per favorire la crescita e la diffusione di specie ancora selvatiche.

Che la domesticazione dei cereali sia stata preceduta da un lungo sfruttamento di specie selvatiche, accompagnato da pratiche colturali sempre piú elaborate, sembra valere anche per l'altra grande area della transizione all'economia agricola alla fine del Pleistocene. Molto prima di riconoscersi come cittadini dell'Impero di Mezzo, i Cinesi hanno messo mano alla coltivazione di piante selvatiche offerte loro da ecosistemi diversi da quelli della Mezzaluna Fertile. In particolare, gli abitanti paleolitici di Donghulin, località settentrionale della Cina non molto distante da Beijing, tra una caccia e l'altra a cervi, cinghiali e orsi tibetani, hanno iniziato a concentrare la loro attenzione su una quantità di specie vegetali, inclusa la vite, le ghiande di una specie di quercia e due cereali: il miglio (*Panicum miliaceum*) e il paníco (*Setaria italica*). I semi di queste due piante, che si adattano a crescere su suoli poveri e aridi e richiedono relativamente poca cura, hanno costituito una parte importante della dieta delle popolazioni preistoriche e storiche – i legionari romani si sostenevano mangiando una specie di polenta ottenuta dal paníco. Oggi sono impiegati in Occidente soprattutto come alimenti per animali domestici ma in molte aree dell'Asia e dell'Africa sono ancora utilizzati a scopo alimentare. I depositi di Donghulin contengono semi selvatici tostati di paníco e miglio a partire almeno da 11 000 anni fa, ma nella sequenza ricostruita dagli archeologi cinesi si registra il progressivo aumento della frazione di semi con le caratteristiche delle forme domestiche, fino a raggiungere l'85 per cento dopo circa duemila anni. Anche a Donghulin sono state trovate pietre per macinare e triturare i semi dopo la tostatura, che hanno restituito grani di amido di entrambe le specie. Piú a sud, nei siti paleolitici del medio Yangtze, dove veniva praticata la caccia ai cervi muntjac e ai bufali d'acqua e la pesca di varie specie di pesci di fiume, intorno a 10 millenni fa iniziarono a comparire i semi del riso selvatico (*Oryza rufipogon*), frutto di una ricerca mirata e di un uso sempre piú intensivo. Molto presto diventano visibili i segni di un'ingegneria idraulica, consistente in fossetti e canali che connettevano i villaggi ai fiumi e tra di loro. Con il trascorrere del tempo queste opere idrauliche si amplificarono e si fecero piú profonde: era nata la coltivazione del riso in aree allagate artificialmente. Nella parte bassa dello Yangtze, intorno a 8 millenni fa, gli abitanti del villaggio paleolitico di Kuahuqiao cacciavano ogni bendiddio – cervi, bufali, alligatori, tartarughe e delfini – ma accompagnavano queste carni con ciotole di riso ancora selvatico al 60 per cento. In seguito, la frequenza dei chicchi con caratteristiche domestiche aumentò, insieme ai segni evidenti di pratiche colturali sempre piú impegnative che comprendevano la canalizzazione delle acque e l'uso degli incendi per ripulire dagli arbusti le aree riparie da dedicare alla coltivazione del cereale. Tutto sommato, uno sguardo in generale a quello che oggi sappiamo del Neolitico cinese, ci rivela che i primi villaggi permanenti si svilupparono intorno a un'economia di caccia-pesca-raccolta che includeva l'uso intensivo di cereali selvatici ottenuti con forme relativamente semplici ma efficaci di intervento sull'habitat.

Molto di quello che abbiamo visto per i cereali si applica anche ai legumi che con i loro semi ricchi di proteine accompagnano i primi nel pacchetto alimentare del Neolitico. Anche in queste piante i segni visibili della domesticazione comparvero progressivamente dopo molti millenni di uso e di coltivazione. La grande concentrazione di lenticchie, ceci e fave in siti di oltre 10 500 anni fa – come Jerf el Ahmar e altre località della Siria – fa pensare che le piante giovani venissero trapiantate e concentrate in luoghi circoscritti e preparati dove la crescita poteva essere assistita e protetta da piante invasive. I semi trovati nel deposito della località siriana sono stati prodotti dalla specie selvatica *Lens orientalis*, le cui piccole piante producevano una media di dieci semi ciascuna, solo una piccola frazione dei quali germinava nell'anno. Il milione di lenticchie stivate nel deposito di Yiftah'el duemila anni dopo erano state invece prodotte dalla forma domestica *Lens culinaris*. Nel frattempo le pratiche di raccolta, semina e coltivazione avevano selezionato le poche mutazioni che facevano ridurre la dormienza dei semi e consentivano una completa apertura del baccello.

C'è una pianta, che non è né un cereale né un legume, la cui storia merita attenzione speciale perché potrebbe battere tutti i record della domesticazione e confermare l'abitudine precoce dell'uomo di intervenire attivamente sull'ecologia di alcune specie spontanee: il fico. Questo frutto emblematico della dieta mediorientale e mediterranea, che fresco o essiccato ha deliziato l'uomo e spesso lo ha salvato dalla fame, veniva già gustato oltre 11 200 anni fa dai cacciatori che si fermavano a Gilgal, lungo la valle del Giordano. I fichi ritrovati in questo sito archeologico sono di una forma partenocarpica: incapaci di riprodursi autonomamente per via sessuale, devono farlo mediante la radicazione nel terreno di parti della pianta. Sono proprio i frutti dalle forme partenocarpiche che ricevono l'attenzione dell'uomo perché la pianta li mantiene piú a lungo e quindi si accrescono e si caricano di zuccheri e di sapore. L'alta frequenza di fichi partenocarpici nella dispensa di Gilgal – ben piú alta di quella che si osserva nelle popolazioni naturali – fa supporre che l'uomo prendesse d'occhio le poche piante partenocarpiche presenti in natura e procedesse al loro trapianto in aree specifiche e a portata di mano per assicurarsi una sufficiente produzione di buoni frutti. Sfruttamento da parte dell'uomo ma anche vantaggio reciproco, perché il fico partenocarpico, rimasto «intrappolato» nella nuova nicchia ecologica costruitagli dall'uomo, poteva cosí riprodursi a un ritmo maggiore di quello naturale.

Anche per le specie animali l'acquisizione delle caratteristiche morfo-funzionali e comportamentali della domesticazione è stato il risultato finale di un lungo rapporto di manipolazione da parte dell'uomo, tendente inizialmente a massimizzare il ritorno energetico attraverso la caccia selettiva e in seguito a modificare la struttura di popolazioni in stato di libertà per controllarne le dinamiche riproduttive. E anche per gli animali vale il principio che solo alla fine di un complesso percorso co-evolutivo con l'uomo la specie selvatica, geneticamente modificata in conseguenza di queste interferenze nella sua demoecologia, si ritrovava da una parte intrappolata in una prigione ecologica di cui l'uomo aveva le chiavi, ma al tempo stesso protetta da una culla antropica entro cui realizzava la propria fitness. I recenti studi di genetica hanno aiutato a delimitare le aree originarie della domesticazione di capre, pecore e bovini nella Mezzaluna Fertile tra 10,5 e 9 millenni fa, ma la ricostruzione esatta degli eventi è ancora in corso. Un fatto che tuttavia è emerso dallo studio dei reperti archeozoologici collezionati con gli scavi di Ganj Dareh e altri siti epipaleolitici sui monti Zagros, nell'attuale Iran, è che quelli che una volta venivano ritenuti i marcatori morfologici della domesticazione delle capre, come la riduzione della taglia o della lunghezza delle corna, sono la conseguenza di pratiche di gestione da parte dell'uomo di popolazioni allo stato naturale e non hanno nulla a che vedere con un vero e proprio allevamento coatto in ambiente circoscritto e con una selezione intenzionale. I cacciatori del Paleolitico Superiore uccidevano di preferenza i giovani maschi che avevano appena raggiunto la maturità sessuale, risparmiando le femmine riproduttive. Cosí facendo favorivano anche il flusso genico delle popolazioni naturali degli ungulati, mediante l'immigrazione di elementi maschili da altre aree. Analoghi fenomeni sono documentabili in altre località della Mezzaluna Fertile, come a Nevalı Çori nell'alto Eufrate, dove intorno a 10 500 anni fa erano le pecore selvatiche a essere oggetto di pratiche di sfruttamento selettivo in natura, mediante la scelta dei capi da uccidere e di quelli da lasciare alla riproduzione. Il quadro complessivo, che si va facendo piú chiaro anche grazie alle indagini genetiche, è che le capre e le pecore furono catturate nel circuito della domesticazione indipendentemente e forse piú volte tra 11 e 10,5 millenni fa nella grande area che va dai monti Zagros all'Anatolia centrale, e Melinda Zeder, che ha studiato in profondità i reperti della Mezzaluna Fertile, ha dimostrato come il passaggio dalla caccia all'allevamento in ambiente confinato sia stato mediato da una lunga storia di custodia in natura (*herding*), discendente a sua volta da pratiche di caccia «strutturata» che si estendono indietro almeno al Paleolitico Medio. Un percorso analogo portò con ogni probabilità anche alla domesticazione dei bovini, per i quali la genetica ci parla di un processo a piú stadi la cui fase finale iniziò tra 11 e 10 millenni fa in varie aree dell'alta valle dell'Eufrate.

Gli uomini del Paleolitico non erano certo consapevoli dei principî ecologici che stavano trasformando la struttura e la dinamica delle popolazioni selvatiche di piante e animali oggetto di queste pratiche di selezione e protezione – o semplicemente di una tolleranza interessata come nel caso dei lupi, dei cinghiali e dei gatti. I meccanismi fondamentali dell'ereditarietà dei caratteri su base genetica sono stati descritti da Gregor Johann Mendel millenni dopo che l'uomo ci stava inconsapevolmente mettendo le mani dentro, ma quello che gli uomini del Paleolitico Superiore erano in grado di afferrare era il fatto che determinate azioni producevano un miglioramento a breve termine del guadagno energetico – e del piacere di alimentarsi – derivante dallo sfruttamento di queste specie. Magari qualche volta si portavano dietro anche un certo bagaglio decorativo di superstizioni ma dentro il sacco giusto c'erano le azioni giuste che producevano i risultati giusti. E questo li induceva a consolidare o modificare queste azioni e a passare quelle di maggior successo in eredità culturale ai propri figli. E i figli con il bagaglio migliore potevano generare e allevare piú figli. Sebbene i processi che hanno portato alla domesticazione avessero una componente intenzionale riferita alle singole specifiche azioni e ai loro risultati a breve termine, non è ipotizzabile alcun elemento di previsione a lungo termine che orientasse una serie di azioni in una coerente sequenza multigenerazionale in modo tale da ottenere il risultato finale di una domesticazione utilizzabile nell'ambito di una economia agricola matura.

Solo al termine di una complicata sperimentazione di pratiche di caccia e di raccolta selettiva, di interferenza demografica e riproduttiva, di protezione da fattori ambientali limitanti e da specie di competitori e predatori, di collocazione in ambienti favorevoli alla riproduzione e alla crescita – che era iniziato ben prima del miglioramento climatico della fine del Pleistocene – l'allevamento in cattività delle specie addomesticate entrò a far parte di un sistema economico basato su un profondo e sistematico controllo della produttività degli ecosistemi e ciò accadde talvolta solo dopo varie migliaia di anni dalla comparsa dei primi segni della «sindrome della domesticazione». D'altronde, l'utilizzazione di piante e animali selvatici nel Levante rimase elevata e persino predominante anche successivamente, durante quelli che gli archeologi definiscono periodo Neolitico Pre-Ceramico A e B. Solo alla fine di questo, intorno a 9,2 millenni fa, la bilancia dello sfruttamento iniziò a pendere decisamente verso le forme domestiche ma, anche quando ormai le economie agricole basate sulla coltivazione e l'allevamento di piante e di animali domestici si affermarono nel Vicino Oriente, si continuò a integrarle con l'utilizzazione piú o meno marcata di forme selvatiche e in taluni casi si verificarono anche fenomeni di regressione a economie pre-agricole.

Se si identificano i marcatori morfo-funzionali della domesticazione di una serie di specie animali o vegetali e si definisce un criterio per l'acquisizione di un'economia decisamente spostata sull'agricoltura – ad esempio, una dieta basata almeno al 50 per cento sull'utilizzazione di specie domestiche – si vede che tra la comparsa dei primi e l'affermarsi della seconda c'è un lungo intervallo pieno di complessi eventi. Con tutti i *caveat* dell'applicazione degli studi etnografici alla ricostruzione degli eventi della preistoria, lo studio di popolazioni pre-industriali dell'America settentrionale e centrale, di epoca storica o ancora esistenti, porta a riconoscere che la *no-man-land* tra caccia-raccolta e agricoltura è piú assimilabile a un mosaico che a un percorso lineare, ed è popolata da un'ampia serie di modelli socioeconomici con differente grado di controllo della produzione primaria e secondaria, con o senza specie domestiche. Tra le popolazioni di cacciatori-raccoglitori indigene dell'area del Gran Bacino e della California si ritrovano società che esercitano un basso controllo della produzione naturale e utilizzano specie non domestiche. I cacciatori Kumeyaay della bassa California appiccano incendi ad aree arbustive per favorire lo sviluppo di pascoli adatti allo sviluppo di popolazioni di cervi che ne costituiscono la preda ambita, ma accompagnano la caccia con pratiche colturali; rimuovono dai terreni le specie competitive per favorire la crescita di una pianta graminacea dei cui semi si nutrono e praticano il trapianto e la cura di un insieme di piante selvatiche come mesquite, agave, yucca, vite selvatica e vari cactus. I Paiute della valle dell'Owen, nella California orientale, prima di venire massacrati dai bianchi e costretti nelle riserve a seguito della guerra dell'Owens Valley del 1863, avevano un'economia basata sulla caccia di piccoli mammiferi e sulla raccolta di varie bacche e semi, ma sfruttavano anche una serie di piante bulbose idrofile, che vivevano in allagamenti e paludi. Non a caso i loro accampamenti erano spesso situati in prossimità delle aree umide che costituivano l'habitat di queste specie. Tuttavia i Paiute non si limitavano a raccogliere quello che l'ecosistema naturale produceva ma, attraverso il controllo della rete idrologica locale, producevano allagamenti che ampliavano questo habitat, aumentando quindi la produzione di piante utili. Nei bacini del Tucson, Tonto e Phoenix del sud-ovest degli Stati Uniti sono state identificate oltre cinquecento località dove i cacciatori-raccoglitori Hohokam piantavano agave tra il 600 e il 1350 d.C. Le piante di agave venivano raccolte in natura e concentrate in zone favorevoli, vicino a fiumi e avvallamenti umidi, ma in altri casi venivano trapiantate in aree che erano state prima liberate da altre piante e quindi irrigate. Potremmo allungare ancora questo elenco, che del resto è coerente con il quadro che l'archeologia ha permesso di tracciare in Messico. In questa regione la zucca (*Cucurbita pepo*) fu addomesticata a partire da circa 8 millenni fa nella regione di Oaxaca da popolazioni di cacciatori-raccoglitori, ma un'agricoltura stabile basata su mais, fagioli e zucche si affermò soltanto oltre cinquemila anni piú tardi.

Le dimensioni evolutive, culturali, sociali ed economiche di questa vasta area di sperimentazione sono state rappresentate in vario modo dagli archeologi e dagli etnologi. I piú recenti modelli integrati, come quelli dell'antropologo statunitense Bruce D. Smith, insistono sull'ingegneria ambientale praticata dall'uomo a partire dal Paleolitico Superiore. La moltitudine delle economie apparse in tempi diversi della preistoria, e ancora presenti prima del contatto con il modello economico-produttivo occidentale derivante dalla Rivoluzione industriale/agricola, si può collocare lungo un gradiente di invasività ecologica che va dal procurarsi le risorse senza particolari forme di intervento sulle stesse o sull'ambiente nel quale vivono, a modelli di produzione in cui si individua un basso livello di intervento con o senza prevalenza di specie domestiche; infine, le economie piú avanzate in questa progressione di invasività ecologica consistono in un elevato controllo della produttività basato sulla gestione e sullo sfruttamento di specie domestiche e di un profondo controllo dei differenti livelli delle catene trofiche dell'ecosistema. Niente meglio delle parole di Melinda Zeder esprime questa visione:

> ... la domesticazione e l'agricoltura sono sorte in un contesto di sforzi sistematici su larga scala tendenti a modificare ambienti e comunità biotiche per favorire le risorse vegetali e animali di interesse economico.

I vari elementi, materiali e immateriali, del pacchetto neolitico – inclusa la domesticazione – sono dunque comparsi indipendentemente l'uno dall'altro e si sono sviluppati lungo traiettorie autonome in differenti regioni, assumendo anche significati differenti nelle diverse società paleolitiche prima di fare irruzione sulla scena del Neolitico. L'applicazione dei paradigmi dell'evoluzionismo allo sviluppo culturale e socioeconomico è sempre un esercizio pericoloso, ma qui si è tentati di mutuare alcuni concetti della macroevoluzione biologica, per dire che gli elementi costitutivi del nuovo modello culturale e socioeconomico, quasi sempre già presenti ma funzionalmente indipendenti nelle culture paleolitiche, hanno acquistato exattativamente i significati che li rendono funzionali nell'insieme integrato del Neolitico. Le economie basate su un controllo profondo della produzione che appaiono nella Mezzaluna Fertile, nel bacino dello Huang He e dello Yangtze, in America settentrionale e centrale, in Papua Nuova Guinea e in Africa tra 10 e 3 millenni fa, sono quindi sistemi con proprietà emergenti rispetto alle singole componenti del *bauplan*, proprio come un organo complesso esprime una nuova funzionalità in quanto integrazione di componenti anatomo-funzionali che singolarmente avevano prima funzioni diverse da quelle del dispositivo evolutivamente completo.

2. *Vortice inarrestabile.*

Dopo aver destrutturato e ricomposto il Neolitico in questo modo – con riferimento alla sperimentazione ecologica che ne ha consentito l'affermazione – risulta piú chiaro come affrontare la questione del come si sia prodotta questa transizione. Occorre capire quale è stato il meccanismo che ha collegato i vari elementi in un sistema integrato e coerente. Non cerchiamo la forbice che taglia il picciolo ma la forza di gravità senza la quale il taglio non farebbe cadere la mela. La «forza di gravità» che ha prodotto il Neolitico è il vortice che si è sviluppato tra la capacità dell'uomo di intervenire sugli ecosistemi e gli effetti retroattivi che i risultati di questi interventi producevano sulle sue dimensioni biologiche e culturali. Come si è visto nei precedenti capitoli, il processo si era innescato già molto prima di precipitare nel Neolitico, con la caccia alle grandi faune, gli effetti che questa aveva avuto sulla vegetazione e sulla modificazione del regime degli incendi e poi con l'accelerazione della *broad spectrum revolution* delle fasi finali del Paleolitico Superiore. Ma il suo sviluppo è stato fortemente non lineare, a causa del carattere autoamplificativo del ciclo di feedback tra genetica, cultura ed ecologia. Il fisico russo Ilya Prigogine ci ha aiutato a comprendere che i fenomeni auto-organizzativi non sono mai lineari e non c'è ragione di stupirsi che neppure questo lo sia stato. Il processo è stato anche caratterizzato da complessi *stop-and-go* su scala regionale e globale e da fasi di regressione causate da una serie di fattori di attrito – ambientali e culturali – che ne hanno modulato la velocità. Molto critiche per l'innesco del cortocircuito tra i vari elementi materiali e immateriali, ad esempio, furono le reti di interazione tra unità demografiche diverse che consentirono di montare i pacchetti attingendo dai contenuti delle culture pre-neolitiche di zone differenti dentro la stessa macroregione.

All'intersezione fra archeologia, etnografia, biologia evoluzionistica ed ecologia si fa quindi spazio l'idea che il riferimento teorico per andare oltre un'analisi descrittiva e riduzionistica del Neolitico e per superare l'impasse prodotta dai modelli piú o meno monofattoriali, sia costituito proprio dalle idee che abbiamo evocato nel v capitolo, cioè quella stessa *niche construction theory* che considera come i risultati del processo di «ingegneria ambientale» non siano semplicemente una estensione del fenotipo, ma influenzino a loro volta, geneticamente e culturalmente, la specie che ha innescato e guida il processo, coinvolgendo in questo stesso vortice un corollario di specie che fanno parte delle reti ingegnerizzate da quella.

È probabile che una selezione dettata unilateralmente dall'ambiente, senza che intervenissero le retroazioni previste dalla teoria della costruzione di nicchia, abbia agito nel corso delle vicende dalle quali è emerso *Homo sapiens*. Processi selettivi unidirezionali – ambiente-genotipo, ambiente-cultura – hanno probabilmente continuato a prevalere nella fase diffusiva dell'uomo anatomicamente moderno, compresa tra 120 000 e 45 000 anni fa, quando effetto fondatore, deriva genica e selezione ambientale e sessuale hanno prodotto la variabilità che oggi osserviamo e i livelli di adattamento che hanno facilitato la penetrazione dell'uomo nei differenti biotopi terrestri. Quando la fase dispersiva principale si avviava alla conclusione – e in conseguenza di ciò – si è però gradualmente affermato un nuovo schema, legato al consolidamento delle posizioni geografiche ed ecologiche acquisite, con il quale l'uomo, dopo aver adattato se stesso agli ecosistemi, ha scoperto che poteva adattare gli ecosistemi a sé stesso. Odling-Smee distingue tra la costruzione di nicchia basata sulla «ricollocazione» e quella basata sulla «perturbazione». Nel primo caso gli organismi espongono se stessi a una nuova configurazione selettiva trasferendosi in un nuovo habitat; questo è quanto fanno molte specie invasive, incluso l'uomo nella sua fase diffusiva. Le specie perturbative attuano invece forme di cambiamento dell'habitat che modifica la configurazione selettiva per se stesse e per altre specie. *Homo sapiens* non è la sola specie perturbativa, ma lo è in modo speciale, perché sono speciali la sua biologia e il suo sviluppo e perché le dimensioni culturali della sua nicchia sono molto piú ampie di quelle dei castori o delle termiti, tanto per fare due esempi di ingegneri ambientali che innescano cicli di retroazione ambiente-geni-comportamento-ambiente. Il Neolitico rappresenta una tappa straordinaria del passaggio dalla prima alla seconda modalità di costruzione di nicchia – dall'invasione alla perturbazione – e costituisce una transizione di fase lungo il processo di progressiva manipolazione delle componenti biotiche e abiotiche degli ecosistemi, e quindi dell'uomo stesso, che è iniziato molto prima del tardo Paleolitico.

L'archeologia delle fasi finali del Paleolitico mette bene in luce come verso la fine dell'ultimo periodo glaciale, nelle aree che vari millenni piú tardi vedranno comparire il Neolitico, si fosse determinata un'accelerazione della sperimentazione di pratiche di ingegneria ambientale nelle economie di caccia-raccolta e un accumulo di forte potenziale culturale, tecnologico e ideologico, tanto che in varie regioni è archeologicamente palpabile una situazione di metastabilità economico-sociale che localmente, come nei Natufiani del Levante, sfociò in episodi transitori di adozione di nuovi schemi economici. Si ha anche la sensazione che su scala regionale e globale lo sviluppo ulteriore fosse frenato da una serie di differenti fattori di inibizione che percepiamo essere stati sia endogeni che esterni. Tra i fattori che localmente hanno contribuito a modulare la transizione c'è stata con ogni probabilità la viscosità dei sistemi sociali e il conservatorismo dei modelli ideologici. Il ritmo della modificazione dipendeva però anche dalla collaborazione offerta dalle specie «audizionate» nel corso degli esperimenti di manipolazione ecologica. Potrebbe essere stata la mancanza di specie disposte a farsi coinvolgere nel vortice della costruzione di nicchia fino alla piena domesticazione una delle ragioni che hanno determinato il lungo equilibrio socioeconomico ed ecologico «preneolitico» degli Jōmon, vissuti in Giappone con la caccia e la raccolta dal primo Olocene meno di 2 millenni fa.

Come aveva intuito Vavilov, uno dei fattori che hanno determinato le traiettorie locali della transizione è stata la biodiversità naturale presente nelle diverse regioni di innesco. Una maggiore complessità delle reti trofiche produceva infatti due risultati, entrambi positivi. Da una parte consentiva di allargare lo spettro trofico e quindi riduceva la dipendenza da poche risorse insostituibili. Una piú ampia biodiversità rendeva perciò maggiormente sostenibili fenomeni locali di espansione demografica. D'altra parte, la maggiore eterogeneità vegetazionale e faunistica aveva un effetto di *serendipity*, faceva cioè aumentare le probabilità di scoprire per caso specie collaborative. È per questi motivi che, contrariamente alle ipotesi delle aree marginali, le prime fughe in avanti si sono realizzate in aree ecologicamente ricche: in generale è riduttivo pensare che le trovate ingegneristiche che hanno portato al Neolitico siano nate dalla disperazione della fame in ambienti scarsamente produttivi e a bassa biodiversità.

Abbiamo già esplorato le idee suggerite dalla concomitanza della transizione neolitica con la fine dei sussulti glaciali: secondo Bar-Yosef la stretta climatica dello Younger Dryas avrebbe agito da fattore di sollecitazione per la sperimentazione delle nuove economie. Può darsi, ma la nuova prospettiva fornitaci dalla NCT ci suggerisce di rovesciare questa rappresentazione. L'accumulo di potenziale socioeconomico generato dal lungo processo di retroazioni fra genetica, cultura ed ecologia, che abbraccia buona parte del Paleolitico Superiore – in cui ha certamente avuto un ruolo complessivo il clima – ha prodotto un affollamento crescente nella parte terminale della «terra di nessuno» di Smith, molto a ridosso dell'ultima frontiera che dà accesso alle economie basate sul controllo intensivo della produzione. Questo ingorgo si è verificato a causa del semaforo rosso del clima che, nel corso dell'ultimo periodo glaciale, si è fatto sempre piú freddo, arido ma anche terribilmente variabile. Inoltre, la bassa concentrazione di CO_2 non giovava alla produttività degli ecosistemi. Il primo segnale di sblocco è stato il miglioramento del Bølling-Allerød che ha rappresentato una sorta di brevissima accensione del semaforo verde, tanto è vero che nel Levante e probabilmente anche in Cina ci sono state delle false partenze. Secondo questa tesi, il successivo Younger Dryas non è stato quindi l'innesco ma l'ultimo semaforo rosso che, una volta convertitosi al verde dell'Olocene, ha fatto scattare la grande corsa. Viene da pensare al Palio di Siena, quando i cavalli delle contrade dopo giorni di preparazione ed elaborate liturgie entrano alla spicciolata nello stretto recinto prospiciente il canapo e vi si accalcano: sono terribilmente irrequieti e i fantini cercano di acquistare le posizioni migliori. È un tempo indeterminato, talvolta interminabile, di grande accumulo di tensione, che non può sprigionarsi finché il mossiere non fa cadere il canapo e allora accade tutto in pochi minuti, nel delirio dei contradaioli. Non si può resistere alla tentazione di proseguire in questa metafora sul clima-canapo, per fare una considerazione di lungo periodo. Per 2,5 milioni di anni *Homo* ha dovuto adeguarsi alle decisioni incomprensibili di un ignoto mossiere. Per quasi 200 millenni *Homo sapiens*, anche molto tempo dopo aver superato il giro di boa del Neolitico, ha dovuto ancora adeguarsi alle ubbie di un mossiere che sfuggiva al suo controllo diretto. Oggi, anche se lo vorrebbe molto, continua a non avere le chiavi per far tendere o far cadere il canapo a suo piacimento, ma forse ne ha rotto il congegno.

Hong Kong esiste perché il vortice del Neolitico non è stato né un fuoco di paglia né un fenomeno locale. Quando nel Vicino Oriente, nell'Asia occidentale e orientale accadevano le cose che abbiamo descritto, il resto dell'umanità era ancora immersa nel Paleolitico, nonostante – ormai da oltre diecimila anni – fosse stato superato il massimo glaciale e il piú benigno clima olocenico fosse iniziato da oltre due millenni. Le popolazioni europee, dalle Porte di Ferro sul Danubio alle coste atlantiche della Penisola iberica, dall'Italia alla Scandinavia, dalla Francia alla Bretagna e alla Scozia, si trovavano in quella fase culturale che gli archeologi chiamano Mesolitico. Dal punto di vista ecologico ed economico niente di diverso dalle società di cacciatori raccoglitori del Paleolitico Superiore, se non per un ulteriore, estremo allargamento dello spettro di risorse utilizzate. Le analisi isotopiche del $\delta^{13}C$ e del $\delta^{15}N$ dei loro scheletri e gli studi archeozoologici e archeobotanici dei resti dei loro pasti ci raccontano di una dieta costituita oramai in larga misura da organismi delle reti trofiche marino-costiere e delle acque interne, dove abbondavano molluschi, granchi, pesci marini o d'acqua dolce, uccelli acquatici. Lo sfruttamento di queste risorse era localmente cosí intenso da lasciare il segno: dallo studio delle montagne di conchiglie lasciate in molte aree costiere è possibile seguire nel tempo la riduzione delle dimensioni di popolazioni di patelle e altri gasteropodi delle coste rocciose iberiche e baltiche per effetto dell'intensa predazione umana concentrata sulle classi di maggiori dimensioni. Il rimanente 20-30 per cento della dieta comprendeva animali terrestri, come cervi, uri, cinghiali, uccelli di prateria e di foresta. Frutti e bacche di vario tipo completavano i pasti dei popoli mesolitici di 8000 anni fa. Due-tremila anni dopo, la scena era completamente mutata: quasi tutta l'Europa si sfamava con cereali e legumi, ovini e bovini domestici.

Quanto il processo di maturazione del Neolitico era stato lungo e complesso, tanto fulminea fu la sua diffusione in Europa attraverso due direttrici principali. Una cultura neolitica caratterizzata da ceramiche con decorazioni a impressione ottenute con le conchiglie del mollusco *Cardium* attraversò la Grecia proveniente dal Libano, raggiuse la Puglia intorno a 8000 anni fa e tre secoli dopo era già in Liguria, da dove in altri quattro-cinque secoli raggiunse le coste atlantiche del Portogallo e della Spagna. Un'altra cultura, accompagnata da vasi in ceramica decorati da motivi lineari – la *Linearbandkeramik* – risaliva il bacino del Danubio, e poi scendeva in quelli dell'Elba, del Reno e della Vistola dilagando nei Paesi Bassi e nella Germania settentrionale, fino alla Bretagna e alla Scandinavia, dove 7500 anni fa risaliva lo Skagerrak e si fermava in un avamposto settentrionale intorno a Oslo. Qui sarebbe rimasta ferma per oltre un millennio di fronte alle terre controllate dai cacciatori-raccoglitori Ertbølle.

L'ipotesi di un'origine autoctona del Neolitico europeo è stata travolta dall'affinamento delle tecniche di datazione e dai recenti risultati della genetica, che ha dimostrato che quasi tutte le specie di piante e animali domestici erano d'origine mediorientale e asiatica. L'archeologia indica che lo erano anche le tecniche fondamentali di coltivazione e di allevamento e tutto l'armamentario materiale e immateriale per attuarle. Alcuni archeologi hanno spesso ragionato intorno all'idea di una diffusione di idee e di elementi materiali piú che di popoli, ma la genetica umana ha dato un duro colpo ai modelli di contagio culturale del Neolitico europeo. Una lunga serie di studi iniziati con le fondamentali ricerche del genetista italiano Luigi Luca Cavalli Sforza e dei suoi collaboratori hanno dimostrato l'esistenza di un movimento di genti che si portavano al seguito gli elementi essenziali della nicchia ecologica che si erano costruita e le tecnologie per impiantarla nei nuovi contenitori geografici. Le analisi degli ultimi anni hanno confermato che nella variabilità genetica europea esiste un segnale molto forte di migrazione dal Medio Oriente, Caucaso e Anatolia a carico del cromosoma Y, mentre il DNA mitocondriale discende dalle popolazioni europee del Paleolitico che, dopo il picco dell'ultimo glaciale, si erano espanse verso ovest dai rifugi cantabrici e iberici. Il movimento dei geni maschili degli agricoltori che si integrano con quelli femminili delle popolazioni locali di cacciatori-raccoglitori non è uno schema esclusivo del Neolitico europeo: lo ritroviamo in Africa con i Bantu e in Cina con gli Han. I primi modelli di diffusione demica indicavano un'onda di avanzamento verso ovest di circa un chilometro all'anno. L'integrazione tra genetica e archeologia ha permesso di disegnare uno scenario piú realistico, in cui piccoli nuclei di agricoltori si attestavano dove le condizioni lo consentivano, fondavano colonie che conseguivano una rapida espansione demografica grazie alla catena trofica importata e quindi mandavano avanti altri nuclei, come una rana che procede a salti. Ma la direzione generale era verso occidente: *Westward Ho!*, come l'archeologo inglese Peter Rowley-Conwy ha titolato un suo lavoro sulla diffusione europea del Neolitico. Il riferimento al grido dei barcaioli del Tamigi non è casuale, perché molti elementi portano a credere che la dispersione sia avvenuta con imbarcazioni su cui i colonizzatori caricavano la loro nicchia ecologica al completo: sacchetti di semi, ovini e bovini, arnesi e tradizioni. Si ripeteva cosí la storia di 40 millenni prima, quando la dispersione planetaria di *Homo sapiens* si era compiuta lungo le coste, i tratti di mare e le vie d'acqua interne. Solo che questa volta l'uomo si portava dietro l'ecosistema che si era costruito su misura. Dopo essere transitato da una fase invasiva a una perturbativa, *Homo sapiens* passava al terzo stadio: una strategia di conquista basata sulla propagazione della perturbazione ecologica.

Che l'impeto propagativo fosse addirittura presente prima che il nuovo schema socioeconomico avesse raggiunto la piena maturità nelle aree primarie, lo hanno rivelato le scoperte archeologiche sull'isola di Cipro. Già prima di 10 000 anni fa, gruppi di uomini provenienti dal Levante attraversavano i 160 km di mare che separavano l'isola dalle coste mediorientali, portandovi cereali e legumi, ovini e bovini che mostravano alcuni segni della sindrome della domesticazione. Insieme a queste specie addomesticate, o comunque già oggetto di un'esperta gestione, i coloni si portavano dietro anche cervi e cinghiali. Sulle barche che partivano dal Libano e arrivavano a Cipro viaggiava, insomma, l'intera nicchia ecologica, costruita e in costruzione, con al seguito anche le specie che non sarebbero mai entrate nel circuito della domesticazione.

A bordo c'erano anche gli immancabili clandestini, specie opportuniste, commensali e parassiti che viaggiavano sotto lo sguardo distratto o tollerante dei marinai. Un esempio? Il punteruolo del grano è una specie che ha viaggiato con i coloni neolitici dal Medio Oriente all'Europa senza pagare il biglietto. Le specie principali sono tre, del genere *Sitophilus*, appartenente alla famiglia dei Coleotteri Curculionidi: *S. granarius* che attacca il grano, il farro e l'orzo; *S. oryzae* che si nutre di riso; *S. zeamais* che lo fa con il mais. Sono un esempio di specie che hanno colonizzato con successo la nicchia ecologica costruita con l'agricoltura neolitica e non l'hanno piú mollata per diecimila anni. Sono delle vere pesti, che ancora oggi costano caro ai raccolti e devono essere combattute a forza di pesticidi o scatenando contro di loro predatori naturali. La loro distribuzione si è globalizzata a seguito dell'espansione del commercio di cereali durante il XX secolo. La piú antica evidenza della loro presenza nei luoghi di stoccaggio dei cereali è nell'Asia occidentale di circa 9000 anni fa. Dal Levante hanno invaso l'Europa a piú riprese, con la diffusione dell'agricoltura e con le legioni romane. La piú antica associazione con i prodotti stivati dall'uomo è però documentata dall'archeologia dell'Estremo Oriente, e non riguarda i cereali ma le nocciole e le castagne degli Jōmon. Mettendo sotto il microscopio i calchi interni dei vasi di terracotta prodotti da questi instancabili raccoglitori di prodotti naturali, sono venute fuori le impronte lasciate accidentalmente 10,5 millenni fa dall'invadente punteruolo, caduto per caso tra le mani dell'impastatore di argilla. Queste specie sono probabilmente originarie delle foreste del sud-est asiatico, dove prima di incontrare l'uomo si nutrivano di ghiande e altri frutti selvatici. Finite nei depositi di questi frutti si sono allargate e quando, dopo aver raccolto ghiande, castagne e tanti altri frutti di bosco e di mare per oltre diecimila anni, gli Jōmon alla fine sono stati «convinti» dagli Yayoi d'origine coreana e manciuriana a coltivare il riso, 2000 anni fa le simpatiche pesti sono saltate sul nuovo treno. Storie analoghe dovevano essere accadute molto prima in altre parti dell'Estremo Oriente e del mondo occidentale: anche gli antichi contadini cinesi li conoscevano bene, come dimostra una glossa del VII volume del dizionario cinese di *Ěryă* redatto oltre 2000 anni fa. *Sitophilus granarius* fece la sua comparsa molto presto anche in Egitto, dove alcuni esemplari sono stati ritrovati nell'orzo di un'offerta funebre di un faraone della VI dinastia egiziana di 4300 anni fa. Quella del punteruolo è quindi la storia emblematica di una specie che si è autoaddomesticata dopo essere entrata opportunisticamente nel giro delle reti biotiche ingegnerizzate e diffuse dall'uomo.

La rapidità della diffusione della nicchia neolitica in Europa, come nelle altre aree di espansione, fa pensare a un fattore ideologico che abbia fatto da sostegno alla colonizzazione. Coerentemente con la sua idea della rivoluzione dei simboli, Cauvin ritiene che sia stata una forte carica ideologica a garantire la diffusione del modello neolitico, anche ben prima della sua piena maturità. Sarebbero stati ispirati dal culto della dea-madre e dalla nozione del dominio umano sulla natura gli abitanti del Levante settentrionale che introdussero i primi elementi preneolitici nelle altre aree della Mezzaluna Fertile. Due o tre millenni piú tardi il pacchetto ormai completo sarebbe stato portato oltre l'area del Levante, fino al cuore dell'Anatolia, dai coltivatori e dagli allevatori che si riconoscevano nel culto del toro e della virilità dominatrice. Queste ipotesi non sono implausibili, perché l'elemento ideologico, con i suoi idoli, stendardi, inni, ha costituito un fattore di successo di tutti i modelli espansionistici che la storia ci ha tramandato e che l'attualità ci mette ancora sotto gli occhi. Quella del Neolitico potrebbe essere stata una delle varie guerre per l'esportazione della civiltà! E i successivi interventi umani sugli ecosistemi del pianeta e sui loro abitanti anche umani, fino alla Rivoluzione industriale e oltre, hanno sempre avuto motivazioni economiche accuratamente confezionate in forma ideologica.

Un semplice ma robusto bagaglio ideologico era importante anche per regolare i rapporti con le popolazioni mesolitiche residenti. È ancora l'archeologia a suggerire le tante storie di questa sostituzione di stili di vita e di genti. Sulla costa atlantica dell'Iberia fino a poco meno di 8000 anni fa gli insediamenti erano esclusivamente mesolitici, poi arrivarono le asce levigate, le punte di freccia trattate con il fuoco, le sepolture collettive e soprattutto le risorse estratte da una nicchia ecologica addomesticata. Il materializzarsi improvviso – intorno a 7500 anni fa – della presenza neolitica non fu che l'inizio di un processo che portò alla fondazione di un numero crescente di insediamenti neolitici. Nell'estremo occidente i due mondi sono coesistiti in un complesso mosaico per circa cinquecento anni, finché il primo scomparve e il secondo si appropriò degli ecosistemi. Piú a sud, lungo le coste dell'Algarve meridionale, un silenzio archeologico separa le tracce mesolitiche da quelle dei coltivatori che arrivarono via mare dall'Italia o dal Maghreb, forse sospinti dall'aridificazione del Sahara. Qui la crisi climatica che ha investito il Mediterraneo occidentale 7-8000 anni fa, determinando drammatiche variazioni negli ecosistemi terrestri e marini, potrebbe essere stato il fattore che ha deciso le sorti del confronto. Il clima è stato anche l'arbitro della partita che si è giocata in Scandinavia tra i popoli Ertbølle mangiatori di mitili e gli avamposti degli agricoltori che decoravano la ceramica a bande. Attraverso la frontiera che divideva i due mondi passavano gli oggetti ma non gli stili di vita. Sono stati probabilmente l'innalzamento del livello del mare e la riduzione della salinità marina di 6000 anni fa a determinare il crollo della produttività degli ecosistemi marino-costieri, sbloccando una situazione di stallo che durava da oltre un millennio. Lungo la Vistola gli avamposti dei pionieri della *Linearbandkeramik* furono respinti dalla difficoltà di adattare la loro comunità biotica addomesticata al clima e ai terreni locali e al loro posto ricomparvero temporaneamente i cacciatori mesolitici. In mancanza di eventi climatici che truccavano la partita si doveva giocare con metodi diretti: le fortificazioni neolitiche nella regione belga di Hesbayen dimostrano che, oltre ai traffici di tutti i tipi, tra le due «civiltà» c'era anche forte conflittualità.

L'ideologia non era però sufficiente per propagare la perturbazione ecologica, occorreva anche la tecnica. La tradizione doveva essere aperta all'innovazione, la rigidità intellettuale era foriera di catastrofi. Come la diffusione planetaria di *Homo sapiens* era passata attraverso una miriade di semafori selettivi, la diffusione del Neolitico fu una formidabile palestra di plasticità intellettuale. La rete trofica trasportata con le imbarcazioni doveva essere aggiustata alle condizioni locali. La temperatura, le precipitazioni, la natura dei suoli, la durata del giorno, la stagionalità climatica delle coste iberiche o della Bretagna, delle coste Baltiche o di quelle svedesi non erano uguali a quelle della valle del Giordano, dell'alta valle dell'Eufrate o dei monti Zagros, ma neppure a quelle delle coste mediterranee o dell'Egeo. La comunità biotica domestica dentro cui si muovevano i colonizzatori andava incontro a processi di aggiornamento *en route*, non solo per l'aggiunta o la perdita di qualche componente ma anche attraverso la modificazione della fisiologia delle specie. C'è un gradiente latitudinale da sud verso nord nel grano neolitico europeo, in termini di tolleranza delle variazioni stagionali della durata del giorno e della notte.

Anche la riproduzione degli ovini dipende dalla lunghezza del giorno e non sorprende che le pecore delle isole Orcadi avessero adattato molto presto il loro ciclo riproduttivo alle condizioni di illuminazione delle elevate latitudini. Per non parlare dell'alimentazione delle specie animali, che doveva essere modificata in relazione alle disponibilità locali: ancora dallo studio isotopico delle ossa delle pecore delle Orcadi viene la prova che, 5000 anni fa, gli animali domestici di questo remoto arcipelago settentrionale si erano già adattati a nutrirsi di alghe marine. Le tradizioni del coltivatore-allevatore dovevano essere molto plastiche anche al riguardo delle soluzioni da escogitare per superare la «crisi del primo anno». Prima che la comunità domestica andasse a regime occorreva del tempo e questo poteva essere fatale per la sopravvivenza della cellula neolitica impiantata nei nuovi territori. La tarda estate, dopo il raccolto e prima della semina, poteva essere il momento migliore per il viaggio. Il trasporto di femmine gravide o con vitelli e agnelli poteva assicurare latte nei primi tempi dopo l'arrivo e nuova carne in seguito. La caccia e la raccolta erano comunque un modo per sopravvivere nel primo periodo e questo poteva essere un motivo di conflitto in piú con le popolazioni residenti, ma anche un'opportunità per avere con esse scambi e contatti.

La costruzione della nicchia agricola non si è fermata una volta raggiunto un primo risultato coerente. La girandola co-evolutiva con l'uomo al centro ha generato riaggiustamenti continui nelle comunità biotiche e, proprio come previsto dalla *niche construction theory*, si è prodotto anche lo *upgrading* del trasportatore-perturbatore, non solo dal punto di vista culturale, ma anche sotto il profilo genetico. Non era ancora terminata la fase propulsiva che iniziavano a comparire elementi totalmente innovativi del dispositivo di controllo della produzione. Sul fronte delle piante, alla passione neolitica per i cereali e i legumi si aggiunse quella per le specie perenni come olivo, vite, dattero e melograno, oltre alla cronicizzazione dell'antichissima coltura del fico. I frutti di queste piante si prestano a essere consumati freschi, ma se vengono trattati restituiscono prodotti secondari con interessanti proprietà aggiunte: olio, vino, frutta secca conservabile e trasportabile. Anche lo sfruttamento di bovini e ovicaprini ha subito un viraggio dalla utilizzazione distruttiva della carne e delle pelli a quella di parti o prodotti rinnovabili da parte dell'animale come latte e lana. L'archeologo inglese Andrew G. Sherratt ha messo in evidenza come l'utilizzazione di questi prodotti secondari abbia segnato una rivoluzione nella rivoluzione, determinando un salto nell'economia, nel sistema sociale e anche nell'impatto antropico sugli ecosistemi. Del «pacchetto di Sherratt» fa parte anche la trazione animale, che ha facilitato enormemente il trasporto sistematico di grandi quantità di materiali via terra, rilassando la preferenza originale per le vie d'acqua. Il fatto che molta dell'evidenza archeologica, comprese le rappresentazioni pittoriche di scene di stivaggio del latte nelle giare, di aratura dei campi e di movimento di merci con carri, provenga da siti archeologici legati alla prima fase della civiltà dei Sumeri, dice che il grande salto è avvenuto almeno cinquemila anni dopo che nel Vicino Oriente si era raggiunta la prima tappa agricola. Ma il complesso di dati archeologici, archeobiologici e genetici porta a ritenere che anche la «rivoluzione dei prodotti secondari» abbia radici piú antiche e non sia stata un fenomeno improvviso generato da un processo lineare. L'uso di prodotti caseari, ad esempio, era presente nella parte occidentale dell'Anatolia almeno 8500 anni fa, mentre in Europa fece la sua comparsa in Romania e Ungheria circa mille anni dopo, per arrivare in Scozia soltanto tre millenni fa.

Proprio in relazione all'uso del latte e dei prodotti caseari si vede al lavoro la retroazione genetica sull'uomo della nicchia trofica che si è costruito culturalmente. Il lattosio costituisce la maggiore fonte energetica per i neonati di molte specie di mammiferi. L'enzima responsabile dell'idrolisi in glucosio e galattosio di questo carboidrato presente nel latte è la lattasi. Dopo il periodo dell'allattamento la produzione di lattasi da parte dell'organismo diminuisce, finché nella maggior parte degli adulti cessa completamente, rendendo difficoltosa o impossibile l'utilizzazione del lattosio. Tuttavia la capacità di utilizzare i prodotti caseari può conferire vantaggi anche agli adulti in circostanze quali l'indisponibilità di altre fonti di carboidrati, la scarsità di acqua, la scarsa illuminazione con conseguente difficoltà a fissare il calcio nelle ossa. La persistenza della produzione di lattasi (LP) e quindi di idrolizzare il glucosio anche da adulti è sotto il controllo genetico e si osserva nel 35 per cento della popolazione mondiale attuale. L'incidenza del carattere LP varia però geograficamente: tra 15 e 54 per cento nell'Europa orientale e meridionale, tra 62 e 86 per cento in quella centrale e occidentale, mentre nelle isole Britanniche e in Scandinavia oscilla tra 86 e 98 per cento. Anche in India si registra un gradiente nord-sud, con valori che vanno da 63 a 23 per cento. Nell'Asia orientale LP è un carattere piuttosto raro e in Africa ha una distribuzione a chiazze: nei pastori sudanesi Ben Amir è del 64 per cento mentre nei vicini Dounglawi, che non praticano la pastorizia, scende al 20. La genetica rivela che il carattere LP è comparso piú volte e indipendentemente in diverse aree geografiche, fra 2000 e oltre 10 000 anni fa, e che la variazione della sua frequenza non è semplicemente il frutto di deriva genica ma dipende da forti pressioni selettive. Poiché queste date sono nell'intorno dell'origine della domesticazione di animali da latte, si è fatta strada l'idea che LP si sia affermato come risultato di un processo di retroazione cultura-genetica nelle popolazioni che hanno iniziato a fare uso sistematico di prodotti caseari, come previsto dalla teoria della costruzione di nicchia.

Un altro straordinario salto di qualità nella capacità degli uomini di ristrutturare gli ecosistemi fino a costruirne di nuovi fu rappresentato dalla diffusione delle tecnologie metallurgiche. Anche l'origine della metallurgia si perde nel Paleolitico Superiore. Quando in Sudafrica gli uomini di Still Bay arrostivano i sassi di silcrete per poterli scheggiare con maggior precisione, erano sulla buona strada ma la meta era ancora molto lontana. Le prime prove dirette dello sfruttamento del rame provengono da Çayönü Tepesi, nel sud-est della Turchia, dove tra 9 e 10 000 anni fa gli uomini armeggiavano con il rame nativo e con la malachite, il minerale semiprezioso dal quale è possibile ottenere il metallo. In altri luoghi dell'Anatolia sono stati trovati piccoli oggetti di oltre 10 millenni fa, ottenuti modellando il metallo tramite percussione, dopo averlo riscaldato a qualche centinaio di gradi. Per fondere il rame nativo e poterlo colare in semplici stampi occorre invece raggiungere una temperatura di circa 1100 °C, che può essere ottenuta con la combustione del carbone. Il passaggio successivo è costituito dalla lavorazione di rocce metallifere, ossidi o solfati, mediante la loro fusione in crogioli o in vere e proprie fornaci. Questa tecnica deve essere stata inventata da qualche parte tra l'alto Eufrate e l'altopiano Iraniano, dove sono stati trovati resti di malachite triturata vicino a crogioli pieni di scorie risalenti a quasi 7000 anni fa.

Il processo metallurgico per estrarre il rame dalle rocce metallifere è complesso ed è stato messo a punto in tempi diversi e in differenti aree geografiche. Molta di questa storia si è svolta tra 7000 e 5000 anni fa nella stessa Mezzaluna Fertile che aveva visto concretizzarsi la prima agricoltura complessa. La rete di cave, fornaci, esperti di metallurgia e artigiani che lavoravano il rame era straordinariamente complessa e, dal Vicino Oriente, si allargava progressivamente all'Europa da una parte e all'Asia centrale dall'altra, finché intorno a 4 millenni fa abbracciava una vasta area che andava dalla Penisola iberica all'Indonesia e alla Cina, dal Sudan alla Svezia. Con l'aggiunta al rame dell'arsenico, e successivamente dello stagno che arrivava in Mesopotamia dall'Afghanistan insieme all'oro e ai lapislazzuli, si raggiunse infine la messa a punto delle leghe di bronzo che realmente rivoluzionarono la capacità umana di incidere sulla struttura degli ecosistemi. Un'ascia in rame come quella che si portava dietro Ötzi oltre 5000 anni fa nella sua passeggiata sul Similaun, e soprattutto un'ascia in bronzo come ne sono state prodotte a centinaia di migliaia o forse milioni di esemplari in Asia ed Europa a partire da 3500 anni fa, hanno un'impronta ecologica straordinariamente piú grande di quella della migliore ascia in pietra. Questo per due motivi: primo perché la loro maggiore robustezza e finitura permetteva di svolgere un lavoro di manipolazione ecologica molto piú pesante rispetto agli utensili di pietra; secondo perché l'impatto ambientale della costruzione di un'ascia di pietra è praticamente nullo, mentre quello dell'ascia di metallo è costituito dallo scavo della miniera, dagli alberi abbattuti per produrre il carbone necessario alla fusione, dal rilascio dei fumi e delle scorie della lavorazione. A questi oggetti è teoricamente già applicabile il concetto di «impronta ecologica del prodotto», come si fa per gli oggetti dell'uomo contemporaneo anche se la stima quantitativa delle componenti di queste piú antiche impronte è ancora di difficile calcolo.

Nell'area mediterranea la diffusione delle tecniche metallurgiche è stata sincrona con la completa realizzazione di un'economia triadica basata sulla coltivazione dei cereali domestici, degli alberi da frutto e sulla gestione delle greggi e degli armenti. Questa policoltura – che ha caratterizzato le regioni mediterranee fino a meno di un secolo fa – richiede strumenti adatti per poter essere efficacemente sostenuta e un'organizzazione calendariale complessa, ma ha il grande vantaggio di offrire risorse nutritive complementari e di ridurre i rischi di crisi produttiva, perché i suoi elementi sono diversamente vulnerabili rispetto alle contingenze climatiche ed ecologiche. Inoltre, la lavorazione di prodotti secondari come olio, vino e prodotti caseari, amplia la possibilità di ottenere surplus produttivi conservabili, commercializzabili anche attraverso filiere relativamente lunghe e a grandi distanze, favorite dal traffico marittimo consentito dalla geografia mediterranea. L'immediata conseguenza del binomio metallurgia-policoltura fu un'espansione demografica regionale che non poteva essere raggiunta attraverso economie di sussistenza basate sulla caccia-raccolta, ma neppure con le prime forme di agricoltura. È per questo motivo che le tracce lasciate dalla metallurgia del bronzo e dalle attività produttive consentite dai nuovi strumenti di lavoro segnano un evidente salto negli archivi palinologici e nella composizione isotopica dei sedimenti lacustri e marini di varie aree mediterranee ed europee.

8000 anni fa l'Europa viveva nel Paleolitico, avanzato quanto si vuole ma pur sempre Paleolitico. 4000 anni fa, quando iniziò l'Età del Bronzo, la quasi totalità del continente europeo era occupato da coltivatori, allevatori, fabbri, carpentieri, mercanti, guerrieri, sacerdoti, nobili e plebe. In quattromila anni il processo di diffusione del Neolitico, la successiva adozione di prodotti secondari e la lavorazione dei metalli, verificatisi attraverso una serie di sperimentazioni e migrazioni di genti, geni e culture, aveva già iniziato a trasformare la struttura vegetazionale, faunistica e antropologica dell'Europa, creando le premesse per l'acquisizione di quelle *facies* paesaggistiche che ancora abbiamo sotto gli occhi. Trasformazioni analoghe si erano verificate nello stesso periodo nel Vicino ed Estremo Oriente e in Asia centrale. Gli ecosistemi di aree geografiche sempre piú estese, inclusa l'Africa e le Americhe, furono analogamente marcati in profondità dall'attività umana legata al controllo della produzione. Con il nuovo protagonista le dimensioni culturali, socioeconomiche e ideologiche erano diventate ormai parte integrante del vortice tra ambiente e genetica che trasformava a velocità sempre crescente gli ambienti e gli organismi del pianeta, uomo compreso. Quanto abbiamo ricavato da una lettura integrata dei nuovi dati dell'archeologia, della paleoecologia e della genetica, ci convince che il vortice di trasformazioni eco-antropologiche – avviatosi negli ultimi momenti del Pleistocene e culminato poco dopo l'inizio dell'Olocene – non era semplicemente l'effetto collaterale dell'espansione demografica e del progresso culturale delle popolazioni moderne, ma costituiva la vera forza organizzatrice di questa rivoluzione. L'impronta ecologica dell'uomo, rimasta in costruzione e latente nelle precedenti centinaia di migliaia di anni, usciva ora dagli ambiti puramente locali e iniziava a rendersi manifesta in modo sempre piú continuo e su scale sempre piú ampie.

Capitolo settimo
L'impronta rivelata

> Fin dove risale la memoria storica l'uomo ha sempre vissuto se stesso e le proprie condizioni di esistenza come un enigma; egli è per se stesso un tema inesauribile, grazie alla sua capacità di contrapporsi (in quanto «soggetto») al mondo in cui vive (gli «oggetti»). Questa presa di distanza dal mondo è la premessa necessaria per impadronirsene, e quindi anche la premessa delle eccezionali attitudini dell'uomo.

Questa frase è contenuta in uno dei foglietti ritagliati dall'enciclopedia che il signor Geiser, smemorato protagonista di *Der Mensch erscheint im Holozän* di Max Frisch, appiccica alle pareti di casa mentre fuori diluvia e tutto frana in una remota valle della Svizzera. Affiorando alla sua memoria in dissoluzione un lontano paesaggio dell'Islanda emette una vaga profezia nichilista: «Probabilmente saranno i pesci a sopravviverci, e gli uccelli». E dopo aver vaneggiato di ere geologiche e di minerali, di ghiacciai e di salamandre, e aver riempito la casa di citazioni enciclopediche, lo stadio finale del suo distacco dalla realtà lo porta a concludere:

> Tutti i foglietti, che siano sulla parete o sul tappeto, possono scomparire. Che significa Olocene! La natura non ha bisogno di nomi.

Olocene è il nome che gli scienziati riuniti a Bologna per il Convegno internazionale di Geologia del 1885 decisero di adottare per designare l'ultima epoca del Quaternario. Benché la maggior parte della vicenda di *Homo sapiens* si sia svolta nel corso della parte finale del Pleistocene, la sua vera identità di specie fuori dagli schemi ecologici convenzionali si è rivelata soprattutto nell'Olocene. Se comprimessimo l'intera storia della Terra in un giorno, la presenza umana risalirebbe all'ultimo minuto e l'Olocene agli ultimissimi istanti. Eppure è nel corso di questa epoca, iniziata poco piú di 10 000 anni fa, che secondo una visione corrente gli ecosistemi del pianeta, regolati per i precedenti milioni di anni da fattori sostanzialmente climatici, sono passati sotto un dispotico dominio umano. Di questo gli scienziati ne hanno coscienza almeno da quando il geologo e biologo russo Vladimir Vernadsky nel 1926 ha sottolineato come, oltre a trasformare la superficie terrestre, l'uomo abbia addirittura modificato i grandi cicli biogeochimici di elementi fondamentali quali il carbonio o l'azoto. La visione corrente è quella ben rappresentata da alcuni dei piú influenti ecologi – riuniti dalla carismatica figura di Peter M. Vitousek – che quasi dodicimila anni dopo l'inizio dell'Olocene hanno consegnato alla comunità scientifica e all'opinione pubblica una riflessione-stato-dell'arte dal titolo *Human domination of Earth's ecosystems*, dove si elencano tutte le principali sfaccettature dell'enorme impronta ecologica dell'uomo contemporaneo. Un esperimento planetario realmente inedito e dall'esito molto incerto è in corso e noi, insieme al resto del pianeta, ne siamo i protagonisti e le cavie. L'esperimento potrebbe aver già portato a dover staccare dalla parete il foglietto con scritto «Olocene» e a sostituirlo con un nuovo nome: «Antropocene».

1. *Folla planetaria.*

Crescete e moltiplicatevi! Abbiamo preso alla lettera l'autorevole raccomandazione. Dalla fine del Pleistocene e per tutto l'Olocene la riproduzione è stata, insieme alla mobilità, il motore della diffusione di *Homo sapiens* nelle aree disabitate del pianeta o in quelle unilateralmente dichiarate tali a spese di chi ci abitava prima di lui. Il lavoro di costruzione delle nicchie antropiche iniziato alla fine del Paleolitico e proseguito nel Neolitico, nell'Età del Bronzo e oltre, si è basato largamente sull'applicazione di questo principio e i suoi risultati hanno favorito a loro volta, retroattivamente, la crescita demografica dell'uomo. Nel corso della storia dei popoli la riproduzione è stata spesso il mezzo con cui si sono imposti agli altri i propri geni, le proprie ideologie, i propri modelli economici, insomma la propria civiltà. Questo principio continua a essere in auge anche oggi che il *sapiens world club* ha ormai festeggiato lo sfondamento della soglia dei sette miliardi di membri. La demografia storica ci racconta i numeri degli ultimi due millenni: nel primo anno dell'era volgare la popolazione mondiale ammontava a poco meno di 190 milioni di individui (le stime indicano una forbice tra 170 e 330 milioni), che divennero quasi 300 nel Mille, superarono quota 600 nel 1700, mentre all'inizio del XX secolo erano 1,65 miliardi per poi raggiungere 2,5 miliardi nel 1950 e 6,2 miliardi nel 2000. Negli ultimi venti secoli la densità globale di *Homo sapiens* è quindi cresciuta da 1,4 a 45,8 abitanti per chilometro quadrato. Questa impetuosa crescita non è stata costante né ugualmente distribuita, ma si è realizzata in modo diverso nelle differenti aree della Terra. Nel segmento storico I-XVII secolo la crescita demografica annua è stata dello 0,07 per cento in Europa e in Asia, dello 0,1 in Africa e dello 0,03 in America settentrionale. Tra il 1700 e il 2000 i valori sono stati 0,56 per cento in Europa, 0,75 in Asia, 0,78 in Africa, 1,87 in America settentrionale e 1,26 per cento in America meridionale. I maggiori incrementi hanno coinciso con le fasi di sviluppo socioeconomico delle diverse popolazioni, come nel caso della metallurgia del bronzo nel Vicino Oriente e in Europa, la Rivoluzione industriale del XVIII secolo, e la globalizzazione del secondo dopoguerra, mentre le stasi o le regressioni demografiche sono state determinate dalle crisi politiche e dalla stagnazione economica, dal declino degli imperi e dalle grandi epidemie. Qualche volta hanno influito le variazioni climatiche che si sono registrate anche nell'Olocene, sebbene con intensità minore delle ultime fasi del Pleistocene, ma altre volte l'uomo si è rovinato da solo mangiandosi le risorse senza pensare alle conseguenze future. Mediamente però, con alterne vicende, la popolazione globale di *Homo sapiens* ha subito una crescita senza precedenti e questo costituisce una parte notevole del problema ecologico attuale.

Come è cominciata questa storia demografica? Quanti erano gli uomini del Paleolitico Inferiore e Medio, quando ancora il mondo non aveva conosciuto *Homo sapiens*, e cosa è avvenuto all'inizio della nostra vicenda, tra Paleolitico Medio e Superiore? E dopo, come si è arrivati attraverso l'Olocene ai numeri della demografia storica e contemporanea? Queste domande sono rilevanti per comprendere come si sia determinata la tirannide ecologica della nostra specie, perché l'impatto antropico globale sul pianeta è cresciuto sí con il peso specifico di ciascuna impronta, ma anche con l'aumentare del loro numero!

I paleodemografi si sono ingegnati in molti modi per tentare di ricostruire i numeri degli uomini sulla Terra nel lontano passato, quando non esistevano anagrafe e censimenti. Un metodo si basa sull'idea che esista una relazione tra la quantità di tracce archeologiche di un determinato periodo e il numero di uomini che nello stesso intervallo di tempo abitavano una determinata regione. Per tradurre la frequenza dei reperti nella stima della densità di popolazione occorre però risolvere una serie di problemi, il principale dei quali deriva dagli errori tafonomici, cioè dal fatto che le tracce si perdono con il passare del tempo e che tracce diverse presentano una persistenza diversa in ambienti differenti. Disponendo di estesi archivi di reperti archeologici datati al ^{14}C e calibrati con una precisione accettabile, si riesce tuttavia a ricostruire i profili demografici con una buona affidabilità. Un altro modo è quello di studiare la demografia delle popolazioni «pre-industriali» storiche o ancora presenti in differenti habitat e zone climatiche per stimare quanti dovevano essere i nostri antenati cacciatori-raccoglitori alla fine del Pleistocene. Questi metodi paleodemografici sono affetti da incertezza statistica e, dato che si basano su una serie di ipotesi, i risultati devono sempre esser presi con beneficio d'inventario. Però, incrociando le stime ottenute con i vari metodi, si riesce a ricavare almeno l'ordine di grandezza delle popolazioni preistoriche e ad avere un'idea delle loro variazioni in termini relativi.

Anche i genetisti hanno iniziato a metter bocca in queste faccende, cercando nella variabilità delle popolazioni attuali i segni delle remote variazioni numeriche di *Homo sapiens*. Per farlo si utilizza lo stesso metodo della coalescenza che ha permesso di ricostruire l'età di Eva mitocondriale e di Adamo Y. L'idea che sta alla base della paleodemografia genetica è che la probabilità che due genotipi hanno di condividere un antenato nella precedente generazione è inversamente proporzionale al numero di individui che compongono la popolazione. Se si ricostruisce indietro nel tempo tutta la genealogia genetica fino all'antenato comune piú recente, la distribuzione delle coalescenze genetiche si presenta in modo diverso per una popolazione che si è mantenuta numericamente stabile o per una che si è espansa. Nel primo caso, le coalescenze sono relativamente uniformi mentre, nel secondo, si concentrano nella parte piú remota dell'albero, vicino all'antenato comune.

La genetica indica che da una popolazione africana dell'ordine delle decine di migliaia o al massimo di qualche centinaio di migliaia di individui si sarebbe staccato il nucleo di 100-1000 individui che ha dato luogo a tutta l'umanità attuale. Il DNA dei mitocondri e quello del cromosoma Y portano tracce di una strozzatura demografica tra 200 000 e 100 000 anni fa, seguita da una fase di espansione tra 100 000 e 50 000 anni fa. Questo quadro è sostanzialmente coerente con l'idea di un evento di speciazione che avrebbe dato origine a *Homo sapiens* a partire da qualche popolazione africana del Pleistocene Medio, seguita dall'emigrazione dal continente originario da parte di un piccolo gruppo di individui che poi avrebbero iniziato a diffondere e a espandersi demograficamente. Prendendo in considerazione marcatori genetici e aplogruppi diversi, si possono ricostruire le fasi successive di questa vicenda, scoprendo che tanti crolli demografici, episodi di fissione ed espansioni hanno accompagnato la conquista della Terra. A ogni collo di bottiglia corrispondeva l'assunzione di configurazioni genetiche specifiche in una determinata area del pianeta, dato che l'effetto fondatore e la deriva genica producevano la fissazione di un determinato assetto genetico e la scomparsa degli altri aplogruppi. Tra gli eventi che hanno lasciato cosí la loro impronta ci sono quelli che hanno prodotto le popolazioni dell'Eurasia occidentale o dell'Australia circa 50 millenni fa e quello che ha segnato la colonizzazione delle Americhe, geneticamente databile a circa 10,5 millenni fa.

Tra alti e bassi, la diffusione dell'uomo anatomicamente moderno nelle varie regioni del pianeta fu accompagnata da una prima crescita demografica globale. Le stime canoniche parlano di una popolazione mondiale pre-*sapiens* di circa un milione di uomini nel periodo compreso tra 1 milione e 500 000 anni fa, che sarebbe leggermente aumentata fino a raggiungere 1,3 milioni alla transizione tra Paleolitico Medio e Superiore. Si stima che poi, in alcune decine di migliaia di anni, alla fine del Paleolitico, l'umanità «sapiente» abbia superato i 5 milioni. In uno studio che attinge ai dati della paleoclimatologia e dell'etnografia, i paleodemografi francesi Jean-Pierre Bocquet-Appel e Pierre-Yves Demars hanno ricostruito nei dettagli le vicende demografiche occorse in Europa occidentale tra l'arrivo di *Homo sapiens* e l'inizio dell'Olocene. Lo scenario paleoclimatico iniziale è quello del MIS3, un periodo in cui una grande massa ghiacciata si estendeva su gran parte dell'Europa settentrionale e il livello del mare era circa 30-80 m al di sotto dell'attuale. Le grandi pianure europee comprese tra i 51 gradi di latitudine Nord e le Alpi erano ricoperte da una vegetazione mista di prateria e foresta boreale, un biotopo simile all'attuale Canada settentrionale, idoneo per sostenere una comunità di grandi mammiferi come le renne e i loro predatori, rispettivamente prede e competitori dell'uomo. Seguendo un principio di uniformità etnologica, secondo cui l'assetto socioeconomico e demografico dei cacciatori-raccoglitori moderni ricalca quello dei popoli che in passato abitavano in habitat simili, i ricercatori hanno preso a modello delle popolazioni di *sapiens* del Paleolitico Superiore i gruppi etnici che vivevano nelle regioni dell'America settentrionale e del Canada al momento dell'arrivo degli Europei e di cui si conoscono le densità e le variazioni demografiche in rapporto al clima: i Chippewyan, gli Han, i Mountain, i Naskapi e, in generale, le etnie del *dry boreal parkland* nordamericano, con densità che variavano tra 0,0042 e 0,0182 abitanti per chilometro quadrato.

Utilizzando queste informazioni e considerando i quasi tremila siti archeologici europei abitati tra 40 e 11 millenni fa si può stimare la dinamica demografica della fase terminale dell'ultima glaciazione e della transizione post-glaciale. Nel periodo Aurignaziano (40 400-31 000 anni fa) la popolazione dell'Europa nordoccidentale (Francia, sud dell'Inghilterra, Germania, Paesi Bassi) ammontava a oltre 4400 abitanti (la stima varia tra 1700 e 28 000); durante il successivo Gravettiano (31-23 500 anni fa) era di quasi 4800, per poi passare a 5900 durante il massimo glaciale, circa 22 000 anni fa. Superata la grande crisi della glaciazione, si registrò una forte espansione demografica, con una popolazione complessiva di quasi 29 000 abitanti (le stime sono comprese tra 11 000 e 73 000) intorno a 18 millenni fa. Le rappresentazioni spaziali dei risultati dimostrano che l'Aquitania e la Cantabria costituirono le aree rifugio entro cui le popolazioni si ritirarono durante i periodi glaciali piú intensi senza subire una evidente riduzione demografica, per poi dilagare nuovamente verso l'Europa centrale e settentrionale nel periodo tardo-glaciale, con numeri maggiori di prima. La capacità di superare le crisi climatiche mediante un riallineamento geografico senza subire alcuna significativa riduzione demografica la dice lunga sull'autonomia ecologica già raggiunta fra 40 e 18 millenni fa da parte di *Homo sapiens*. L'immagine generale che si ricava da queste analisi è che la preistoria demografica dell'uomo moderno, inizialmente non dissimile da quella degli uomini che l'avevano preceduto nella dispersione eurasiatica, abbia precocemente imboccato una strada che attraverso una serie di turbolenze gli consentiva tuttavia di mantenere, su tempi lunghi, tassi di incremento mediamente positivi e di raggiungere elevati livelli di numerosità complessiva.

Viene quindi da chiedersi se il comportamento demografico di *Homo sapiens* abbia sempre seguito le stesse regole generali che governano le popolazioni degli altri organismi o se i fattori che hanno dato forma alla sua demografia siano stati totalmente diversi, ed eventualmente quando e come la sua demografia si sia differenziata da quella dei suoi predecessori e di altri animali. Antropologi, demografi ed ecologi hanno affrontato il problema da angolature diverse, utilizzando metodi e concetti differenti che solo recentemente mostrano segni di convergenza. Benché della questione si fossero occupati già molti filosofi, compreso David Hume, il primo a entrare con decisione empiristica sull'argomento è stato un notissimo studioso vissuto in Inghilterra tra la metà del XVIII secolo e il XIX: il prete anglicano Thomas Robert Malthus. Nella sua opera *An Essay on the Principle of Population* pubblicata nella prima edizione nel 1759, «Pop», come lo chiamavano i suoi scolari, enunciò il principio secondo cui le popolazioni, «data l'attrazione incontenibile tra i sessi», hanno la potenzialità di accrescersi «geometricamente», cioè con andamento esponenziale, e lo farebbero fino a raggiungere, generazione dopo generazione, una densità infinita se non intervenisse qualche forma di limitazione esterna. Secondo Malthus questo limite è imposto dal progressivo ridursi delle risorse: al crescere della densità della popolazione la quantità di risorse disponibili per ciascun individuo diminuisce, innescando processi di mortalità o di riduzione della fertilità, con il risultato di una regolazione naturale. Queste idee ebbero una grande influenza su Darwin e Wallace, che videro nella competizione per le risorse la *struggle for life*, il fattore che a ogni generazione porta alla eliminazione selettiva del surplus di individui lasciando nella popolazione solo quelli che riescono a sfruttarle piú efficacemente e quindi a vivere piú a lungo e a riprodursi con maggior successo. Il ragionamento malthusiano, oltre a influenzare lo sviluppo della teoria dell'evoluzione per selezione naturale, ha segnato di fatto la nascita della demografia biologica e di quella parte dell'ecologia che studia il rapporto tra le popolazioni e l'ambiente: la demoecologia.

L'idea della regolazione causata dalla competizione per le risorse è stata codificata in forma matematica da molti teorici della demoecologia. Una celebre formulazione è quella che va sotto il nome di «funzione logistica», escogitata nel 1838 dal matematico belga Pierre François Verhulst, secondo cui una popolazione che colonizza un nuovo habitat a partire da una densità iniziale molto bassa va incontro a un accrescimento esponenziale che, però, rallenta al crescere della densità. La crescita si arresta completamente quando la popolazione raggiunge un valore massimo imposto dalla competizione per le risorse. Il termine che usano i demoecologi per la densità massima possibile è quello di «capacità portante» (*carrying capacity*). In questa ottica, la regolazione avviene attraverso la variazione dei due fattori demografici fondamentali: fertilità e mortalità. All'aumentare della densità la prima si riduce, mentre la seconda aumenta e la rapidità della crescita dipende proprio dal rapporto tra le due. Insomma, la dipendenza dell'accrescimento dalla densità garantirebbe una regolazione automatica delle popolazioni naturali.

Che la regolazione demografica umana segua semplici leggi biologiche di tipo malthusiano, secondo cui la mortalità e la riduzione della fertilità dovuta alla sottonutrizione scattano automaticamente quando la popolazione raggiunge la capacità portante è, però, un concetto ostico alla maggior parte degli etnologi perché nelle attuali popolazioni di cacciatori-raccoglitori la densità di popolazione sembra mantenersi sempre ben al di sotto della capacità portante teorica. È opinione comune tra gli antropologi che i meccanismi attraverso cui le società dei cacciatori-raccoglitori si mantengono a densità basse abbiano a che fare piú con elementi di tipo culturale e sociale che non con la «potatura» del surplus demografico dovuta alla carenza di risorse. Lo zoologo inglese Vero C. Wynne-Edwards, noto per aver introdotto il discusso concetto dell'evoluzione di gruppo, ha descritto con il termine di «omeostasi demografica» l'insieme dei meccanismi comportamentali di regolazione della densità nelle popolazioni animali e umane. L'economista inglese Edwin Cannan e il demografo Alexander Carr-Saunders, agli inizi del XX secolo, hanno enunciato al riguardo un principio di ottimalità, secondo cui nelle popolazioni pre-industriali la regolazione, volontaria e culturale, fa sí che la densità si mantenga intorno a un valore pari al 20-30 per cento della capacità portante teorica, che assicura il massimo di risorse pro capite. Per inciso, Carr-Saunders – nel suo libro del 1922 *The Population Problem. A Study in Human Evolution* – è stato tra i primi ad analizzare l'impatto a cascata che l'incremento demografico delle popolazioni umane nel corso dell'Olocene ha avuto sulle comunità biotiche del pianeta.

Molti antropologi ed etnologi ritengono che i dispositivi socioculturali che regolano la densità nelle popolazioni di cacciatori-raccoglitori, oltre ai conflitti intra- e inter-etnici, comprendano meccanismi di limitazione piú o meno volontari della riproduzione: ritardo dell'inizio dell'età riproduttiva, celibato, tabú sessuali, lattazione prolungata, aborto, infanticidio. In particolare, sull'infanticidio come meccanismo di regolazione demografica nelle società di cacciatori-raccoglitori si è sviluppata una vasta letteratura, basata molto spesso piú sul sentito dire che su evidenze certe, e molto marcata dal pregiudizio. Solo in rari casi si sono raccolte informazioni dirette a sostegno dell'idea che tra i cacciatori-raccoglitori questa sia una pratica che contribuisce sostanzialmente alla regolazione della riproduzione e quindi della densità di popolazione. Piuttosto, l'infanticidio – soprattutto quello femminile – sembra essere una pratica che si è affermata nelle società stanziali di allevatori-agricoltori dopo il Neolitico e rappresenta ancora oggi una drammatica piaga sociale in varie popolazioni umane di paesi a differenti livelli di sviluppo, come denunciato da numerose recenti indagini sullo sbilanciamento del rapporto numerico tra i sessi in aree dell'Africa e dell'Asia.

Quali che siano i meccanismi, biologici e culturali, che legano la fertilità e la mortalità alla disponibilità di risorse, è fuor di discussione che per la maggior parte della preistoria e della storia di *Homo sapiens* la crescita demografica di una popolazione è stata funzione dell'assetto climatico ed ecologico della regione di residenza. Il clima di una determinata area – irraggiamento solare, precipitazioni, escursione termica, regime eolico – influenza direttamente la produttività primaria, cioè la quantità di carbonio organico incorporato in biomassa nell'unità di tempo dagli organismi autotrofi attraverso la fotosintesi. A sua volta, la disponibilità di biomassa primaria influenza la produttività secondaria di un ecosistema, cioè la biomassa dei consumatori. I vincoli metabolici del bilancio energetico fanno sí che alla transizione tra produttori primari ed erbivori si verifichi una perdita di circa il 99 per cento dell'energia e che successivamente, a ogni passaggio di livello della catena trofica, si produca un'ulteriore riduzione del 90 per cento circa. L'ecologo inglese Charles S. Elton – nel suo libro *Animal Ecology* del 1927 – ha per primo evidenziato come questi rapporti di trasferimento conferiscano alle comunità naturali una struttura di tipo piramidale, in base alla quale la biomassa, l'energia e il numero di individui diminuiscono a ogni successivo livello, dagli erbivori ai predatori di vertice. Una conseguenza della riduzione di energia all'aumentare del livello trofico è che la biomassa – o energia – che una popolazione di consumatori può accumulare in una determinata area è maggiore se riesce ad attingere direttamente anche ai livelli basali della catena trofica che non ne occupa una posizione rigidamente di vertice, come fa un carnivoro superpredatore. Il passaggio da una forma di sussistenza basata esclusivamente sulla predazione di erbivori o di consumatori intermedi a una che include anche l'erbivoria ha quindi effetti positivi sul bilancio energetico e quindi sulle dimensioni che una popolazione può raggiungere. Anche molto prima di maturare un'economia agricola completa, *Homo sapiens* ha mostrato di avere preferenze alimentari molto ampie, con una spiccata inclinazione a includere nella dieta non solo una grande varietà di prede minori ma anche un largo insieme di vegetali selvatici. Questa maggiore versatilità trofica è stato uno dei fattori che hanno consentito un primo decollo demografico rispetto alle precedenti forme di Ominini.

È fuor di dubbio che nel caso di *Homo sapiens* il concetto di regolazione demografica legata alle risorse trofiche è riduttivo, almeno nella sua accezione piú ristretta. Intanto le risorse limitanti – e questo è vero in generale e non solo per l'uomo – non sono solamente quelle trofico-energetiche ma riguardano un piú vasto insieme di elementi ambientali, come i rifugi e le risorse idriche, per cui sostenere che la densità dei cacciatori-raccoglitori moderni è regolata molto al disotto della capacità portante in termini di produttività ambientale significa considerare solo una parte della dipendenza uomo-ambiente. La possibilità di riaggiustare in modo disinvolto la capacità portante non è una novità della fase neolitica o industriale, ma già era presente nei cacciatori-raccoglitori del Paleolitico Medio e Superiore. Questa minore rigidità demografica che sembra far differire cosí marcatamente *Homo sapiens* dai suoi predecessori, è un'acquisizione antica che discende soprattutto dalla sua capacità di inventarsi sempre nuove forme di sussistenza per andare a rovistare un po' dovunque tra i livelli delle reti trofiche. Piú volte, negli atti di questo processo all'uomo, si è tirata in ballo la *broad spectrum revolution* per spiegare la transizione ecologica che marca la differenza tra l'uomo e gli altri predatori e tra *Homo sapiens* e gli altri uomini che l'hanno preceduto o che ne hanno fatto le spese. In definitiva, però, il risultato ultimo della capacità dell'uomo di giocare con la *profitability* delle risorse attraverso la maggiore plasticità fisiologica e comportamentale è proprio sul piano demografico. Si sono considerate le molte prove che questa disinvoltura trofica, un carattere chiave dell'originalità dell'uomo moderno, sia comparsa molto precocemente nella nostra storia naturale e che poi si sia molto amplificata nel corso della dispersione planetaria. È chiaro che il crescere di questa plasticità rendeva sempre meno rigida la regolazione «malthusiana» delle popolazioni umane, permettendo continui riaggiustamenti della capacità portante già nel contesto di strategie di caccia-raccolta. In particolare, la minore dipendenza esclusiva da una tipologia particolare di risorse, come i grandi erbivori, rilassava la rigidità della regolazione demografica «dal basso» tipica dei rapporti esclusivi preda-predatore. C'è un ulteriore aspetto che va considerato ed è il fatto che, come dimostra lo studio delle popolazioni ancora esistenti di cacciatori-raccoglitori, i maschi adulti sono prevalentemente dediti alla caccia «grossa» lasciando alle femmine e ai giovani la raccolta delle risorse di contorno. Questa suddivisione, pur non essendo rigida, ha avuto comunque grandi effetti demografici e potrebbe aver rappresentato un vantaggio decisivo di *Homo sapiens* rispetto ai precedenti colonizzatori dell'Eurasia, come si è visto discutendo il rapporto *sapiens-neanderthal*. L'allargamento trofico di per sé consente infatti di completare la dieta sotto il profilo dei nutrienti, ma rappresenta anche una garanzia di maggiore continuità calorica con effetti positivi sulla gestazione e sulla crescita dei cuccioli. Inoltre, il sollevare le donne dalle incombenze venatorie della grande fauna ha sicuramente ridotto la frequenza dei traumi e lo stress psicofisico che aveva contribuito a mantenere bassa la fertilità dei predatori piú esclusivi come *Homo erectus* e alcuni suoi successori.

La storia però non finisce qui. Tra le integrazioni piú significative rispetto ai primi semplici modelli demografici di Malthus c'è l'idea che in molte specie l'aumento della densità produca anche effetti positivi oltre a quelli negativi dovuti alla competizione. L'effetto positivo della densità, che prende il nome dall'ecologo americano Warder C. Allee che l'ha descritto per primo, può essere legato a fenomeni molto diversi che vanno dalla maggiore probabilità di trovare un partner sessuale a veri e propri comportamenti altruistici e di cooperazione che hanno luogo nelle specie piú complesse dal punto di vista comportamentale e sociale. In casi estremi, l'effetto Allee fa sí che la crescita demografica sia possibile solo quando la densità supera una soglia di criticità, detta «popolazione minima vitale». Questo è stato sicuramente un fattore limitante nella demografia dei cacciatori-raccoglitori, le cui popolazioni erano costituite da piccoli nuclei spesso debolmente collegati tra loro e soggetti a oscillazioni. Le piccole popolazioni sono infatti molto vulnerabili rispetto al fenomeno della stocasticità demografica: mentre in una grande popolazione la variabilità interindividuale della fertilità e della mortalità si bilancia statisticamente, nei piccoli nuclei demografici si possono determinare situazioni prevalenti di scarsa fertilità o elevata mortalità in modo del tutto casuale, a causa di quello che gli statistici chiamano «errore di campionamento». Nelle piccole popolazioni questi fattori di rischio demografico sono anche accompagnati dal problema dell'incrocio tra individui geneticamente simili (*inbreeding*) che aumenta la frazione di omozigoti e quindi le probabilità di espressione di caratteri recessivi dannosi. Per tutte queste ragioni, una piccola popolazione è sempre pericolosamente in bilico e basta un fatto minimo e casuale a spingerla verso quello che i demoecologi chiamano il «vortice di estinzione». Se la popolazione, pur piccola, fa parte di un network demografico piú ampio, ecco che molte di queste criticità vengono a rilassarsi. Questi effetti limitanti hanno sicuramente contribuito a contenere la crescita demografica di *Homo erectus*, *Homo rhodesiensis/heidelbergensis* e anche di *Homo neanderthalensis*, la cui densità era rimasta dell'ordine di 0,001-0,01 individui per chilometro quadrato durante tutto il Paleolitico Inferiore e Medio. Limitazioni analoghe devono aver agito inizialmente anche in *Homo sapiens*, soprattutto durante le prime fasi della dispersione dal continente africano – il lungo periodo nero tra i primi esodi documentati e la grande corsa iniziata 70 000 anni fa – per poi rilassarsi gradualmente, anche in relazione alla maggiore connettività fra i gruppi locali. Il fattore mobilità è fondamentale in questo senso, perché permette a popolazioni con eccesso di individui residenti in aree ottimali di alimentare numericamente e geneticamente nuclei periferici meno consistenti, altrimenti destinati a estinguersi.

Trattare la demografia preistorica dell'uomo riferendosi astrattamente a una popolazione globale omogeneamente distribuita e rimescolata – come molecole di un gas perfetto dentro una sfera chiusa – alla quale si applicano generici tassi di crescita e sistemi rigidamente deterministici di regolazione, come spesso ha fatto la demografia classica, è però limitante. Integrando i dati della paleoantropologia, dell'archeologia e della genetica si è ricostruito un processo di colonizzazione della Terra da parte di *Homo sapiens* marcato da un susseguirsi di eventi globalmente legati alle vicende climatiche, ma anche singolarmente aleatori e caotici di espansione e contrazione, fondazione ed estinzione di colonie umane nelle varie parti del pianeta. La distribuzione spazio-temporale dell'umanità è stata a lungo estremamente discontinua e fluttuante. Ma la straordinaria mobilità e la capacità di forzare i limiti del condizionamento climatico e delle strutture delle reti trofiche tipici di *Homo sapiens* garantivano un buon grado di connettività tra i nodi di questa rete planetaria. Le singole popolazioni di questo network si sviluppavano con regole demografiche autonome in rapporto alle condizioni e alle risorse locali, ma erano anche parzialmente collegate tra loro attraverso lo scambio di individui, e quindi di geni, garantito da processi di migrazione. Soltanto di recente la straordinaria densità raggiunta da *Homo sapiens*, unita alla realizzazione di efficaci mezzi di trasporto planetari e allo sviluppo di tecnologie di comunicazione globale, ha fatto sí che l'umanità si sia configurata veramente come un'unica popolazione, anche se sopravvivono localmente barriere culturali e ideologiche che ostacolano l'*outbreeding* e limitano l'immigrazione. Ma, per la maggior parte della preistoria e della storia dell'uomo, la situazione è stata quella di una grande rete planetaria costituita da un numero variabile di popolazioni locali parzialmente autonome, anche se variamente collegate tra loro.

La demoecologia moderna ha coniato il termine di «metapopolazione» per descrivere un insieme di popolazioni locali riunite in un network genetico-demografico di questo tipo e si è attrezzata con strumenti investigativi adatti per analizzare esattamente questa struttura. Gli ecologi Richard Levins e Ilkka Hanski sono stati fra i primi a studiare le metapopolazioni con metodi teorici e sperimentali *ad hoc*, dimostrando che la dinamica generale di questi sistemi è regolata dal rapporto tra la fondazione di nuovi nuclei demografici in habitat idonei e l'estinzione di popolazioni locali, piú che dalle dimensioni raggiunte dai singoli nuclei. Inquadrare la demografia preistorica nell'ambito della teoria delle metapopolazioni offre spunti nuovi e importanti per comprendere come, dopo centinaia di migliaia di anni di stasi demografica globale, dal Paleolitico Medio l'umanità, pur mantenendo un'economia di caccia-raccolta, abbia iniziato una lenta progressione verso densità maggiori. La grande plasticità delle tecniche di caccia-raccolta di *Homo sapiens* e la sua maggiore capacità di adattarsi a climi differenti mediante lo sviluppo di piú efficaci dispositivi artificiali di isolamento – come indumenti, calzature e dimore – ha agito su entrambi i termini dell'equilibrio metapopolazionale: riducendo la vulnerabilità delle popolazioni locali rispetto alle fluttuazioni delle risorse di elevata *profitability* e alle crisi climatiche ha ridotto la probabilità media di estinzione di ciascuna di esse e, al tempo stesso, ha ampliato la probabilità di fondare nuove popolazioni locali, conferendo «idoneità abitativa» a un numero crescente di *patch* ambientali che sarebbero rimasti altrimenti inidonei. Il miglioramento della connettività tra popolazioni locali derivante dallo sviluppo di tecniche di trasferimento, incluse le tecnologie di costruzione di dispositivi galleggianti o le tecniche di navigazione, era un ulteriore elemento che favoriva l'ampliamento del network demografico e la probabilità di successo delle migrazioni. Sono questi i meccanismi che hanno prodotto il generale incremento nelle dimensioni della metapopolazione umana già nel corso del Paleolitico Superiore, senza dover aspettare il salto determinato dal controllo della produzione.

La teoria delle metapopolazioni aiuta anche a comprendere meglio i rapporti tra sviluppo demografico e culturale. Tra demografia e cultura esistono relazioni circolari complesse, feedback sia positivi che negativi, ma è opinione corrente che la densità di popolazione favorisca generalmente lo sviluppo di nuove idee e tecniche, che a loro volta ampliano i modelli di sussistenza producendo nuove opportunità di espansione demografica. Le innovazioni che compaiono localmente si propagano nel tempo per via intergenerazionale e nello spazio attraverso le relazioni tra gruppi. La comparsa di nuovi elementi culturali di valenza economica è favorita dalla densità in termini probabilistici – piú teste piú idee – ma anche per lo stimolo all'innovazione prodotto dalla restrizione della disponibilità di risorse. Piú che alla densità generale, l'innovazione e la diffusione culturale sono però legate alla strutturazione della metapopolazione umana. Si è molto speculato sulle analogie tra evoluzione biologica e culturale, ma se una cosa è certa è che in entrambi i casi la velocità di sviluppo dipende dal rapporto tra isolamento e connettività dei gruppi locali. Troppo isolamento impedisce la capitalizzazione generale delle nuove idee, mentre troppa connessione tende a produrre omogeneità e inerzia culturale. La massima velocità di sviluppo, sia biologico che culturale, si registra quando connessione e isolamento tra sistemi locali si alternano nel tempo. È questo il possibile meccanismo attraverso cui le variazioni climatiche, geologiche ed ecologiche hanno favorito l'evoluzione biologica e lo sviluppo culturale di *Homo sapiens*. La fluidità demografica osservabile in popolazioni odierne di cacciatori-raccoglitori come i !Kung della Namibia, associata alla variazione temporale nella disponibilità delle risorse e alla loro disposizione spaziale, era sicuramente presente anche nel Paleolitico Superiore. Si hanno tracce archeologiche di un modello di organizzazione in bande di 20-50 individui che potevano essere collegate in gruppi regionali maggiori di 500-1000 persone. La connessione tra gruppi variava nel tempo e poteva essere favorita dalla presenza di punti di aggregazione come rifugi o risorse idriche, ma scattava anche in relazione a eventi particolari, come l'improvvisa disponibilità di notevoli quantità di prede in una determinata area. La connessione tra gruppi era fondamentale anche per aggirare il problema dell'impoverimento genetico dovuto all'*inbreeding*. Nelle popolazioni odierne di cacciatori-raccoglitori australiani, con una densità media di circa 0,03 individui per chilometro quadrato e gruppi locali di circa 40 individui, si costituiscono reti riproduttive regionali di circa 470 persone su un territorio di 16 000 chilometri quadrati per poter assicurare un sufficiente flusso genico che garantisca un buon assetto genetico alla metapopolazione.

L'archeologo Hans Martin Wobst ha dimostrato come le reti riproduttive che si generano in queste condizioni nelle popolazioni di cacciatori-raccoglitori abbiano un'importanza fondamentale per la diffusione non solo dei geni ma anche delle idee e delle tecniche. Dinamiche metademografiche di questa natura hanno fatto sí che nel Paleolitico Superiore si venisse a determinare una situazione mondiale totalmente nuova in termini numerici e culturali rispetto a quella che si era prodotta quando sulla Terra vivevano *Homo erectus*, *Homo rhodesiensis/heidelbergensis* o lo stesso uomo di Neandertal.

Tutti i marcatori paleodemografici, dall'archeologia alla genetica, mostrano comunque che l'affermarsi dell'economia basata sul controllo della produzione ha segnato un ulteriore punto di svolta nelle dimensioni della metapopolazione umana, ma anche per la demografia sarebbe semplicistico pensare che il Neolitico abbia rappresentato una novità determinatasi improvvisamente e che gli abbia fatto seguito una crescita lineare e ininterrotta delle popolazioni che avevano attraversato questa soglia. Durante le convulsioni climatiche della fine del Pleistocene le popolazioni del Vicino Oriente hanno subito incrementi e contrazioni, ma nella fase del Neolitico Pre-Ceramico B, fra 10 e 9,2 millenni fa, lo stabilirsi delle condizioni climatiche oloceniche fu accompagnato da una prima espansione demografica, che si fece ancora piú intensa intorno a 8000 anni fa. È in questo momento che lungo la valle del Giordano si vennero a costituire i primi agglomerati residenziali strutturati e stabili come Gerico, 'Ain Ghazal, Es-Sifiya e Ba'ja. Queste proto-città furono in seguito abbandonate, ma non sappiamo se si trattò di un vero collasso demografico o di un ritorno alla mobilità legato al sovrasfruttamento dei territori circostanti. Una crisi deve esserci stata perché nel Levante non si hanno tracce di veri agglomerati urbani nei successivi tremila anni. Durante tutto il successivo Neolitico ceramico, il periodo Calcolitico e la prima Età del Bronzo, cioè fino a circa 4,9 millenni fa, la popolazione del Vicino Oriente era raggruppata in insediamenti agrari relativamente sparsi, per poi tornare a costituire grandi nuclei urbani con i Canaaniti del Vecchio Testamento. Ma la vera esplosione demografica si manifestò durante la Media Età del Bronzo, circa 4000 anni fa, in corrispondenza con la rinascita della struttura di governo centrale in Egitto e il debutto del Regno di Mezzo. Neppure con i regni israelitici della successiva Età del Ferro si raggiunse la elevata densità di popolazione di questa fase e solo in epoca Romana e Bizantina si registrò nuovamente un boom demografico. Con il primo Neolitico parte quindi una storia a fasi alterne, tra urbanizzazione e ritorno a un sistema relativamente decentrato, che tuttavia è segnata da un generale aumento dei numeri quale non si era mai verificato nella regione durante il Paleolitico e si costituiscono le basi per l'assetto demografico dei periodi storici e moderni.

Anche nelle aree di espansione del Neolitico l'archeologia ci racconta storie di crescite numeriche segnate da alti e bassi. Nella Grecia centrale il Neolitico arrivò oltre 8500 anni fa e fu seguito da una prima espansione demografica che culminò nel successivo millennio. L'archeologia dell'Argolide mostra che, dopo una crisi demografica intorno a 5500 anni fa, la prima Età del Bronzo fu segnata da una nuova e piú ampia crescita della popolazione. Da questo momento alti e bassi portarono alla grande espansione delle città-stato, alla crisi bellica del periodo Ellenistico e alla ripresa associata all'espansione agricola del tardo periodo Romano. L'antropologo Karl W. Butzer sottolinea il profondo legame tra ecologia, intensificazione delle pratiche produttive, integrazione politica e demografia nell'area mediterranea investita dalla diffusione del Neolitico e dalle fasi socioeconomiche successive a questo. La variazione della densità dei marcatori archeologici della *Linearbandkeramik* ci permette invece di seguire la prima onda di incremento demografico associata all'arrivo del Neolitico nel cuore dell'Europa. Intorno a 7,5 millenni fa l'espansione demografica raggiunse la Germania, il Belgio e l'Olanda, mentre in Irlanda, Scozia e Inghilterra il boom demografico si verificò con un ritardo di almeno un migliaio di anni. Anche tra le Alpi e il Baltico, tra i Carpazi e i Paesi Bassi, l'effervescenza demografica del primo Neolitico presto dovette fare i conti con la complessità e le convulsioni dei sistemi socioeconomici, e forse con i primi autogol ambientali, dando origine a quella crescita tormentata che caratterizzerà attraverso guerre, imperi ed epidemie le vicissitudini europee fino alla fine del secondo conflitto mondiale.

Vicino Oriente ed Europa non sono un caso singolare. Un grande balzo demografico associato alla progressione del Neolitico si manifestò anche in Cina, dove tra 6000 e 4000 anni fa la popolazione delle aree agricole tra l'ansa dello Huang He e lo Yangtze passò da meno di un milione a oltre venti milioni di individui. Nel periodo fra 5 e 4,2 millenni fa oltre cinquanta città fortificate furono costruite nella parte medio-bassa dello Yangtze e dello Huang He, nella pianura di Chendu e nel nord-est della Cina. Questo stato di cose pose le basi per l'ulteriore incremento demografico dell'Età del Bronzo, fino a raggiungere con vicende alterne i sessanta milioni intorno a 2000 anni fa. La lettura degli accurati archivi anagrafici in uso fin dalla dinastia Xi Han di circa 2200 anni fa rivelano come questi numeri si siano trasformati nel corso della storia: i Cinesi erano complessivamente 170 milioni alla fine del XVII secolo, 260 milioni subito prima della Rivoluzione industriale per arrivare – in soli due secoli e mezzo – all'attuale valore di oltre 1300 milioni.

La trasformazione socioeconomica del Neolitico si è accompagnata quindi a una transizione demografica che ha dato l'avvio ai processi che hanno portato ai numeri delle popolazioni storiche e attuali, ma come si sia effettivamente prodotta la variazione iniziale è oggetto di accese discussioni tra i paleodemografi. In generale si pensa a un temporaneo disallineamento fra mortalità e fertilità che abbia prodotto una transizione da uno stato demografico caratterizzato da una bassa densità a uno a densità maggiore. Lo studio dei resti umani nelle necropoli del Levante ha rivelato variazioni nella struttura di età delle popolazioni che il paleodemografo Jean-Pierre Bocquet-Appel è riuscito a tradurre in variazioni del tasso di fertilità, dimostrando che tra i primi Natufiani e i secoli che precedettero immediatamente l'agricoltura la fertilità diminuí, per poi aumentare rapidamente nei successivi tre millenni. Nasce cosí l'idea che la transizione sia stata generata da un aumento della fertilità che solo successivamente fu compensata da un aumento della mortalità. L'incremento di fertilità sarebbe stato dovuto al miglioramento del budget energetico a disposizione soprattutto delle donne, sia a causa del miglioramento della dieta che delle forme di divisione del lavoro, ma anche per la riduzione dell'onere del trasporto dei figli derivante da una maggiore sedentarietà. È stato stimato che nei tre millenni che seguirono la definitiva affermazione dell'economia agricola il numero medio di figli partoriti da ciascuna donna passò da 4,5 a quasi 10. Naturalmente non tutti sopravvivevano e infatti si hanno anche segni di aumento della mortalità, ma il bilancio netto fu a favore di un momentaneo incremento nel tasso di accrescimento delle popolazioni, che ne fece aumentare la consistenza. Bocquet-Appel e altri paleodemografi hanno applicato gli stessi metodi di studio anche a popolazioni che hanno maturato piú recentemente forme di controllo della produzione, come gli abitanti delle regioni sudoccidentali dell'America settentrionale, dimostrando che, circa due secoli dopo l'inizio della sistematica coltivazione del mais, il tasso di fertilità è notevolmente aumentato per poi continuare a crescere con una serie di saliscendi. Altri antropologi, come James L. Boone, sostengono invece che il fattore che ha maggiormente contribuito a determinare la transizione demografica del Neolitico è stata la riduzione dell'incidenza catastrofica delle variazioni di produttività degli ecosistemi, prodotte dalle oscillazioni climatiche e dalle crisi di sovrasfruttamento. La crescita zero – o molto moderata – del Paleolitico sarebbe il risultato dell'alternanza tra eventi di espansione demografica e crolli demografici causati da fattori sia ambientali sia interni alle popolazioni umane. L'allargamento della base trofica e i nuovi metodi di controllo della produzione avrebbero migliorato il budget energetico individuale consentendo di ridurre intensità e frequenza delle catastrofi demografiche.

Queste idee ci avvicinano alla comprensione delle dinamiche demografiche della transizione agricola, soprattutto se si adotta anche per questa un modello metapopolazionale, integrato dal concetto di costruzione di nicchia. Se da una scala locale si passa a una globale, anche la transizione demografica del Neolitico può essere considerata la manifestazione di una variazione del rapporto tra la frequenza di estinzione delle popolazioni locali e la probabilità di fondazione di nuovi nuclei umani. Il primo termine può essere stato ridotto da un sorpasso momentaneo anche lieve della fertilità sulla mortalità e da una minore vulnerabilità rispetto alle oscillazioni climatico-ecologiche; ma un notevole aumento del secondo termine è stato certamente determinato dalle nuove capacità di modificare gli ecosistemi e di creare reti trofiche coerenti che potevano essere gestite e trasferite anche in aree molto distanti e diverse da quelle d'origine. Ragionando in termini di metapopolazione, si comprende come l'esplosione della fase perturbativa-propagativa della costruzione di nicchia, che ha determinato la diffusione del Neolitico, abbia fatto aumentare la capacità di colonizzare ambienti potenzialmente idonei ma soprattutto abbia reso possibile la creazione di un numero crescente di nuove isole ecologiche compatibili con la presenza umana dentro matrici ambientali intrinsecamente non idonee. Quando questo accade, il modello di Levins prevede che la «capacità portante» della metapopolazione aumenti. Alle ulteriori amplificazioni del controllo della produzione generate dal vortice tra genetica, cultura e ambiente, come lo sfruttamento dei prodotti secondari e la diffusione della metallurgia, hanno cosí corrisposto ulteriori «transizioni demografiche» come quella dell'Età del Bronzo, chiaramente visibile nella preistoria del Vicino ed Estremo Oriente e dell'Europa, fino ad arrivare alla transizione industriale e a quella della seconda metà del XX secolo.

Questo è l'aspetto piú significativo, in termini ecologici globali, della intersezione tra assetto metapopolazionale e capacità umana di modificare gli ecosistemi. La crescita manifestatasi durante l'Olocene si è prodotta per gradi e con alternanze se la si osserva dal punto di vista locale, ma su scala globale si tratta di un processo autoamplificativo continuo che ha le radici nella struttura ad arcipelago dell'umanità e nello straordinario talento di ingegneria ecologica di *Homo sapiens*. In questo senso il Neolitico è la prima manifestazione di un cortocircuito tra dimensione ecologica e dimensione demografica di *Homo sapiens* che ha segnato l'inizio di una nuova fase espansiva dell'umanità, che tra alti e bassi ha portato ai livelli paradossali di densità e alle enormi dimensioni dell'impronta ecologica attuale. Il risultato finale di questo processo metademografico è il superamento dello stato di metapopolazione che l'ha prodotto e l'apertura del nuovo scenario di una umanità appartenente a un'unica popolazione realmente globale che vive prevalentemente in ecosistemi autocostruiti. È iniziato un nuovo esperimento antropologico ed ecologico. Se una vera discontinuità qualitativa esiste nella storia dell'umanità «sapiente», è proprio quella che stiamo vivendo: la fusione in un'unica popolazione globale che vive in una nicchia quasi completamente artificiale – e spesso virtuale – rompe tutti i paradigmi che in qualche modo hanno reso complessivamente sostenibile ed ecocompatibile il precedente segmento dell'avventura di *Homo sapiens*. Potrà funzionare a lungo? Mai come adesso l'uomo è stato cosí drammaticamente responsabile, non riguardo a ciò che è stato ma a ciò che sarà, e mai come ora l'unico criterio da adottare è quello della precauzione. Anche e soprattutto in termini demografici.

2. *Le mani sulla Terra.*

«La deforestazione è stata l'espressione principale del processo di trasformazione antropica della Terra»: con queste lapidarie parole Michael Williams, geografo a Oxford, apre la sua riflessione sulla deforestazione dalla preistoria al mondo moderno. Che la modificazione delle strutture vegetazionali sia la madre di tutte le impronte ecologiche dell'uomo è un'opinione diffusa e non da poco tempo. La ritroviamo espressa con figurazioni diverse nelle pagine degli autori classici come Omero, Teofrasto, Cicerone, Strabone o Plinio. A proposito della scomparsa delle foreste dell'Attica, Platone dice che «in confronto a quello che erano state una volta ciò che ne rimane oggi è come il corpo scheletrito di un uomo malato». E Lucrezio, nel I secolo a.C., scrive che l'attività degli agricoltori «sospinge giorno dopo giorno i boschi sempre piú in alto lungo i fianchi delle montagne». Alla mole enorme di fonti culturali – scritti epici, storici e filosofici, leggi ed editti, atti di transazioni e cronache – che ci permettono di ricostruire il rapporto tra l'uomo europeo e le foreste dall'epoca classica ai nostri giorni, attraverso la crisi dell'Impero romano, il Medioevo, la Peste del XIV secolo, il Rinascimento, la Rivoluzione industriale/agricola del XVIII secolo, si aggiunge oggi una massa crescente di studi archeobotanici i cui risultati vengono sempre piú spesso archiviati in banche informatiche che possono essere utilizzate per ricostruire gli andamenti regionali e continentali della deforestazione negli ultimi 8-10 000 anni. La palinologia è il cuore di questa ricostruzione, con il conteggio dei pollini delle varie specie di alberi, di erbe, di piante associate al disturbo antropico del terreno, di cereali e alberi da frutto. Ai pollini si aggiungono i grani di amido e i fitoliti, cioè i cristalli di carbonati e silicati che le piante producono e confinano nelle loro cellule. A questo armamentario archeobotanico si accompagnano le particelle di carbone, che permettono di ricostruire il regime degli incendi per tentare di separare l'effetto del clima da quello umano. Tutti questi indicatori sono allineati negli archivi dei sedimenti di laghi, paludi, torbiere, come nei fotogrammi di un film, con un dettaglio temporale sempre piú fine quando dal Pleistocene ci si addentra nell'Olocene e nei periodi storici. Due grandi serie di fonti, dunque, per tentare di capire come sono andate le cose durante l'Olocene: gli indicatori culturali, da noi stessi costruiti negli ultimi 5 millenni, secondo un punto di vista talvolta oggettivo e altre volte viziato da esagerazioni, pregiudizi e ideologie – ma comunque e sempre fonte di importanti informazioni – e le capsule temporali degli archivi sedimentari, che ci permettono di risalire piú indietro nel tempo, con maggiore distacco emotivo e ideologico, ma pur sempre soggette a interpretazione. Con questi documenti deve confrontarsi qualunque modello che voglia descrivere il peso dell'intervento umano sullo sviluppo degli ecosistemi olocenici.

Conviene riprendere la trama del nostro processo per vedere come accusa e difesa si battono a sostegno delle loro tesi contrapposte. Mettiamo subito sul tavolo l'impianto accusatorio nella sua forma piú semplice e immediata. Dopo i sussulti del Bølling-Allerød e del Dryas, la fine dell'ultima glaciazione si è manifestata intorno a 11 millenni fa con una rapida transizione verso climi piú stabili, relativamente piú caldi e umidi, accompagnati da forti aumenti della concentrazione di CO_2 e CH_4 rispetto al minimo glaciale. Non solo, ma la faccia del pianeta è fortemente cambiata anche per il rapido innalzamento del livello dei mari da un minimo – intorno a 22 000 anni fa – di circa – 120 m rispetto all'attuale, a livelli simili a quelli odierni già 8 millenni fa. Inoltre, la contrazione delle grandi masse di ghiacci alle elevate latitudini ha lasciato spazio a nuove terre colonizzabili da parte della vegetazione. Questo nuovo assetto ha indotto quella che gli ecologi chiamano una successione allogena, cioè una trasformazione delle comunità vegetazionali del pianeta «forzata» dal clima, analogamente a quanto era avvenuto durante le precedenti transizioni pleistoceniche, come quella che segnò l'inizio dell'interglaciale di circa 130 millenni fa. E, analogamente a quelle, anche la transizione olocenica ha visto una generale espansione di sistemi forestali chiusi a scapito delle praterie e delle savane degli stadi glaciali. Sarebbero cosí comparse d'emblée le foreste primarie oloceniche, rappresentate da comunità diverse a seconda del clima specifico della regione, della latitudine, delle caratteristiche dei suoli e dell'altitudine, ma comunque costituite da un insieme di piante arboree, conifere o latifoglie.

Una situazione particolarmente chiara in tal senso è rappresentata dalle regioni nordoccidentali dell'Europa, coperte dai ghiacci durante il picco dell'ultima glaciazione. Le serie palinologiche del lago Lielais Svētiņu (Lettonia orientale) mostrano una successione primaria – cosí gli ecologi chiamano una successione che parte praticamente da zero – che ha inizio con la deglaciazione di circa 16 000 anni fa. L'area liberata dai ghiacci risultava inizialmente molto povera dal punto di vista vegetazionale, ma durante il riscaldamento del Bølling di circa 14 500 anni fa comparve il primo stadio costituito da una tundra con sparsi arbusti di betulla nana. Attraverso alti e bassi si giunse dopo poco piú di mille anni a uno stadio dove i pollini arborei rappresentavano già il 70 per cento del totale, con dominanza di pini e betulle arboree. Il clima nuovamente arido e freddo dello Younger Dryas, da circa 12,5 a 11,5 millenni fa, produsse una flessione della copertura arborea mentre fecero la loro comparsa arbusti di ginepro e soprattutto piante ed erbe tipiche dei periodi freddo-aridi, come Artemisia, le Poacee e le Chenopodiacee. La situazione si sbloccò con il definitivo ritorno del caldo-umido di 11 500-11 200 anni fa, quando l'inizio dell'Olocene fu marcato da una forte espansione delle foreste di betulle, olmi e pioppi: la torta era pronta per essere divorata!

Nelle regioni che durante il pleniglaciale non erano ricoperte dai ghiacci si osserva invece una successione secondaria – vale a dire una modificazione graduale della situazione pre-olocenica. Per non sbilanciare troppo verso occidente la ricostruzione dei fatti ci spostiamo nella provincia dello Jilin, nella Cina nordorientale, e andiamo a decifrare i pollini dei sedimenti del lago Sihailongwan. Qui, tra 16 700 e 14 400 anni fa, il clima ancora freddo e arido condizionava la vegetazione costituita da erbe, arbusti e alberi (abeti, larici e betulle): quello che gli ecologi chiamano un «bioma a mosaico aperto», cioè una steppa con chiazze a taiga e sparse foreste decidue. Intorno a 13 600-12 700 anni fa Artemisia, la spia del clima freddo-arido, era ancora abbondante, ma si verificò una diffusione di latifoglie, come olmi e frassini, che probabilmente stavano diffondendo dai loro rifugi pleniglaciali. Tra 12,7 e 11,7 millenni fa si produsse una forte espansione di betulle e abeti che segnò il passaggio da foreste fredde a caducifoglie a foreste boreali miste. Ma fu con il definitivo miglioramento climatico, 11 200-10 600 anni fa, che in quest'area dell'Estremo Oriente si realizzarono le condizioni per la vegetazione iniziale dell'Olocene, con foreste decidue popolate da frassini, olmi ma anche querce e aceri, tigli e viburno. Alla fine di una rapida successione primaria o secondaria durata poche migliaia di anni, in ogni regione della Terra si sarebbe quindi formato un sistema vegetazionale di climax, destinato, secondo la tesi della «torta», a rimanere indefinitamente tale nel corso dell'Olocene se non fossero intervenuti fattori esterni di disturbo.

È su questo patrimonio forestale originario dell'Olocene – una grande foresta continentale «che avrebbe permesso a una scimmia arboricola di saltare di ramo in ramo da Gibilterra alla Turchia e oltre», come scrive con una nota di ironia l'ecologo Jacques Blondel – che dal Neolitico in poi l'uomo del vecchio e del nuovo mondo avrebbe agito da fattore dominante di disturbo, iniziando a intaccarlo prima occasionalmente e localmente, poi sempre piú sistematicamente ed estesamente con il progredire delle tecniche, degli strumenti e delle buone ragioni per procedere all'abbattimento delle foreste. Praticamente i primi segni di riduzione generalizzata del patrimonio forestale si sarebbero registrati un po' ovunque in corrispondenza di quella che per il Vicino Oriente e l'Europa viene definita l'Età del Bronzo, per acutizzarsi poi in regioni e in tempi storici diversi, in corrispondenza delle variazioni nell'assetto socioeconomico e dei conseguenti incrementi demografici: piú teste, piú bocche, piú braccia, meno foresta. Secondo questo impianto le cronache storiche e contemporanee riporterebbero solo le fasi piú recenti, diciamo tardo-oloceniche, di questa famelica azione antropica che ha già divorato quasi 10 milioni di ettari di un patrimonio pre-agricolo stimato a circa 60 milioni di ettari tra aree boschive e foreste chiuse.

Le fonti storiche non lasciano dubbi sul fatto che l'apertura di aree libere dagli alberi per poter coltivare le specie domestiche, insieme al bisogno di legname per la combustione domestica, per la metallurgia e la produzione della ceramica e per la costruzione di case e navi, rappresentò in epoca classica la grande spinta all'abbattimento delle foreste dell'Eurasia occidentale. L'impronta della Roma imperiale sulle foreste dell'Italia e dell'Europa fu per questo pesante: nella Gallia Cisalpina, nella valle del Reno e nella Spagna del I-II secolo d.C. furono effettuati abbattimenti sistematici di enormi aree per soddisfare la richiesta di legno e creare grandi spazi per l'agricoltura delle centurie, ma la deforestazione, allargatasi dal piccolo Lazio e dall'Italia centrale alle diverse regioni dell'impero, finí con il produrre impoverimento dei suoli e aumento dell'erosione e infine una generale crisi produttiva che contribuí a segnare la fine della gloria imperiale romana. Dopo la stasi economico-demografica seguita alla crisi dell'Impero d'Occidente, la guerra e il commercio marittimo veneziano e arabo furono la nuova grande spinta per l'abbattimento forestale nelle aree mediterranee dal VI all'XI secolo d.C. Nelle foreste sempreverdi del meridione l'azione dell'uomo era piú agevole ma anche piú distruttiva che in quelle decidue dell'Europa settentrionale e la rigenerazione era resa piú difficile dal clima, dalla maggior frequenza degli incendi e dall'impatto del pascolo delle greggi. Il primo picco post-classico della deforestazione occidentale è rappresentato dai *grands défrichements* dell'XI-XIV secolo, quando i sistemi forestali europei furono duramente attaccati sotto la spinta della crescita demografica – un incremento della popolazione europea di circa sei volte – e di pressanti motivazioni politico-economiche che portarono dal feudalesimo alla premessa degli stati nazionali. Protagonista di questo assalto alle foreste fu una crescente popolazione di agricoltori laici e religiosi muniti di un robusto armamentario tecnologico e ideologico: da una parte nuove e piú efficaci tecniche di aratura e di traino animale e nuovi modelli di rotazione agricola, dall'altra le ideologie della preghiera e del lavoro che, secondo Lynn T. White, poggiavano sull'idea che, invece di essere oggetto della natura, l'uomo era soggetto esterno e autorevolmente investito del compito di sfruttarla: «a chain from theology to manuring» (una catena dalla teologia alla concimazione) come dice Clarence J. Glacke, con forte analogia con quanto sostenuto da Cauvin per la rivoluzione del Neolitico! Tra il 650 e il 950 della nostra era queste truppe d'assalto produssero quella «colonizzazione interna» che convertí all'agricoltura grandi aree dell'Italia settentrionale, della Francia, della Germania occidentale, dei Paesi Bassi e dell'Inghilterra sudorientale. Nei secoli successivi la colonizzazione si rivolse invece alle frontiere esterne, quando l'espansione verso est dei popoli germanici produsse la conversione agricola delle foreste del cuore dell'Europa, dal Meclenburgo e dalla Pomerania al Brandeburgo e alla Slesia, dalle coste del Baltico alle Alpi e alle montagne dei Sudeti verso il bacino del Danubio. Fu, secondo White, una vera rivoluzione agricola medievale, che creò quell'insieme di capacità produttive, crescita demografica, clima di autostima e spinta al cambiamento che, superata la crisi demografica ed economica della Peste Nera, portò l'Europa dell'Umanesimo e del Rinascimento verso la conquista e la deforestazione del resto del mondo. Oggi il nord del mondo è in una fase di afforestazione, mentre il problema si è spostato nelle foreste tropicali asiatiche, africane e centro-sud americane.

Avendo l'uomo al centro, la tesi accusatoria applica a ritroso, agli scenari storici piú antichi e preistorici, con le opportune correzioni, quanto osservato nella storia recente e nell'attualità, attribuendo grande peso alle variazioni demografiche e tecnologiche. Un esempio di questo modo di procedere è rappresentato dal modello HYDE (History Database of the Global Environment), che fa riferimento alla densità delle popolazioni umane delle varie regioni della Terra per ricostruire di quanta parte del patrimonio vegetazionale si è appropriato l'uomo per sviluppare agricoltura e pastorizia nel corso dell'Olocene. Secondo questa ricostruzione, mentre i circa 2 milioni di cacciatori-raccoglitori che abitavano il pianeta 12 millenni fa non necessitavano di terreni agricoli, i loro discendenti di 7 millenni fa, oramai convertitisi a un'economia agricola, utilizzavano circa 0,24 ettari a testa per la coltivazione e altri 0,02 ettari per il pascolo. Dato che nel frattempo la popolazione mondiale si stima fosse salita a circa 18 milioni di abitanti, la superficie totale utilizzata nel V millennio a.C. era di circa mezzo milione di ettari. All'inizio della nostra era la cifra superava già 2,4 milioni di ettari, mentre nell'anno 1000 d.C. era salita a oltre 2,9, per raggiungere 6,2 all'inizio del XVII secolo, oltre 21,5 all'inizio del XX per balzare poi all'enorme quantità attuale di 47,6 milioni di ettari (13,3 di terreno agricolo e 34,3 di pascolo), equivalenti globalmente a circa il 35 per cento delle terre emerse.

Secondo questi modelli il trend della deforestazione non è stato lineare, perché la quantità di foreste convertite all'agricoltura ha seguito nell'Olocene una moltitudine di traiettorie locali, ciascuna legata alle specifiche oscillazioni demografiche, con la riduzione forestale che accompagnava la crescita demografica e l'afforestazione che seguiva le crisi legate a guerre, epidemie e crolli socioeconomici. C'è però un ulteriore elemento di cui tener conto, perché la quantità di terreno agricolo necessario per sostenere una unità demografica non è rimasta costante ma ha subito notevoli variazioni dal Neolitico a oggi. Si pensi, ad esempio, che mentre tre millenni fa un chilometro quadrato di foresta abbattuta poteva sostenere un massimo di 20 abitanti, già nel XVI secolo, grazie al miglioramento delle tecniche agricole, il numero di bocche che potevano essere sfamate a seguito della coltivazione della stessa superficie era salito a circa 50, e solo 350 anni dopo a oltre 160. Questo ha fatto sí che, a un certo punto, la relazione tra la densità di popolazione e la superficie forestale abbattuta per far posto all'agricoltura si sia modificata radicalmente, portando addirittura, in alcune aree, a una graduale espansione delle foreste nonostante l'ulteriore incremento demografico. L'afforestazione che si è verificata in Europa a partire dalla seconda metà del XIX secolo è in parte il risultato di questa intensificazione agricola, mentre per un'altra parte dipende semplicemente dal fatto che si è imparato a far gravare sempre di piú la propria impronta sul verde di altre parti del pianeta.

Questa è quindi la ricostruzione che si va facendo strada secondo la tesi della «torta divorata»: un patrimonio forestale olocenico inizialmente stimabile intorno a 50-60 milioni di ettari che l'uomo agricoltore, pastore e *faber* ha eroso in parallelo alla sua crescita demografica, con dinamiche dipendenti dalle forme di sfruttamento e dalle capacità tecnologiche e con una soglia di impatto collocabile intorno a 5000 anni fa, oltre la quale, progressivamente, l'impronta nel verde ha raggiunto le dimensioni macroscopiche e globali di oggi. Le tesi accusatorie sono ben rappresentate da un passo della sintesi di Michael Williams sulla deforestazione in Europa dalla preistoria alla Rivoluzione industriale:

> Leggendo in modo integrato i dati disponibili, sembra proprio che l'impatto degli uomini primitivi [anche pre-neolitici] sui sistemi forestali sia stato maggiore di quanto solitamente sospettato (...) Conseguentemente, mentre il determinismo ambientale [climatico] costituiva una volta il riferimento teorico per spiegare le variazioni vegetazionali, oggi il modello esplicativo dominante è quello culturale.

D'altra parte, anche nella sua forma piú semplice e radicale, la tesi della difesa, anche se non si spinge fino a negare qualunque responsabilità di *Homo sapiens* nelle dinamiche vegetazionali del pianeta, gli attribuisce un ruolo secondario rispetto al clima, almeno per la maggior parte dell'Olocene. I sistemi forestali attuali non sarebbero ciò che rimane di un climax iniziale mangiato dall'uomo, ma deriverebbero da un rimodellamento continuo del paesaggio vegetazionale in risposta alle variazioni climatiche verificatesi durante tutto l'Olocene e a una moltitudine di fattori di disturbo tra cui certamente anche l'uomo, ma non sempre in posizione preminente. L'impronta dell'uomo sulla vegetazione del pianeta si sarebbe prodotta in modo significativo solo nel segmento piú recente del tardo Olocene, per far spazio agli agroecosistemi necessari per sostenere i numeri sempre crescenti delle popolazioni storiche. Quanto di sicuramente antropogenico c'è nella dinamica delle formazioni vegetazionali dell'Olocene consisterebbe pertanto in ciò che è testimoniato dalla documentazione storica in epoca classica e soprattutto si concentrerebbe dopo il XV secolo d.C. L'afforestazione post-industriale dell'Europa costituirebbe poi un dato rassicurante per il futuro delle foreste del pianeta. Per par condicio diamo la parola a Michel Magny, tra i sostenitori della tesi climatica, che a proposito della storia vegetazionale del Mediterraneo durante l'Olocene afferma:

> I proxy paleoclimatici confermano l'ipotesi (...) di un sostanziale controllo climatico che ha portato alla sostituzione delle foreste a caducifoglie con le formazioni xerofile sempreverdi. L'ipotesi del controllo climatico non esclude che i processi naturali siano stati rafforzati da fattori antropogenici (...) ma in ogni caso molti elementi rivelano che i cambiamenti vegetazionali precedettero di diversi millenni l'impatto umano.

Il punto di forza della tesi difensiva è la variabilità climatica dell'Olocene, unita al fatto che ovviamente il clima è sempre stato un determinante globale e regionale delle dinamiche vegetazionali. Che l'Olocene sia un periodo climaticamente meno turbolento di buona parte del Pleistocene è vero, ma non lo sottovalutiamo: i suoi capricci sa farli anche lui. Alcuni dei piú recenti sono chiamati con nomi evocativi e familiari: «ottimo climatico medievale» tra il 950 e il 1250 d.C. e «piccola era glaciale» che culminò intorno al 1650. Ma queste non sono state le sole anomalie climatiche dell'interglaciale olocenico. L'episodio piú intenso si è verificato 8,2 millenni fa quando nell'emisfero settentrionale si è determinato un ritorno al grande freddo – un crollo della temperatura di circa 6 °C in Groenlandia – con l'avanzamento dei ghiacciai nordici e il rafforzamento della circolazione atmosferica e, alle piú basse latitudini settentrionali, un generale incremento dell'aridità. Anche in Estremo Oriente ci sono i segni di questo brusco raffreddamento e del ritorno del clima arido, che potrebbe aver determinato una crisi delle popolazioni del primo Neolitico in Cina. Una serie di variazioni climatiche, caratterizzate da un raffreddamento delle zone polari e subpolari settentrionali e meridionali e da un generale incremento dell'aridità nelle aree tropicali e subtropicali, si sono poi verificate a intervalli abbastanza regolari di circa 3000 e 1500 anni. Analogamente a quanto si è visto per il Pleistocene, la causa principale di queste oscillazioni oloceniche è stata la variazione dell'insolazione alle alte latitudini. L'aridificazione tropicale che accompagna le fasi piú fredde va poi ascritta a fattori interni legati alla riduzione dell'evaporazione oceanica e della circolazione monsonica conseguenti al raffreddamento della superficie terrestre e oceanica. Anche la variazione delle polveri atmosferiche derivanti dalle eruzioni vulcaniche ha avuto importanza nel determinare gli sbalzi climatici, mentre le oscillazioni della concentrazione atmosferica dei gas serra CO_2 e CH_4 hanno avuto un peso minore sulla variabilità climatica della maggior parte dell'Olocene.

Sicuramente queste oscillazioni climatiche hanno determinato importanti variazioni nell'assetto vegetazionale di molte aree della Terra, compresa l'area mediterranea, dove si è sviluppata tanta preistoria e storia umana. Soprattutto nella parte orientale del Mediterraneo, la transizione climatica tra un primo Olocene maggiormente umido e un tardo Olocene piú arido si è verificata abbastanza bruscamente fra 6 e 5 millenni fa, un po' come nelle regioni tropicali di Africa e Asia, determinando il passaggio da condizioni favorevoli allo sviluppo di foreste temperate di caducifoglie a quelle piú favorevoli alla vegetazione di sclerofille sempreverdi arboree e arbustive tipiche delle attuali strutture vegetazionali dell'area, su cui avrebbe iniziato ad agire robustamente l'uomo. Secondo una tesi abbastanza diffusa, l'Olocene medio segnerebbe quindi una sorta di spartiacque tra una fase ecologica *nature controlled* e una *human dominated*.

Esistono tante sfumature diverse dell'una o dell'altra tesi per quanti ricercatori si applicano a decifrare le trasformazioni dei sistemi vegetazionali nell'Olocene; ma il problema di separare quanto attiene al clima da quanto è di mano umana non è tanto facilmente risolvibile, anche in presenza di indicatori palinologici sempre piú dettagliati ed estesi geograficamente, per una semplice ragione: come abbiamo visto, i due fattori – clima e uomo – non sono quasi mai due variabili indipendenti. Nell'area mediterranea molte delle crisi climatiche oloceniche sono state coincidenti con vicende umane. Vediamone gli esempi piú noti: il ritorno al freddo di 8,2 millenni fa potrebbe essere stato responsabile della crisi delle economie mesolitiche che ha favorito la diffusione del Neolitico nelle aree mediterranee e dell'abbandono di ampie aree dell'Africa del Nord sotto l'incalzare della desertificazione; la fine delle culture Neolitiche e Calcolitiche mediterranee e l'avvento delle società dell'Età del Bronzo si collocano all'interno della fase culminante della transizione verso il clima piú arido del medio-tardo Olocene; si ritiene che la fondazione dello stato dinastico dell'Egitto intorno al Nilo sia stata una delle risposte all'aridificazione che si produsse nel nord-est del continente africano intorno a 5 millenni fa; l'aridificazione del Vicino Oriente verificatasi fra 4,2 e 3,8 millenni fa fu probabilmente responsabile della fine dell'Impero accadico.

D'altra parte, le ricerche palinologiche nell'Europa nordoccidentale hanno permesso di appurare che nel medio-tardo Olocene le principali trasformazioni del paesaggio vegetazionale sono avvenute in corrispondenza di variazioni culturali archeologicamente definite, ma corrispondono anche a eventi climatici riconoscibili tramite vari proxy paleoclimatici. La prima, rappresentata da una generale rarefazione delle popolazioni di olmo, si è manifestata 5900 anni fa. Questa trasformazione si verificò durante un periodo che gli archeologi definiscono di *landnam*, quando cioè la prima agricoltura neolitica si consolidò in quelle regioni settentrionali aprendo varchi nelle foreste; ma coincise anche con una rapida transizione climatica da una fase freddo-umida a una decisamente piú arida. Una transizione da un clima continentale a uno piú oceanico intorno a 3800 anni fa coincise, invece, con l'inizio dell'Età del Bronzo nell'Europa settentrionale e fu nuovamente accompagnata da una intensa deforestazione. Ma il periodo preistorico di maggiore impatto sulla vegetazione nordeuropea si verificò durante l'espansione delle aree agricole e a pascolo della tarda Età del Bronzo, fra 3000 e 2800 anni fa, proprio quando nel giro di pochi secoli si verificarono rapide oscillazioni fra clima freddo-umido e caldo-arido. Le trasformazioni culturali e dei modelli socioeconomici hanno dinamiche complesse e in gran parte anche autogene, ma queste sistematiche co-variazioni clima-cultura-vegetazione, verificatesi in Europa e altrove durante l'Olocene, sono un forte indizio di un legame stretto fra clima, assetti socioeconomici delle popolazioni umane e paesaggio vegetazionale.

Piú che di difficile soluzione, il problema «uomo-o-clima» è quindi mal posto e, piuttosto che ricorrere a una sorta di duello ordalico per stabilire se ciascuna variazione osservata sia dovuta all'uno o all'altro dei due fattori, è opportuno considerare forme di interazione clima-uomo. Secondo gli studi piú recenti e completi molte biocenosi mediterranee sono il risultato di una interazione sinergica tra popolazioni umane, animali domestici e selvatici, vegetazione e clima. I tentativi di spiegare le variazioni occorse nell'area mediterranea alla metà dell'Olocene, fra 6 e 3 millenni fa, in termini puramente «naturali» o «antropogenici» non funzionano. Il problema non è di decidere se gli uomini hanno contribuito a determinare tali variazioni, ma di capire come si sono realizzate le interazioni uomo-clima-vegetazione e di identificare quando l'uomo è diventato un fattore ecologico prevalente e come ha prodotto la sua specifica azione a livello regionale. Tenendo presente questo, è interessante andare a ricercare specificamente, su scala locale, quando compaiono indizi chiari che sono state proprio – o anche – le mani dell'uomo a lasciare tracce nel paesaggio vegetazionale post-glaciale. Da dove iniziare questa ricerca di prove se non da uno dei principali teatri della trasformazione culturale e socioeconomica che ha interessato l'umanità all'inizio dell'Olocene?

Dal Vicino Oriente e dall'Asia sudoccidentale proviene un complicato groviglio di prove e controprove palinologiche, archeologiche e paleoclimatiche. Il braccio di ferro tra formazioni steppiche periglaciali e foreste caducifoglie vide queste ultime allargarsi un po' dovunque nell'area mediorientale dopo il massimo glaciale e soprattutto dopo lo Younger Dryas, ma questa successione non avvenne contemporaneamente e con uguali modalità dappertutto, come richiederebbe un controllo esclusivamente climatico. La contrazione della steppa a favore delle foreste si è verificata precocemente nelle zone montane dell'area del Levante e nella Turchia occidentale, mentre nelle regioni interne – come i monti Zagros e nel sud-est anatolico – si è verificata dopo vari millenni dallo stabilirsi del clima olocenico, e invece delle foreste a sostituire la steppa è stata una sorta di savana. Che queste differenze siano dovute esclusivamente a una diversità climatica regionale si può escludere considerando le variazioni delle precipitazioni e delle temperature registrate dalle modificazioni del livello dell'acqua nei grandi bacini interni dell'area, come il lago Van e il lago vulcanico di Eski Acıgöl (Turchia centrale). È quindi ragionevole supporre che a rallentare la diffusione delle foreste di querce e pistacchi nel Medio Oriente del primo Olocene abbia concorso l'uomo, la cui densità era massima proprio dove si sono verificati i maggiori ritardi. A questo punto entra in gioco un fattore che abbiamo sempre visto in stretta associazione con la presenza umana: il fuoco. I resti di particelle di carbone nei sedimenti dei laghi mostrano come gli incendi siano aumentati all'inizio dell'Olocene proprio nelle foreste a quercia-pistacchio, presumibilmente ritardandone la diffusione. Se questa ricostruzione è corretta, se ne deduce che, oltre a sperimentare le prime forme di agricoltura di cereali e legumi, le popolazioni neolitiche del sud-ovest asiatico conducevano pratiche di gestione delle aree naturali basate sull'incendio sistematico e controllato per regolarne la struttura vegetazionale. Aumentando la risoluzione temporale dello studio, in alcuni casi è possibile identificare la stagione in cui la frequenza di incendi era massima e si scopre che si trattava della tarda estate. Questo potrebbe essere dovuto alla maggiore facilità di ignizione naturale della biomassa combustibile ma, guarda caso, coincide con la stagionalità degli incendi provocati dall'uomo nelle aree della Terra dove ancora oggi viene utilizzata la pratica che combina taglio e combustione delle foreste e delle boscaglie per generare nuovi suoli agricoli.

La lavorazione dello *slash-and-burn* inizia con il taglio di porzioni di foresta durante la stagione arida. La vegetazione tagliata che non è utilizzabile per altri scopi viene lasciata seccare al sole e poi bruciata. Il suolo coperto di ceneri viene lavorato e preparato per la semina prima che arrivino le piogge. Dopo alcuni cicli di coltivazione, il terreno – ormai impoverito di nutrienti – viene abbandonato e il ciclo si ripete in altri appezzamenti. Al posto della foresta matura originaria, nei terreni abbandonati si stabilisce una successione caratterizzata inizialmente da vegetazione pioniera erbacea e solo dopo un tempo piú o meno lungo si ritorna progressivamente a una copertura arbustiva e arborea che non necessariamente riproduce quella originaria. Oltre ad aprire superfici coltivabili e ad arricchire inizialmente il suolo di elementi minerali fondamentali per la crescita delle piante (come potassio, calcio, fosforo e azoto), la combustione della vegetazione forestale produce una acidificazione del suolo che favorisce l'assorbimento degli stessi nutrienti. Se il taglia-e-brucia viene impiegato su ampie parti del territorio e i cicli si ripetono frequentemente, si verificano però situazioni negative dal punto di vista idrogeologico ed ecologico, perché i suoli sottoposti a questa pratica sono soggetti a una forte erosione ed è proprio per questo che non si torna al climax vegetazionale originario. L'antica tecnica del taglia-e-brucia viene ancora oggi utilizzata da oltre 300 milioni di agricoltori nelle foreste, savane e praterie dell'Africa a sud del Sahara, in America centrale e in Asia, per mantenere coltivabili circa 400 milioni di ettari, poco meno di un terzo di tutta la copertura agricola del pianeta, ma fino a tempi recenti veniva utilizzata anche in Europa e nell'America settentrionale. Lo studio integrato delle particelle di carbone e dei pollini nei sedimenti di antichi laghi ha dimostrato che questa tecnica era alla base di molte economie agricole del Neolitico e che in definitiva rappresentò una naturale estensione della tradizione paleolitica dell'uso controllato di incendi per sostenere la caccia e la raccolta di animali e piante selvatiche. Nel VI capitolo si è visto anche come l'uso del fuoco sia stato uno degli strumenti fondamentali nel corso della lunga sperimentazione che ha portato dall'economia di caccia-raccolta a quella pienamente agricola.

In molte aree della Terra l'interferenza antropica sui sistemi vegetazionali del Neolitico appare quindi in sostanziale continuità rispetto a quella del Paleolitico e del Mesolitico. Questa continuità è molto evidente nelle aree del Baltico, dove la coltivazione dei cereali arrivò non prima di 4 millenni fa, sostituendo le precedenti culture Mesolitiche basate su economie di caccia-raccolta. Ancora una volta è lo studio dei sedimenti lacustri che permette di ricostruire il film che è andato in scena in Estonia tra il definitivo miglioramento climatico post-glaciale e l'Olocene inoltrato. In prossimità dei resti di accampamenti semipermanenti di cacciatori-raccoglitori di 11 millenni fa si verificò la crescita improvvisa dei pollini di piante pioniere associate agli incendi e al disturbo dei suoli, insieme a un netto aumento delle particelle di carbone. Il disboscamento, denunciato anche dalla rapida riduzione dei pollini di olmi, tigli e querce caducifoglie, si fece piú intenso fra 8 e 7 millenni fa, quando ancora mancavano mille anni alla comparsa delle prime coltivazioni di avena e farro. Quando i primi pollini di cereali comparvero, aumentarono quelli di piante indicatrici di disturbo antropico e uscirono di scena quelli degli olmi. Il fatto che questi eventi non si siano verificati contemporaneamente in tutta l'area Baltico-Finnica-Scandinava e che la storia si presenti con modalità diverse, fa escludere che si sia prodotta sotto la spinta di un omogeneo *forcing* climatico e costituisce un forte indizio dell'impatto antropico, suffragato anche dalle corrispondenze archeologiche. È ancora Michael Williams che, sintetizzando una enorme quantità di studi basati su documenti archeologici e su elaborazioni dei dati palinologici, si fa portavoce dell'idea diffusasi a seguito dei moderni studi paleoclimatici e archeobotanici che la manipolazione della struttura vegetazionale dell'Eurasia, lungi dall'essere un fenomeno iniziato nel primo e medio Olocene, «è vecchia quanto l'uomo» (quello «sapiente» possiamo aggiungere noi).

Tornando alle origini della deforestazione nel Medio Oriente, un gruppo di ricercatori giapponesi si è chiesto cosa ci sia di vero nella storia di Gilgamesh, dove si narra come il re di Uruk, alla ricerca di buon legno per costruire gli edifici della sua città, dovette fare i conti con il mostro Humbaba, messo dal dio Enlil a fare la guardia alle foreste di cedri del Libano. L'epica racconta come solo dopo l'uccisione del mostro guardiano il sovrano e il suo amico Enkidu riuscissero a prender possesso dell'area, a tagliare i cedri e a farli arrivare in Mesopotamia grazie alla corrente dell'Eufrate. Per vedere come siano andate realmente le cose, il gruppo di paleoecologi è andato a rovistare tra i sedimenti della valle di Ghab, ai piedi del monte Ansarie (Siria nordoccidentale). La storia raccontata dai pollini inizia circa 14 500 anni fa con una steppa di Artemisia e piante Chenopodiacee tipiche dei climi freddi e aridi. Quindi, a partire da 12 500 anni fa si assiste a una espansione di foreste a querce caducifoglie miste a carpini, pistacchi e cedri. La presenza di frutti selavatici come castagne e pistacchi, ma anche di vite e olivo selvatico, potrebbe aver incoraggiato le popolazioni epipaleolitiche Kerbariane e Natufiane a impiantare nell'area residenze semipermanenti e a iniziare esperimenti di agricoltura intorno a 11 100 anni fa. Ma è 9 millenni fa che si registra un primo declino dei pollini di quercia e un contemporaneo aumento delle particelle di carbone, segno probabile di un inizio di deforestazione attivamente prodotta con la tecnica del taglia-e-brucia. A quella data i cedri erano ancora abbondanti sul monte Ansarie, ma dopo meno di due millenni la loro densità si ridusse drammaticamente insieme a quella di pini e querce sempreverdi e contemporaneamente aumentava di molto il polline di olivo. Questo fa pensare che le popolazioni neolitiche di circa 7700 anni fa, ormai pienamente dedite all'agricoltura e alla frutticoltura, abbiano intaccato pesantemente le foreste di cedri. Quando Gilgamesh, circa tremila anni dopo, ebbe bisogno di legno robusto e profumato per costruire le dimore di Uruk, dovette andarselo a cercare da qualche altra parte – in Libano – perché sul monte Ansarie qualcuno era arrivato molto prima di lui.

Studi palinologici condotti in varie località lungo la valle del Giordano hanno dimostrato che, tutto sommato, l'impatto delle prime popolazioni neolitiche del Levante meridionale che si andavano organizzando in agglomerati residenziali intorno a 10-9 millenni fa fu sí pesante ma localizzato nello spazio e nel tempo, e produsse un mosaico di paesaggi naturali e alterati. Lo sviluppo del pastoralismo contribuí alla modificazione dei territori e insieme all'agricoltura determinò localmente fenomeni di sovrasfruttamento e degrado che probabilmente furono responsabili della fine di questa prima fase neolitica nell'area. Lo studio paleobotanico e archeologico della città di 'Ain Ghazal, pochi chilometri a nord dell'attuale capitale della Giordania, suggerisce che il suo collasso di 8 millenni fa fu la conseguenza di una drammatica deforestazione locale dovuta all'abbattimento delle robuste querce che la circondavano per ricavarne legname da costruzione e combustibile per uso domestico e per la produzione di gesso. Fu però circa tremila anni dopo che nel Levante il gioco si fece veramente duro, in corrispondenza della transizione socioeconomica che ruotava intorno alla produzione di fichi, datteri, olive, uva e alla lavorazione e commercializzazione dei loro prodotti secondari. I carotaggi di sedimenti nel Mare di Galilea hanno mostrato che questa ulteriore rivoluzione agricola costituí un vero spartiacque dal punto di vista dell'impronta ecologica perché, contemporaneamente all'espansione delle coltivazioni dei ceppi domestici – *Ficus carica*, *Phoenix dactilifera*, *Vitis vinifera* e *Olea europaea* – che erano stati messi a punto a partire dal periodo Calcolitico, la deforestazione dell'area divenne piú intensa e diffusa. Durante i periodi di crisi di questo nuovo tipo di economia subentrava poi la pastorizia nomadica di capre e pecore, cosí tipica del Medio Oriente e dall'area mediterranea, che finiva il lavoro di devastazione di ampi territori.

L'esacerbarsi della situazione ambientale in questa fase dell'Olocene fu dovuto anche a un altro fattore: la spoliazione del patrimonio forestale per lo sfruttamento del rame. Questa storia è stata ricostruita nei dettagli a Khirbet Faynan, l'antica Phinon, tra le montagne di Edom e il Wadi 'Arabah, nell'attuale Giordania. È una storia di 9 millenni, che inizia con lo sfruttamento su scala locale del rame nel Neolitico e nel periodo Calcolitico e prosegue con l'artigianato ancora domestico del metallo nella prima Età del Bronzo, per intensificarsi a partire da oltre 4 millenni fa e nei secoli successivi con un'attività estrattiva e di lavorazione sempre piú intensa, fino al periodo Romano e Bizantino. Dopo di che l'attività cessò, salvo sporadiche riprese in epoca medievale e anche in tempi piú recenti. Globalmente, questa attività ha prodotto circa 250 000 tonnellate di scorie nell'area di 12 chilometri quadrati intorno a Khirbet Faynan. Se si pensa al carbone necessario a produrre una tale quantità di scorie, si può ritenere che tra l'Età del Bronzo e il periodo Bizantino sia stato necessario bruciare vari milioni di tonnellate di legname – acacie, tamarindi, palme – incidendo pesantemente sul patrimonio forestale delle aree limitrofe. Inoltre, una grande quantità di legno di quercia era necessario per la costruzione delle infrastrutture minerarie. Deforestazione, inquinamento ambientale, profonda modificazione degli assetti idrogeologici: l'impronta ecologica fu intensa, su scala regionale e prolungata.

Tutto questo indica che a partire dall'Età del Bronzo la bilancia delle dinamiche ambientali prese a inclinarsi decisamente verso il fattore antropico, fino al determinarsi di una impronta ecologica di vastissime proporzioni. A nulla valse l'incremento di precipitazioni che interessò l'area durante l'epoca della dominazione romana: la capacità di recupero degli ecosistemi non riuscí a ripristinare una qualità vegetazionale neppure vagamente simile a quella precedente. Quello di Faynan fu solo uno degli innumerevoli poli della estesa rete metallurgica che dal V millennio prima della nostra era interessò il Levante, l'Asia sudoccidentale e l'area mediterranea. Beer Sheba, Yotvata, Timna ne erano altri centri, tutti nella stessa area tra il Mar Morto e il golfo di Aqaba dove, in fornaci che richiedevano elevate temperature e molto combustibile, veniva ricavato il rame dai minerali che lo contenevano. Già allora la rete arrivava fino a Ebla (Siria) e a Degirmentepe (Turchia centro-orientale), ma duemila anni dopo, cioè 5 millenni fa, la rete eurasiatica del rame – tra miniere, fornaci e fonderie, laboratori per la lavorazione del metallo – si estendeva da Rio Tinto in Spagna a Mohenjo-daro sull'Indo, da Memphis in Egitto ad Arkaim nelle steppe degli Urali. Ancora un migliaio di anni e questa rete ormai globale raggiungeva la Bretagna, la Scandinavia e la Finlandia e arrivava anche nelle regioni australi dell'Africa. Se si estrapola l'impatto ambientale stimato per Faynan a tutta questa enorme area e alle centinaia di siti archeologici che dimostrano attività metallurgiche si riesce solo vagamente a immaginare quale duro colpo questa discontinuità tecnologica abbia inflitto alle foreste dell'Eurasia e dell'Africa nel bel mezzo dell'Olocene.

L'origine della metallurgia del rame e del bronzo in Cina è ancora controversa, ma le tecniche di estrazione del rame dai minerali che lo contengono potrebbero esservi arrivate attraverso il Sinkiang dall'Asia centrale nel IV millennio prima della nostra era, proprio come estensione della rete metallurgica eurasiatica. Al bordo occidentale del deserto di Badain Jaran, nella località cinese di Huoshiliang (Shanxi), una intensa attività metallurgica era già in piedi oltre 4 millenni fa e si avvaleva di tecniche simili a quelle dell'Eurasia occidentale, con grande richiesta di legname e con produzione di scorie ricche non solo di rame ma anche di un ampio corredo di altri elementi, dall'arsenico al piombo, dal nichel allo zinco. E anche qui, nella Cina nordoccidentale, l'impronta di queste industrie fu ampia sia in termini di deforestazione che di vero e proprio inquinamento ambientale. L'analisi dei resti di carbone rivela che nelle fornaci di Huoshiliang veniva gettato di tutto: arbusti di tamerice, pioppi, salici e cespugli tipici di aree deserte fredde. Lo scempio della vegetazione doveva essere devastante, tant'è vero che provocò un vero dissesto idrogeologico, rivelato dal forte aumento della sedimentazione. Le emissioni di fumi lasciarono poi una precisa firma nell'alterazione della concentrazione dei metalli nel suolo e nelle acque, ancora oggi rilevabile. Alla fine, poco meno di 3000 anni fa, la mancanza di combustibile e il degrado ambientale costrinsero gli addetti ai lavori a evacuare l'area, che venne ricoperta da grandi dune di sabbia. A parte questi casi, notevoli perché particolarmente antichi, un po' ovunque nel Vecchio e nel Nuovo Mondo si vede come deforestazione, dissesto idrogeologico e inquinamento ambientale legati alla metallurgia non sono portati recenti della Rivoluzione industriale ma iniziarono a produrre notevoli impronte su scala locale e regionale fin dal medio Olocene.

L'aspetto peculiare della metallurgia del rame prima e del ferro poi, è il feedback che si scatena fra tecnologia produttiva e strumenti prodotti: asce e aratri migliori consentono di disboscare piú efficacemente per produrre altre asce e altri aratri e l'impronta complessiva si amplia per la somma degli effetti dell'uso degli strumenti e del costo ambientale per produrli. Un'ascia di pietra consente di abbattere alberi anche di notevoli dimensioni ma è necessario un tempo molto piú lungo e soprattutto non è necessario bruciare carbone di legna per costruirla. La pesante impronta della metallurgia e delle scuri di bronzo sul paesaggio del medio Olocene si coglie molto bene anche fuori dall'area mediorientale e dalla Cina, come in Grecia, in Italia e in Spagna, nell'Europa settentrionale, in Corea e in Giappone. Nel Peloponneso i sedimenti del lago di Lerna hanno rivelato una successione di eventi che iniziano con l'arrivo del Neolitico e accompagnano le trasformazioni socioculturali, i saliscendi economici, la nascita dei sistemi politici organizzati e il loro tracollo. In Argolide i primi orizzonti palinologici tra 7 e 8 millenni fa sono rivelatori di una densa copertura forestale di querce decidue, frassini e olmi, con una presenza marginale di elementi xerofili sempreverdi come il leccio e la fillirea. All'inizio dell'Età del Bronzo, circa 5,5 millenni fa, si assiste però a un declino della vegetazione decidua, segno della deforestazione antropica, e a un'espansione dei pini. Nella tarda Età del Bronzo, corrispondente alla civiltà Micenea, il declino della vegetazione decidua si fece ancora maggiore e le foreste vennero sostituite ovunque da una macchia dove abbondavano le essenze sempreverdi xerofile. Alla trasformazione ambientale contribuí la pastorizia, che dalle aree costiere si spingeva verso le alture lasciando il posto all'agricoltura e alla coltivazione dell'olivo. La costruzione di abitazioni private e pubbliche e di navi richiedeva quantità sempre maggiori di legname che potevano essere velocemente raccolte grazie ai nuovi strumenti da taglio. Le asce a doppio taglio micenee, molto apprezzate per abbattere gli alberi e per la guerra, furono richieste anche in regioni molto distanti dai centri di produzione, come dimostra il loro ritrovamento fino in Cornovaglia e in Irlanda. Come in altre aree, nel Peloponneso la deforestazione provocò anche un aumento dell'erosione dei suoli. L'improvviso collasso della civiltà Micenea, nell'XI secolo a.C., avvenne probabilmente a seguito dell'invasione delle genti Doriche ma anche a causa di un sovrasfruttamento del territorio. Ne seguí uno spopolamento dell'area e una riduzione dell'intensità di uso del suolo ma, anche a causa della progressiva aridificazione del clima, questo «periodo nero» non fu sufficiente a consentire una ripresa delle strutture vegetazionali precedenti prima che si iniziasse il nuovo ciclo di intensificazione che avrebbe portato alla Grecia classica. Omero, per narrare nell'Iliade l'episodio dell'uccisione di Asio per mano di Idomeneo, usa una delle sue tante metafore rivelatrici del clima, dell'ecologia e dell'impronta umana nel Mediterraneo orientale dell'epoca preclassica:

> Cadde come cade una quercia o un pioppo o un pino alto, che i falegnami sui monti troncano con le scuri affilate per farne chiglia di nave.

L'onda dell'Età del Bronzo si propagò a occidente come era avvenuto per il Neolitico molti millenni prima e investí, come allora, la Penisola italiana con nuovi cicli di intensificazione agricola. Un piccolo lago nella Maremma toscana, a pochi chilometri dalle rive del Tirreno, costituisce un archivio palinologico indagato a fondo per comprendere l'intreccio tra clima e uomo nella storia vegetazionale dell'Italia centrale. Qui, l'intensificazione del regime degli incendi da 8 a 4 millenni fa e la parallela scomparsa delle foreste sostituite dalla macchia xerofila sono chiaramente associate alla transizione da una fase climatica piú umida a una successiva di maggiore aridità, ma appaiono anche sincrone con lo sviluppo degli insediamenti umani, con l'agricoltura basata sul taglia-e-brucia, con l'allevamento del bestiame e con la metallurgia dell'Età del Bronzo, tanto da far concludere ai ricercatori – diretti dal paleogeografo Boris Vannière del Cnrs – che il legame tra incendi e clima continuò a essere persistente anche nel medio-tardo Olocene quando, nell'area del lago dell'Accesa, l'impronta dell'uomo sulla vegetazione divenne molto pesante. Piú a settentrione, in una località fra la riva destra del Po e le pendici settentrionali dell'Appennino Tosco-emiliano, gli archeologi hanno scavato i resti di una delle tante «terramare» della pianura padana risalenti all'Età del Bronzo. Prima che questo villaggio di oltre cento abitanti – alloggiati in 30-40 case su palafitte – venisse fondato 3500 anni fa, la zona era ricoperta da boschi misti di abeti, pini, faggi e betulle, insieme a caducifoglie come querce e carpini. Rapidamente questo paesaggio naturale fu trasformato dalle scuri e dai fuochi degli abitanti di Terramare del Montale: negli strati dei sedimenti, i pollini degli alberi diminuiscono e lasciano il campo a quelli di erbe associate alla manipolazione dei suoli e delle piante coltivate. Queste modificazioni palinologiche coincidono con la comparsa di resti vegetali carbonizzati sempre piú abbondanti e con i semi tostati di avena e farro: la foresta viene abbattuta e bruciata per fornire materiale da costruzione e combustibile e per fare spazio ai terreni agricoli. Montale era solo una delle oltre duecento terramare della valle del Po. I sedimenti portati dal fiume nell'Adriatico rivelano che l'impronta ecologica dei terramaricoli fu generale e intensa, ma la deforestazione, l'incremento dell'erosione e – in generale – la trasformazione del paesaggio «naturale» in uno decisamente «culturale» si registrano un po' ovunque nell'Italia della tarda Età del Bronzo, le cui culture andarono infine incontro a una crisi anche legata a questo esagerato sfruttamento del territorio.

L'antichità dell'impronta umana sulle foreste oloceniche e il suo intreccio con le vicende climatiche di questa epoca si avverte anche nel Nuovo Mondo. Quale icona meglio della foresta amazzonica rappresenta l'idea di un grande patrimonio ecologico naturale entrato con l'Età Moderna nel vortice distruttivo degli ecosistemi del pianeta da parte dell'uomo? A lungo ha dominato la convinzione che questo grande scrigno della biodiversità avesse un'origine che con l'uomo non ha nulla a che vedere ma che sia stato invece forgiato dai processi climatici della fine del Pleistocene e dell'inizio dell'Olocene. Come corollario di questa utopia dell'eden amazzonico, vi è l'immagine di popolazioni indigene che da oltre diecimila anni l'avrebbero abitato traendone risorse naturali in modo assolutamente sostenibile ed ecocompatibile. Purtroppo queste suggestioni, che alimentano tanto fervente ambientalismo, sono sostanzialmente infondate, come dimostra una crescente quantità di analisi rigorose basate su indicatori ambientali e paleobotanici inequivocabili. Diamo la parola a Dolores Piperno, ricercatrice dello Smithsonian Tropical Research Institute a Panama. Basandosi sugli studi di numerose serie sedimentarie di laghi e paludi dell'America centrale e della parte settentrionale dell'America del

Sud, un gruppo di esperti da lei coordinato ha prodotto un quadro secondo cui, sovrapponendosi agli effetti delle variazioni climatiche, l'attività dei cacciatori-raccoglitori e dei primi agricoltori ha avuto profondi effetti sulla struttura delle foreste tropicali di bassa altitudine di questa vasta area geografica, molto prima dell'invasione europea. Un esempio: la deforestazione dell'area del lago La Yegada a Panama. Nei sedimenti lacustri di circa 11 millenni fa si ritrovano particelle di carbone vegetale con una frequenza enormemente maggiore di quella degli strati piú profondi e quindi piú antichi e contemporaneamente compaiono i pollini di specie vegetali tipiche delle radure disboscate, ma diminuisce la frazione di quelli appartenenti alle specie arboree. Sarà una coincidenza che intorno a quella data l'area del La Yegada venisse colonizzata da cacciatori-raccoglitori di cultura analoga a quella dei Clovis di regioni piú settentrionali? Nei successivi tremila anni l'impatto si intensificò, e nei sedimenti di circa 7 millenni fa, insieme a una ulteriore riduzione dei pollini arborei, all'aumento del carbone vegetale e dei pollini delle piante indicatrici del disturbo, fanno la loro apparizione i primi grani di amido e i fitoliti del mais e della manioca, tutti segni che sta maturando un'economia agricola basata sulla tecnica del taglia-e-brucia. Quando, circa tre secoli e mezzo fa, arrivarono gli Spagnoli, nei sedimenti diminuirono il carbone e i pollini delle piante antropofile ma aumentarono quelli degli alberi. In questa area, come ovunque nell'America centrale, le popolazioni native subirono una terribile decimazione a causa dei massacri, delle malattie e delle deportazioni da parte dei conquistatori. E le foreste in molti casi si infittirono.

Un altro esempio, proprio dal cuore della foresta amazzonica nel territorio della Colombia. Nella regione remota del Rio Caquetá, oggi coperta da una fitta foresta sempreverde, i pollini e il carbone ci dicono che l'agricoltura del mais e della manioca era praticata quasi 5000 anni fa da popolazioni che utilizzavano la tecnica del taglia-e-brucia per aprire varchi coltivabili nella foresta. Improvvisamente, 775 anni fa circa, gli incendi si ridussero e la densità degli alberi della foresta ricominciò ad aumentare, proprio quando l'archeologia dimostra che quest'area fu abbandonata dalle popolazioni degli agricoltori. Le cose non andarono molto diversamente in molte foreste della parte settentrionale dell'America del Nord. Nella regione dei Grandi Laghi, nel sud dell'Ontario, scendendo nei dettagli si riesce a dipanare il gomitolo dell'interazione tra clima e uomo nella dinamica delle transizioni vegetazionali del tardo Olocene. Per lungo tempo gli esperti si erano divisi tra chi sosteneva che la transizione dalle foreste dominate da faggi e aceri a quelle boreali costituite da un mix di abeti, pini e betulle intorno a sei secoli fa fosse dovuta a fattori climatici, e chi riteneva invece determinante l'azione delle popolazioni native che praticavano l'agricoltura prima dell'arrivo degli Europei. Il solito incrocio fra dati paleoclimatici, archeobotanici e archeologici ha invece dimostrato che la migliore spiegazione è quella che chiama in causa una interazione tra i due fattori, quello «naturale» e quello «culturale». In effetti, la riduzione delle foreste a caducifoglie fu determinata da un improvviso calo della temperatura e da una diminuzione delle precipitazioni ma a questa si sovrappose una intensa attività di disturbo associata all'agricoltura del mais, che portò alla sostituzione di una vegetazione matura caratteristica delle fasi finali della successione vegetazionale con una piú tipica di stadi precoci, dominata da querce e pino bianco. Tra le due fasi vegetazionali vi sono i segni della deforestazione e dell'agricoltura, manifestati dai pollini del mais e delle erbe associate al disturbo del terreno.

In definitiva, quindi, siamo portati a una sintesi fra le tesi dell'accusa e della difesa che mette in luce, da una parte, l'antichità dell'interferenza antropica sulle formazioni vegetazionali – ben oltre la Rivoluzione industriale, l'Età del Bronzo e lo stesso Neolitico – ma, dall'altra, riconosce una sostanziale co-azione uomo-clima nelle successioni vegetazionali dell'Olocene. E non è per amor di compromesso ma per il fatto che questa è l'interpretazione che maggiormente sembra adattarsi alla lettura integrata delle fonti «culturali» e «naturali» di cui disponiamo. Non si è trattato quindi dello sfruttamento di una torta primordiale già pronta, bensí dell'interazione dinamica nel corso dell'intero Olocene – e già dal Pleistocene – tra due processi distinti ma interagenti, che hanno rimodellato incessantemente il paesaggio terrestre: quello climatico, che ancora oggi ne rappresenta il maggiore *driver* esterno, e quello antropico che è andato crescendo negli strumenti e nelle motivazioni, assumendo un'importanza primaria tra i determinanti biotici delle strutture vegetazionali. La storia che ci raccontano gli studi integrati di tipo archeologico, paleoclimatico e paleobotanico è quella di un uomo che non si è seduto a una tavola imbandita, ma si è messo addirittura tra i piedi in cucina mentre il cuoco stava ancora lavorando, facendosi lui stesso chef.

Una buona domanda è se questa incalzante azione di disturbo e di sfruttamento ha prodotto veramente, sempre e comunque risultati negativi. Lo scenario piú chiacchierato in tal senso, in riferimento al quale una plurisecolare letteratura di poeti, filosofi, politici e infine di scienziati si è esercitata nel tentativo di dare risposte univoche a questa domanda, è l'area del Mediterraneo. Non è un teatro qualunque, perché queste rive sono state pesticciate per decine di millenni da *Homo sapiens* che vi ha creato e distrutto alcune tra le piú grandi civiltà umane, dopo aver fatto sloggiare chi prima di lui le aveva percorse per almeno settecentomila anni. Estremizzando un po' la dialettica, si è portati a dire che su quanto è avvenuto in questa regione si scontrano due visioni che potremmo definire, rispettivamente, del «paesaggio devastato» e del «paesaggio disegnato». La prima ha lontane radici addirittura in Platone e in Pausania e rappresenta la versione contemporanea di una lunga tradizione romantica che vede nei paesaggi mediterranei attuali ciò che è rimasto di «un Eden perduto». C'è chi fa risalire la cordata dei pessimisti moderni al diplomatico statunitense George Perkins Marsh che, nel 1864, tra le righe del suo *Man and Nature* (considerato un po' il manifesto del moderno ambientalismo) a proposito di alcune aree del Mediterraneo scriveva: «La catena di eventi messa in moto dall'uomo ha prodotto una desolazione [del paesaggio] simile a quella della Luna».

Secondo questa tesi, l'avidità dell'uomo, in cinquemila anni di storia e in una lunga precedente età opaca alla memoria storica, avrebbe corrotto e devastato un paradiso ambientale forgiato dalle forze benigne della Natura, con l'abbattimento delle foreste originarie e con lo scempio delle faune native. La devastazione è stata perpetrata senza scrupoli e sempre in un'ottica di vantaggi e profitti sul breve periodo, talmente miope da produrre sovente catastrofi ecologiche di cui sono rimaste vittime gli stessi devastatori. Abbiamo familiarità con la versione piú estesa di questa tesi dell'ecocidio anche per averla vista in divulgazioni molto efficaci come quelle televisive di David Attenborough e letta nei libri di Jared Diamond. C'è, in questa attraente tesi, qualcosa di profondamente radicato nell'ambivalente percezione del rapporto tra uomo e natura di tutto il pensiero occidentale, dalle radici giudaico-cristiane della morale al prepotente antropocentrismo dell'umanesimo. Il chiamarsi fuori dalla natura, come sottolinea il folle signor Geiser di Frisch, con il suo foglietto appiccicato al muro, giustifica l'appropriazione e lo sfruttamento – un'investitura divina, se non addirittura un comandamento – ma d'altra parte pone inevitabilmente la questione della responsabilità del vulnus inferto alla natura per eccesso di libero arbitrio. Molta della letteratura scientifica di cui abbiamo visto alcuni esempi sembra in effetti alimentare con dati oggettivi questo senso di colpa elencando le evidenze delle trasformazioni antropogeniche del paesaggio vegetazionale e delle sue conseguenze sull'eliminazione delle faune e sulla erosione dei terreni.

C'è qualcuno che se la sente di mettere in discussione la tesi del ruolo distruttivo dell'uomo sugli ecosistemi mediterranei? Sí, e non parliamo di critiche attribuibili a pseudoscienza, negazionismo ideologico o misticismo antropo-teologico, ma di scienza accreditata, rappresentata da chi, come l'ecologo francese Jacques Blondel, ha grande esperienza di studi sull'ambiente mediterraneo e trae le proprie convinzioni da fatti empirici specifici e da teorie ampiamente condivise nella comunità degli ecologi. Questa controtendenza parte dal rifiuto dell'assunto «trasformazione-uguale-degradazione» e si interroga sul reale funzionamento degli ecosistemi mediterranei «disegnati» dall'uomo del Neolitico e costruiti in secoli e millenni di perfezionamento delle tecniche agricole.

Tra le principali funzioni degli ecosistemi vi è la produzione di biomassa e di energia, il mantenimento della biodiversità, la capacità di stabilizzare l'assetto geomorfologico di un territorio, di assorbire e smaltire sostanze rilasciate naturalmente o dall'uomo. Non c'è dubbio che gli agroecosistemi messi in piedi dall'uomo mediterraneo fossero sufficientemente produttivi per sostenere una popolazione umana cospicua, per consentirne l'espansione e per ospitare una comunità al seguito, costituita da animali domestici, commensali e intrusi. Lo sfruttamento di questi sistemi, che potevano conservare elementi di naturalità piú o meno ampi a seconda delle zone, doveva essere alquanto sostenibile se, come argomenta Blondel, hanno funzionato egregiamente per decine di secoli. La produttività primaria delle formazioni vegetazionali, e quindi la possibilità di sostenere una comunità di consumatori piú o meno ampia, oltre che dal clima, dall'altitudine, dalla geomorfologia e dalle caratteristiche del suolo, dipende dallo stadio della successione: una foresta al climax ha una notevole densità di biomassa ma la sua produzione primaria è relativamente bassa e la comunità di consumatori sfrutta sostanzialmente il riciclo di materiale organico morto. Al contrario, una comunità di formazione recente, dominata ancora da vegetazione pioniera, ha una elevata produzione primaria e funziona attraverso il «canale del pascolo», cioè l'energia è prodotta prevalentemente in loco e fatta circolare attraverso gli erbivori e i carnivori. Le varie tecniche agricole inventate e perfezionate nel bacino del Mediterraneo – che fossero basate sul mantenimento del mosaico *sylva-saltus-ager* (bosco-pascolo-campo) ampiamente diffuso nelle regioni settentrionali, o sulla formazione a savana antropica del *pascolo arbolato* praticato in Sardegna e in altre isole – trattenevano di fatto la comunità vegetazionale in uno stato produttivo elevato, proprio impedendole di raggiungere il climax.

Per quanto riguarda la biodiversità, apparentemente il verdetto non può essere che negativo: l'azione umana, dal Neolitico e prima, ha prodotto, in molte isole e aree continentali del Mediterraneo, un'ecatombe floro-faunistica e quindi una riduzione della biodiversità. Ma, secondo i sostenitori della tesi del «paesaggio disegnato», se da una parte in molte isole si è verificata la scomparsa di tutte o quasi tutte le specie originarie di mammiferi e di molte specie di uccelli, rettili e anfibi, ciò che ne seguí non fu il vuoto, ma una comunità di altre specie, domestiche o selvagge, importate o trasportate involontariamente dall'uomo. Inoltre, è scorretto definire la biodiversità in relazione alle sole specie, perché la sua dimensione va valutata anche considerando gli ecotipi – concetto quasi equivalente a quello piú noto di razza locale – e ai pool genici entro le popolazioni. Se si allarga in questo modo la metrica della biodiversità, si vede come l'azione dell'uomo nel Mediterraneo nel corso dell'Olocene abbia prodotto un ricambio – e talvolta addirittura un incremento – della diversità biologica, piú che una sua riduzione. Centinaia di varietà di olivi, mandorli, cereali, viti sono stati selezionati attivamente nel corso dei millenni dagli agricoltori, che hanno favorito anche la diffusione di specie selvatiche utili. L'allevamento e la pastorizia, d'altra parte, hanno prodotto una grande varietà di razze locali di bovini e ovini. Quando non è stato intenzionale, questo lavoro di bioingegneria *ante litteram* è stato il risultato dell'incremento di eterogeneità strutturale degli ambienti prodotta dall'intervento umano sui paesaggi.

L'ecologia delle comunità riconosce che il «disturbo», sia esso antropico o meno, non è necessariamente un fattore negativo per la biodiversità. Se si studiano formazioni vegetazionali interessate da differente frequenza-intensità di disturbo climatico, incendi o sfruttamento da parte degli erbivori si vede che generalmente il massimo livello di biodiversità non si registra in assenza di perturbazioni ma in corrispondenza di valori intermedi di disturbo. I mosaici ambientali della strategia produttiva agro-silvo-pastorale cosí tipici del Mediterraneo, sostanzialmente ottenuti con pratiche di moderato disturbo ambientale, hanno pertanto consentito di mantenere elevati valori di biodiversità. In un certo senso, proprio durante l'Olocene – e in particolare con la diffusione del Neolitico, la rivoluzione dei prodotti secondari e la successiva maturazione delle tecniche agricole classiche dell'area mediterranea – l'uomo avrebbe quindi ripagato un debito naturalistico contratto dai suoi predecessori paleolitici e mesolitici, cosí affamati di faune e spesso protagonisti di fenomeni di *overkill*. Il problema, secondo chi la pensa cosí, è piuttosto dato dalla fine di questo sistema millenario di sfruttamento sostenibile.

Secondo la tesi del paesaggio disegnato, vi è stato un ulteriore fattore positivo, rappresentato dall'intervento umano sulla struttura geomorfologica e sugli assetti idrogeologici dei territori. Si pensa generalmente che la presenza dell'uomo e dell'agricoltura abbia un effetto negativo sulla stabilità dei pendii e sull'erosione. E infatti le deposizioni di materiale sedimentario trasportate dalle acque di scorrimento hanno subito notevoli variazioni durante l'Olocene, non solo in relazione alle variazioni climatiche ma anche in relazione alla presenza umana. Non è stato però durante le fasi di piú intensa agricoltura che si sono determinati gli eventi maggiori di erosione ma piuttosto a seguito dell'abbandono delle terre coltivate, come quando si verificò il collasso della civiltà Micenea o la crisi dell'Impero romano. Millenni di attività di terrazzamento, di micro e macro canalizzazione, di particellizzazione territoriale, che caratterizzano il paesaggio mediterraneo, avrebbero abbondantemente bilanciato gli effetti negativi del disboscamento in termini di erosione e sedimentazione, rendendo generalmente il territorio piú resistente ai fattori climatici e piú in grado di tornare a livelli di equilibrio dopo perturbazioni climatiche gravi, cioè piú resiliente. A completare questo insieme di proprietà positive, gli ecologi non trascurano di considerare il contenuto estetico dei paesaggi, e su questo non ci sono dubbi: i paesaggi disegnati del Mediterraneo sono stati cantati da generazioni di poeti, narrati da scrittori, rappresentati da pittori, fotografi e registi, apprezzati da viaggiatori e ancora oggi attraggono milioni di turisti. Insomma, un idillio.

Se il pessimismo di Marsh appare forse un po' eccessivo, anche la tesi ottimistica della creatività dell'uomo sui paesaggi dell'Olocene genera qualche perplessità, perché gli effetti positivi – che sotto certi aspetti essa potrebbe aver prodotto – non sono certo generalizzabili a tutto quanto è accaduto in quest'area nel corso degli ultimi ottomila anni. Inoltre, la diagnosi assolutoria appare completamente non applicabile ad altri ecosistemi olocenici preindustriali, comprese le formazioni antropizzate di regioni australiane, sudamericane e sudafricane climaticamente simili a quella del Mediterraneo. È certo tuttavia che con la fine delle pratiche colturali a moderata intensità di disturbo e con l'intensificazione agricola associata alla Rivoluzione industriale – meccanizzazione, uso di fertilizzanti e di pesticidi e infine monocolture esasperate – la situazione è decisamente precipitata, ma questo non vuol dire che la precedente fosse cosí idilliaca.

3. *I piedi tra le nuvole.*

La discussione sulle responsabilità dell'uomo per aver fatto cambiare in modo «innaturale» le formazioni vegetazionali e l'erosione dei terreni non si esaurisce a ciò che questo ha significato per l'aspetto e la funzionalità della superficie terrestre ma investe di prepotenza anche ciò che è accaduto nell'atmosfera che circonda il pianeta. Se c'è un fenomeno che sembra contraddire l'idea che l'origine dell'impronta antropica sia molto antica, e pare invece dimostrare che l'uomo contemporaneo è una sorta di alieno ecologico, questo è il recentissimo incremento della concentrazione atmosferica di due composti gassosi del carbonio: la CO_2 e il CH_4. Gran parte dell'impronta ecologica umana è una *carbon footprint*; è dovuta cioè all'eccesso di carbonio atmosferico prodotto dall'uomo che il sistema Terra fa fatica ad assorbire e che, modificando la composizione dell'atmosfera, determina una variazione nel bilancio termico del pianeta. Nel I capitolo abbiamo visto come la variazione di questi due gas abbia accompagnato per buona parte del Pleistocene le variazioni di temperatura del pianeta e abbiamo analizzato le spiegazioni che di questa associazione danno i paleoclimatologi. Il passaggio dal Pleistocene all'Olocene non fa eccezione a quanto si osserva a ogni transizione tra periodi glaciali e interglaciali, e difatti la concentrazione dei due gas è molto aumentata dopo il massimo glaciale, fra 20 000 e 10 000 anni fa. Da circa due secoli e mezzo però la loro concentrazione atmosferica ha iniziato una ulteriore salita e questa volta l'incremento non ha analoghi rispetto a quanto si è verificato nelle precedenti fasi interglaciali, fino ad assumere valori totalmente fuori norma rispetto alla scala dei valori pleistocenici. Tale crescita è allarmante perché sappiamo che c'è un legame tra l'eccesso dei due gas e l'anomalia termica che sembra interessare attualmente la Terra, con tutto il corollario di variazioni nella dinamica della troposfera, delle correnti oceaniche, dei regimi monsonici e delle precipitazioni: il famigerato cambiamento climatico, che a sua volta ha anche gravi effetti sulla biodiversità. La temperatura media globale è aumentata di 0,6 °C nel corso del XX secolo. I dieci anni piú caldi del secolo che ci siamo lasciati alle spalle sono tutti nella sua parte finale e le loro temperature sono state le piú elevate dell'ultimo millennio. Gli studi dell'IPCC dimostrano che le variazioni dell'irraggiamento solare e il vulcanismo non sono capaci da soli di spiegare questo fenomeno e che solo introducendo nei calcoli l'incremento dei gas serra si riesce a spiegare questa recente anomalia. È stimabile che l'aumento della concentrazione negli ultimi due secoli e mezzo – di circa il 50 per cento per la CO_2 e del 150 per il CH_4 – abbia prodotto un incremento di 2,43 watt nell'energia immessa su ogni metro quadrato del pianeta. La coincidenza temporale fra l'incremento dei due gas e la vertiginosa trasformazione tecnologica e socioeconomica della Rivoluzione industriale sembra indicare senza ombra di dubbio che questa ne sia la causa.

Per quanto riguarda l'aumento del gas serra piú noto, la CO_2, la spiegazione piú convincente è che la produzione industriale è basata in larghissima misura – attualmente circa per l'80 per cento – sull'energia generata dalla combustione del carbone, del petrolio e dei gas naturali, tutti composti a base di carbonio ridotto e ben stivato nelle profondità della Terra, che estratto e bruciato viene ossidato a CO_2 e quindi disperso nell'atmosfera. L'uso dei combustibili fossili non è una novità degli ultimi due secoli perché già durante la dinastia Song (X-XIII secolo) la metallurgia del ferro utilizzava grandi quantità di carbone estratto dal sottosuolo e le miniere dello Shanxi producevano al picco dell'XI secolo una quantità di carbone pari a quella dell'Europa del XVIII secolo. Almeno dal XIII secolo nelle miniere inglesi si estraeva carbone per uso domestico e la prima commissione per indagare sulle conseguenze dell'uso di questo combustibile fu istituita addirittura nel 1285. Dalla fine del XVII secolo nella sola Londra se ne bruciavano oltre 350 000 tonnellate ogni anno ma fino alla metà del XVIII secolo l'uso dei combustibili biogenici accumulati in milioni di anni nelle profondità della Terra era marginale rispetto a quelli prodotti in superficie dalle foreste. Secondo l'IPCC, l'attuale emissione globale di anidride carbonica dovuta allo sfruttamento dei combustibili fossili è di oltre 26 Gt circa all'anno. A questo si aggiunge una quantità di tale gas derivante dalla conversione delle foreste a terreni agricoli e da pascolo che produce una ulteriore emissione di circa 6 Gt. Ciò che rimane della vegetazione terrestre e il fitoplancton delle «praterie» oceaniche fanno fatica ad assorbire questo extra attraverso la fotosintesi, e lo sbilanciamento dell'equilibrio dei flussi tra la superficie terrestre e l'atmosfera, dovuto all'azione sinergica dell'uso dei combustibili fossili e della riduzione delle foreste, fa sí che la concentrazione di CO_2 continui ad aumentare a un ritmo di circa 1,9 ppm all'anno. Nel 2012 la concentrazione ha raggiunto il valore di 389 ppm, contro un valore compreso fra 260 e 280 ppm nei precedenti 650 000 anni.

E il metano? Oltre la metà delle circa 600 megatonnellate (Mt) di questo gas che vengono immesse ogni anno nell'atmosfera è d'origine antropica, ma il calcolo non è preciso perché non è sempre possibile separare le fonti completamente antropiche del metano da quelle completamente naturali. Il bilancio tra le emissioni naturali e antropiche e il *sink* di tale gas, prevalentemente dovuto alla sua rapida ossidazione a CO_2 da parte del radicale ossidrilico nell'atmosfera, si chiude in positivo: ogni anno l'atmosfera si arricchisce di circa 20 Mt di metano. In totale si stima che il metano costituisca poco meno del 20 per cento in termini di CO_2-equivalenti di tutto il quantitativo di gas serra emessi dall'uomo. Si ritiene che il grande balzo di concentrazione di questo gas durante l'epoca industriale sia dovuto principalmente all'allevamento di bestiame e alla coltivazione su suoli allagati, ma sicuramente vi hanno contribuito anche la combustione antropogenica di biomassa, il conferimento in discarica di residui organici, il trattamento delle acque reflue e le perdite dei metanodotti. Le stime piú recenti indicano che il 40 per cento delle 330 Mt di metano emesse ogni anno dall'uomo è prodotto dall'allevamento del bestiame e dalla coltivazione a umido del riso. In entrambi i casi, la responsabilità biochimica della produzione di CH_4 è dovuta al metabolismo dei batteri metanogeni che, in assenza di ossigeno, riducono il carbonio a metano. La sola coltivazione del riso contribuisce per un buon 15-20 per cento al totale delle emissioni antropogeniche di questo gas. Si stima infatti che i circa 160 milioni di ettari necessari per ricavare i 680 milioni di tonnellate di riso divorate ogni anno dall'umanità – ma nel 2020 saranno 760 – rilascino qualcosa come 40-70 Mt di gas in atmosfera.

Anche il ciclo biogeochimico di altri elementi è stato modificato. Il rilascio di SO_2 derivante dalla combustione di carbone e petrolio ammonta a circa 160 Mt all'anno, circa il doppio di quanto produrrebbe la Terra senza l'uomo. L'ossidazione di questo gas ad acido solforico è responsabile, insieme all'acido nitrico derivante dall'ossidazione dell'azoto, dell'acidificazione dell'atmosfera, dei suoli e delle acque, che affligge gli ecosistemi attuali e contribuisce alla riduzione dei sistemi forestali e della biodiversità. L'enorme quantità di azoto fissato artificialmente e immesso negli agroecosistemi, che supera di 1,3 volte quella fissata dai processi biochimici naturali, è uno dei fattori che hanno reso possibile la vertiginosa crescita demografica dell'ultimo secolo, ma è anche la causa dell'accumularsi di questo elemento nei suoli del pianeta, con la conseguente eutrofizzazione delle acque interne e dei bacini marino-costieri. L'alterazione del ciclo biogeochimico dell'azoto comporta anche la produzione di NO_2, anch'esso un gas a effetto serra.

L'invenzione del motore a vapore da parte di James Watt nel 1770 e l'inizio dello sfruttamento industriale dei combustibili fossili ha dunque messo in moto una catena di innovazioni tecnologiche tra cui la capacità di ingigantire la produzione agricola tramite la lavorazione e l'irrigazione meccanica dei terreni, la loro fertilizzazione artificiale con azoto ricavato industrialmente dall'atmosfera – la sintesi di Haber-Bosch – e l'uso di molecole organiche di sintesi per combattere parassiti e specie nocive. Le trasformazioni socioeconomiche conseguenti alla Rivoluzione industriale/agricola del XVIII secolo hanno consentito l'incremento della popolazione umana globale di circa sei volte fra il 1800 e il 2000. Le società industriali consumano cinque volte piú energia di quanta non ne consumassero quelle pre-industriali. Il prodotto dell'incremento dei numeri per quello dell'intensità dell'uso pro capite di energia ha fatto sí che negli ultimi due secoli l'impronta umana sul pianeta sia letteralmente esplosa. All'inizio dell'era industriale il 10 per cento delle foreste della Terra era stato addomesticato dall'uomo, ma alla metà del XX secolo si era raggiunto già il 25-30 per cento. I meccanismi atmosferici che hanno consentito agli ecosistemi terrestri di svilupparsi per milioni di anni, compreso lo scudo di ozono della stratosfera che filtra le pericolose radiazioni ionizzanti dei raggi ultravioletti, sono stati alterati di conseguenza. Si stima che entro il secolo corrente la temperatura della Terra aumenterà di 1,4-5,8 °C in seguito alle emissioni di gas serra, con il conseguente aumento del livello degli oceani che potrà essere compreso tra 10 cm e 1 m, a seconda del tasso di emissione.

Di fronte a queste imponenti manifestazioni della presenza umana sul pianeta e sulla sua atmosfera e delle molte conseguenze che questo comporta in termini di modificazione della biodiversità, di variazione dei processi di sedimentazione, di alterazione dei cicli biogeochimici e di modificazione degli assetti climatici, all'inizio del XXI secolo il chimico olandese Paul J. Crutzen ha proposto di introdurre il nome Antropocene per designare l'attuale epoca geologica. Benché questa denominazione, peraltro inventata dal biologo americano Eugene F. Stoermer negli anni ottanta del XX secolo, non sia stata ancora formalizzata dalla comunità internazionale dei geologi, è entrata nell'uso scientifico e ha avuto grande successo presso il pubblico. Il nome sottolinea efficacemente l'idea che gli ecosistemi del pianeta, che fino a un attimo fa erano sotto il controllo di fattori extra antropici, sono ora passati sotto un dispotico dominio umano. Fin qui non c'è quasi niente che non ci sentiamo ripetere dai libri di divulgazione e dai mezzi di comunicazione, ma la sorpresa viene dal fatto che secondo alcuni ricercatori queste impronte terrestri e atmosferiche e i guai che ne conseguono – e quelli ancora piú grandi che potrebbero determinarsi in futuro – sono iniziate o almeno sono state preparate dall'uomo ben prima della Rivoluzione industriale.

È stato l'ecologo William F. Ruddiman, all'inizio del III millennio, a scatenare la discussione sostenendo provocatoriamente, come ammette lui stesso, che l'Antropocene potrebbe essere iniziato almeno ottomila anni prima dell'invenzione di Watt. I suoi argomenti e quelli degli scienziati che ne condividono le tesi non sono da sottovalutare. In particolare, i valori della concentrazione dei gas atmosferici ricavati con grande precisione dal ghiaccio di Taylor Dome in Antartide rivelano che la CO_2 ha raggiunto un picco di 268 ppm tra 11 e 10 millenni fa, analogamente a quanto era avvenuto all'inizio dei precedenti tre interglaciali pleistocenici. Poi, come c'era da aspettarsi, in duemila anni si è ridotta a 260 ppm e, secondo i modelli di variazione basati sul *forcing* solare, avrebbe dovuto continuare una discesa fino a 240 ppm nel 2000. Ma le cose non sono andate esattamente cosí, perché 8000 anni fa la concentrazione iniziò nuovamente a salire e da allora è cresciuta con continuità, fino a raggiungere 280 ppm due secoli e mezzo fa. Prima del grande balzo dell'era industriale la CO_2 stava quindi già aumentando in modo non analogo rispetto ai precedenti stadi interglaciali e la sua concentrazione non era piú coerente con le variazioni di irraggiamento solare. Se si ricordano le date dell'origine e della diffusione delle economie agricole, la conclusione è che questa anomalia sia da mettere in relazione con la transizione del Neolitico e i successivi passi nel processo del controllo della produzione. Esclusa la possibilità di rilevanti consumi di combustibili fossili fino a due secoli fa, il meccanismo potrebbe essere stato la conversione delle foreste in aree agricole e da pascolo. Diciamolo con le parole del provocatore:

> L'ipotesi (...) è che l'Antropocene sia effettivamente iniziato migliaia di anni fa a seguito della scoperta dell'agricoltura e delle successive innovazioni tecnologiche legate alle pratiche agricole.

Insomma, si fa strada l'idea che l'antico lavoro delle mani sulla terra abbia prodotto le prime impronte atmosferiche.

Ma i conti tornano? La tesi dell'Antropocene anticipato ha scatenato una serie di studi per quantificare la deforestazione olocenica e valutarne gli effetti in termini di CO_2 atmosferica. La conversione di ogni metro quadrato di foresta temperata in terreno agricolo o in pascolo comporta un rilascio di carbonio tra 14 e 18 kg a seconda dei metodi di stima. Moltiplicando questo valore per la superficie convertita, che a sua volta può essere ottenuta moltiplicando le stime della popolazione umana alle varie epoche per l'intensità di uso di suoli agricoli dedotta dagli studi archeologici e paleoetnografici, si ottengono valori che descrivono il rilascio pre-industriale. Le stime piú moderate parlano di un effetto antropico già visibile intorno a 3000 anni fa, con emissioni dell'ordine di 0,05-0,1 Gt all'anno, ma ve ne sono di quelle che denunciano emissioni osservabili già 8000 anni fa, con 20 Gt già emesse cumulativamente intorno a 5,5 millenni fa, oltre 60 dopo altri duemila anni e lo sfondamento delle 100 Gt all'inizio della nostra era, 2000 anni fa. A seconda dei modelli che si utilizzano, si ritiene che la quantità totale di carbonio emessa dall'uomo prima dell'epoca industriale sia compresa fra 200 e 400 Gt, contro le 7-8 Gt emesse attualmente ogni anno. Nonostante l'ampia variabilità dei risultati di differenti studi, dovuta al fatto che si procede moltiplicando valori stimati per altri valori stimati – e ogni stima è affetta da incertezza – il parere di molti scienziati accreditati, come lo svizzero Jed Kaplan, è che

> Le emissioni di carbonio causate dall'uso antropico del suolo durante l'Olocene pre-industriale potrebbero aver avuto un impatto molto significativo sul ciclo globale del carbonio.

A conferma di queste tesi c'è anche il fatto che le oscillazioni della concentrazione di CO_2 che si sono registrate nel medio e tardo Olocene sembrano coincidere con le variazioni demografiche e di intensità agricola. Tra il 1500 e il 1700, ad esempio, si è verificato un momentaneo calo di circa 10 ppm nella concentrazione atmosferica di CO_2 dovuto a un assorbimento netto da parte della vegetazione terrestre di circa 20 Gt di gas. Questo aumento dell'assorbimento del gas da parte della vegetazione è collegabile all'afforestazione conseguente all'abbandono dei suoli agricoli dovuto alla drammatica riduzione demografica successiva al «contatto» dei colonizzatori occidentali con le popolazioni delle Americhe. L'abbandono e la conseguente espansione delle foreste non sono stati però pienamente compensativi, anche perché l'azione umana aveva prodotto modificazioni di lungo periodo legate alla degradazione dei suoli e alla modificazione degli assetti idrogeologici del territorio. Non possiamo far troppo affidamento sulla capacità della Terra di sopportare i nostri insulti!

C'è una storia parallela che riguarda il metano. In questo caso sono i dati ad alta risoluzione dei ghiacci della Groenlandia che permettono di osservare come, dal valore di circa 475 ppb del massimo glaciale e dello Younger Dryas, la concentrazione del gas abbia raggiunto il massimo atteso di circa 720 ppb intorno a 10 000 anni fa. Successivamente a questa data la concentrazione di CH_4 ha iniziato a diminuire, parallelamente alla riduzione dell'irraggiamento solare alle elevate latitudini ma, a un certo punto, circa 5 millenni fa, questa discesa si è interrotta e, in modo piú o meno regolare, il valore è cresciuto di nuovo fino ai 720 ppb dell'inizio dell'epoca industriale, quando invece si sarebbe dovuto registrare un valore di circa 450 ppb. Il grande balzo degli ultimi due secoli è stato quindi, anche in questo caso, anticipato da una plurimillenaria anomalia. Secondo Ruddiman è stata la diffusione della coltivazione del riso e l'espansione dell'allevamento di bestiame a produrre i primi eccessi di gas in atmosfera rispetto a un normale decorso interglaciale. In questo caso non possiamo fare esercizi quantitativi per valutare la consistenza dell'ipotesi, perché ancora non è chiaro come si sia effettivamente allargata l'emissione associata a queste attività durante l'Olocene. C'è comunque l'evidenza che gran parte della variabilità della concentrazione atmosferica di CH_4 è legata alla variazione delle aree umide del pianeta. Soprattutto quelle tropicali e subtropicali rappresentano, infatti, la maggiore fonte di gas. C'è da comprendere quindi il paradosso dell'aumento perché, secondo i climatologi, le paludi naturali delle basse latitudini si sono ridotte negli ultimi novemila anni per effetto dell'indebolirsi dei monsoni estivi che scaricano acqua in quella fascia latitudinale. Una spiegazione potrebbe essere l'ampliamento dei grandi estuari dei fiumi tropicali per effetto dell'incremento di sedimentazione dovuta alla deforestazione. L'altra idea è, appunto, che l'uomo abbia sostituito alle aree umide naturali quelle da lui create per la coltivazione del riso. A suffragare questa possibilità c'è una generale coincidenza, 5000 anni fa, tra l'inizio dell'anomalia e la diffusione della coltivazione del riso. Nel VI capitolo si è visto come, anche per il riso, la transizione da uno sfruttamento di varietà raccolte in natura alla coltivazione intensiva di varietà domestiche sia stata lunga e non lineare. Sulla base di prove archeologiche e paleobotaniche, si ritiene comunque che la coltivazione a umido del riso sia iniziata intorno a 6,5 millenni fa nel bacino dello Yangtze e da qui si sia diffusa nella maggior parte dell'Asia sudorientale nei successivi tremilacinquecento anni. Un'origine indipendente, basata però sulla coltivazione a secco, sembra si sia verificata lungo il bacino del Gange (India orientale) per espandersi poi in tutto il subcontinente e verso oriente. In linea generale, quindi, i tempi di sviluppo della forma di coltivazione del riso che contribuisce maggiormente al rilascio di metano coincidono con l'anomalo aumento del gas in atmosfera nel corso dell'Olocene. Questa ricostruzione non trova d'accordo tutti i climatologi e, sulle maggiori riviste, assistiamo a botta e risposta a suon di analisi di proxy paleoclimatici e di modelli di circolazione atmosferica e oceanica. Affinando la risoluzione temporale della ricostruzione delle variazioni oloceniche di metano e confrontandole con quelle di precedenti interglaciali, c'è infatti chi sostiene che l'aumento anomalo degli ultimi cinquemila anni non sia poi cosí anomalo, e che vi sia stato un importante contributo di emissioni prodotte da aree umide naturali nella parte meridionale della fascia tropicale, dovuto a variazioni dell'irraggiamento solare. Mentre aspettiamo la risposta della squadra dei sostenitori di Ruddiman, azzardiamo che alla fine anche questa partita si concluderà con un fifty-fifty o qualcosa del genere. Ancora un concorso di colpa uomo-natura.

Ci stiamo quindi convincendo che la storia del cambiamento climatico globale potrebbe essere iniziata molto prima della Rivoluzione industriale. In definitiva, la discussione sulla data di inizio dell'Antropocene è abbastanza accademica, come ammettono gli stessi sostenitori delle varie tesi, perché comunque il processo di intensificazione dell'impronta ecologica non è stato mai continuo ma è passato attraverso varie fasi di accelerazione, la maggiore delle quali, la cosiddetta «grande accelerazione», è iniziata addirittura solo nella seconda parte del XX secolo. Questa ulteriore discussione, innescata da Ruddiman, ha tuttavia consentito di mettere a fuoco come l'uomo abbia di fatto iniziato dall'Olocene precoce a contrastare l'inizio della prossima era glaciale. Tutto quello che abbiamo ricostruito fin qui aiuta a comprendere però come le basi per un interglaciale assolutamente inedito siano state gettate addirittura molto prima, quando l'uomo ha iniziato i propri esperimenti di controllo della produzione attraverso il fuoco e la caccia nel Paleolitico. Oltre a produrre emissioni di gas serra in quantità non indifferenti già prima dell'epoca industriale, le modificazioni della superficie terrestre provocate dall'uomo a partire dalla fine del Pleistocene hanno indebolito la capacità degli ecosistemi di reagire al massiccio assalto ambientale che accompagna le attuali forme di sviluppo economico-industriale. È come quando il nostro organismo, stressato dal superlavoro o da una vita senza regole, diviene piú vulnerabile all'assalto degli agenti patogeni perché le sue difese immunitarie si sono abbassate. Anche se – come è inevitabile – l'attuale accelerazione produttiva prima o poi si arresterà, ci possiamo aspettare che, a seguito delle antiche modificazioni della vegetazione, dell'alterazione pleistocenica e olocenica della biodiversità terrestre, e infine della deforestazione storica e delle emissioni industriali, il clima di questo strano interglaciale continuerà a rimanere tale per un tempo molto piú lungo di quanto non si sia mai verificato nell'ultimo milione di anni. Sembra inevitabile che questo porterà a una transizione irreversibile dell'ecologia e della stessa geologia del pianeta. Anche se si è cosí guadagnato – autoattribuito – un posto nella nomenclatura delle grandi epoche geologiche, l'uomo non ha mai agito da solo: in definitiva i modelli che sembrano spiegare meglio le variazioni biogeochimiche e climatiche e che portano alla transizione tra Olocene e Antropocene, comprese le piú recenti e drammatiche, sono quelli che combinano gli effetti dell'azione umana con quelli dei fattori extra antropici esterni o interni al pianeta.

4. *Epilogo di un processo.*

L'incalzante perdita di memoria impedisce al signor Geiser di ricordare le proprie azioni, anche quelle di pochi minuti prima, provocando una drammatica rescissione dei suoi legami con il mondo reale. Il suo agire mentre fuori diluvia è tragicamente inadeguato alle circostanze (la costruzione della pagoda di crackers) e mette a rischio la sua stessa sopravvivenza (l'escursione fuori dalla valle sotto il diluvio). Le amnesie di questo piccolo uomo, che vive in una piccola casa di una piccola valle della Svizzera e le conseguenze che esse possono avere sulla sua dimora e su di lui, sono una metafora della perdita di memoria dell'umanità, del contrarsi dell'orizzonte temporale dell'uomo contemporaneo, del suo spazio emotivo che si fa sempre piú contingente. Sempre nuove emozioni regolate dai media nascono nel giro di pochi giorni, ore e minuti, per poi lasciare spazio all'oblio rispetto a ciò che fino a un istante fa doveva tanto preoccuparci. L'ingorgo delle informazioni è tale che dobbiamo sviluppare una notevole capacità di dimenticare per poterne divorare continuamente di nuove, mescolate opportunamente alle disinformazioni. Dimenticare è piú necessario che ricordare, per far posto a continue e nuove immaginazioni di massa che consentano a miliardi di individui di vivere consumando dentro ecosistemi artificiali, senza pensare al proprio destino. Le dimensioni economico-finanziarie della nicchia autocostruita dall'uomo sono forse irrinunciabili ma avvolgenti e soffocanti come le dimensioni ripiegate su se stesse di certe teorie fisiche dello spazio-tempo. Tutto questo è paradossalmente antitetico rispetto alla profondità della storia umana e alle sue complesse traiettorie. L'oblio che governa la maggior parte della vita delle società attuali appare tragicomico rispetto alla grandiosa capacità che l'uomo contemporaneo ha sviluppato di leggere e interpretare gli archivi storici costruiti negli ultimi cinquemila anni, e quelli ben piú profondi costituiti nel tempo dall'uomo preistorico, dalle flore e dalle faune, dai vulcani e dal clima, e ora depositati negli strati archeologici e nei sedimenti dei laghi e degli oceani.

A cosa dovrebbe servire ricostruire il passato remoto dell'umanità e dei suoi innumerevoli modi di stare e agire negli ecosistemi della Terra? Sarebbe tragico se tutto ciò venisse letto con pregiudizio, per sostenere falsi miti ambientalisti dell'Eden perduto o del valore intrinseco dell'immutabilità ecologica costruiti a priori. Sarebbe criminale se venisse utilizzato per creare giustificazioni e fatalismi, strumentali a lobbies della produzione e del profitto senza scrupoli. Ma non facciamoci troppe illusioni: non può servirci neppure a predire con esattezza deterministica cosa ne sarà di noi e degli ecosistemi del pianeta. Dispiace doverlo dire cosí brutalmente ma, contrariamente al refrain di molte introduzioni all'analisi eco-antropologica, il fatto che ci troviamo dalla nostra origine immersi in un cantiere bio-culturale continuamente aperto e saltiamo da una transizione all'altra limita molto la possibilità di farci un'idea precisa del nostro futuro studiando il nostro passato. Per quanto amplifichiamo il dettaglio conoscitivo di formazioni geologiche, strati sedimentari, orizzonti archeologici, non avremo mai la possibilità di immettere tutto ciò in un algoritmo che automaticamente sia in grado di estrapolare il nostro futuro. L'algoritmo non sostituirà la coscienza, anche se la dovrà informare dei fatti. L'esperimento in atto è unico e largamente autogestito dalla cavia. Ognuno di noi è un Prometeo, ma non siamo incatenati a una roccia bensí sul muso di un treno lanciato a folle corsa in un territorio sconosciuto dove mai è passato prima un altro treno. Possiamo conoscere con precisione come sono cambiati i numeri della popolazione globale negli ultimi diecimila o centomila anni, ma questo non ci può fornire automaticamente la cifra di quanti saremo tra cento anni. Possiamo ricostruire cosa è accaduto ai Sumeri o ai Maori, ma questo non ci darà automaticamente la ricetta della sostenibilità.

Allora, perché ricordare? Ragionare sul passato della Terra e nostro può servire soprattutto a prendere coscienza della storia naturale delle nostre dimensioni ecologiche, a comprendere senza pregiudizi che siamo sempre stati parte della natura, e al tempo stesso a capire che la manipolazione degli ecosistemi non è una epistruttura culturale dell'ultima ora, ma una caratteristica antropologica profonda, che ci accompagna dalle origini. Indipendentemente dal fatto che ci siamo lasciati convincere dalle tesi della difesa o da quelle dell'accusa, non possiamo dubitare che il ruolo ecologico che l'uomo ha assunto durante l'Olocene, con il Neolitico o l'Età del Bronzo, è assolutamente conseguente alla storia remota della nostra specie e che l'impronta ecologica, anche nei termini convenzionali di Wakernagel e Rees, aveva cessato di essere marginale o meramente locale ben prima della Rivoluzione industriale. Riconoscere questo non è un esercizio intellettuale fine a se stesso ma ha una straordinaria importanza per orientare in modo corretto e non velleitario la ricerca delle soluzioni possibili al problema della sostenibilità, perché «possibile» vuol dire innanzitutto «coerente con la nostra storia naturale» di *ultimate niche constructor*.

Da questo processo preistorico abbiamo imparato che contrapporre l'azione dell'uomo rispetto ai processi naturali non è giustificato dalla lettura del passato. L'idea che l'uomo non si collochi a priori fuori e in antitesi rispetto alle dinamiche naturali ma che la sua azione sia sempre integrata con quella degli altri processi naturali – e che non sia «necessariamente» negativa – può sembrare blasfema oggi che abbiamo davanti agli occhi un'impronta ecologica che non sembra piú avere limiti. L'antitesi natura-uomo domina la letteratura di divulgazione sulle tematiche ambientali e i libri di testo di ecologia. La definizione di «impatto antropico sugli ecosistemi» è una metafora potente e abusata di questa idea che pervade anche molta letteratura scientifica specialistica. Ma considerarci fuori dalla natura è sbagliato e pericoloso. Sbagliato perché la nostra, anche nell'Olocene, è la storia «naturale» di una specie «culturale». L'ostinazione a leggere le trasformazioni ambientali sempre in modo antitetico – l'uomo *o* i processi naturali – ha portato a piú di un «paleoimbroglio» per dirla con Lesley Head. Gli incendi, che rappresentano uno dei piú importanti fattori ecologici che controllano la struttura e il funzionamento degli ecosistemi terrestri, sono da almeno cinquantamila anni sotto il controllo strettamente integrato del clima *e* dell'uomo. La scomparsa delle grandi faune del Pleistocene è dovuta a una stretta complicità tra uomo *e* clima. Non è possibile leggere la storia delle modificazioni dei paesaggi degli ultimi diecimila anni se non in termini di stretta integrazione e di continue retroazioni tra «cultura» *e* «natura». L'aumento della capacità di controllo sugli ecosistemi che l'uomo ha sviluppato nel corso del Pleistocene e dell'Olocene ha determinato, secondo la visione dualistica, il passaggio da una fase *nature controlled* a una *human dominated*. Ma questo dominio non solo non ha mai messo al riparo la «cultura» dalla «natura», ma – come ha messo in evidenza Bruno Messerli – siamo già dentro un'epoca in cui paradossalmente il dominio umano sugli ecosistemi della Terra sta determinando nuovi e piú elevati livelli di vulnerabilità dei sistemi socioeconomici rispetto alla variazione dei fattori naturali, come il clima.

L'antitesi è anche pericolosa perché la sensazione – o la pretesa – di essere altro e fuori dalla natura è sempre stato il viatico per le idee del privilegio e del dominio ecologico autorizzato o, per converso, la premessa per la nascita di un senso di colpa che genera utopie ambientalistiche assolutamente improduttive. Quello che serve ora non è sentirsi colpevoli ma responsabili, e la consapevolezza di starci dentro è esattamente ciò che serve a sviluppare una maggiore responsabilità ambientale. Il processo che abbiamo intentato all'uomo ha messo in luce una «colpa ecologica» molto antica. Ma sarebbe ridicolo esprimere una condanna sul passato. Quanto potevano i cacciatori-raccoglitori che annientavano le macrofaune in America, o i protoagricoltori che già praticavano il taglia-e-brucia nell'Eurasia di 11 millenni fa, essere consapevoli delle conseguenze ecologiche a lungo termine delle proprie azioni? Oggi però non abbiamo attenuanti: la consapevolezza è piena. I sensori che abbiamo lanciato nello spazio extraterrestre ci informano in diretta sulle trasformazioni che la nostra azione produce. I modelli matematici dei climatologi non lasciano adito a dubbi sulle conseguenze della deforestazione e delle emissioni dei gas serra. Le tecniche dei demoecologi ci permettono di valutare le probabilità di estinzione delle popolazioni naturali. Il nostro processo non serve quindi a emettere giudizi sulle colpe passate ma è importante per comprendere la responsabilità morale che abbiamo oggi sul futuro. «Humanity's dominance of Earth means that we cannot escape responsibility for managing the planet» è la conclusione degli scienziati attraverso le parole di Peter Vitousek. Capire che le «colpe» dell'uomo sono sempre state legate a doppio filo alle «cause» naturali serve anche a comprendere che il nostro destino, come la nostra storia, non è indipendente da quello del resto del pianeta, e a toglierci ogni illusione sulla nostra capacità di tirarci fuori all'ultimo momento da questa storia se le cose dovessero mettersi veramente male. Nel processo che abbiamo messo in scena l'imputato e il giudice sono la stessa persona, ma si è anche capito che il colpevole e la vittima non si possono separare.

Il signor Geiser appare sempre piú confuso e solo. Se n'è andata anche la sua gattina Kitty che era rimasta l'unica creatura a fargli un po' di compagnia. L'ha gettata nel fuoco del caminetto e dopo l'ha sepolta in giardino vicino alle rose. Non si sa se è cosciente dell'assurdità dei propri gesti. Prova solo nausea davanti al cibo. Il piccolo uomo amnesico è pronto per un'altra follia. Forse l'ultima.

Gli atti del processo

Per i lettori interessati a leggere le «carte» originali, vengono qui riportate alcune delle pubblicazioni piú recenti, rappresentative del dibattito scientifico sui diversi aspetti di questo «processo all'uomo». Le riviste scientifiche sulle quali compaiono – tutte di valenza internazionale – sono reperibili presso le biblioteche degli enti di ricerca pubblici a cui ogni cittadino ha diritto di accesso, nel rispetto delle norme di consultazione. La citazione bibliografica (autore, titolo, rivista scientifica, volume, anno di pubblicazione e pagine) è quella utilizzata in ambito scientifico e contiene tutto quanto serve per identificare il lavoro. L'asterisco all'inizio segnala i contributi di carattere piú generale o di maggiore rilevanza documentaria. La scelta delle fonti, la correttezza delle citazioni e l'integrazione dei contenuti in un quadro coerente con la struttura e gli scopi del saggio, sono sotto la personale responsabilità dell'autore.

1. Clima domestico.

a) Uno sguardo generale alla paleoclimatologia.

Goosse, H. e altri, *Introduction to climate dynamics and climate modeling*, in http://www.climate.be/textbook, 2010.

* Pälike, H. e altri, *The heartbeat of the Oligocene climate system*, in «Science», vol. 314 (2006), pp. 1894-98.

b) Tre famose ricostruzioni del paleoclima ottenute dallo studio dei ghiacci dell'Antartide e della Groenlandia.

* EPICA community members, *Eight glacial cycles from an Antarctic ice core*, in «Nature», vol. 429 (2004), pp. 623-28.

* North Greenland Ice Core Project members, *High-resolution record of Northern Hemisphere climate extending into the last interglacial period*, in «Nature», vol. 431 (2004), pp. 147-51.

Petit, J.R. e altri, *Climate and atmospheric history of the past 420,000 years from the Vostok ice core, Antarctica*, in «Nature», vol. 399 (1999), pp. 429-36.

c) I saliscendi dell'anidride carbonica e del metano durante il Pleistocene.

* Loulergue, L. e altri, *Orbital and millennial-scale features of atmospheric CH_4 over the past 800,000 years*, in «Nature», vol. 453 (2008), pp. 383-86.

* Prentice, I.C. e Harrison, S.P., *Ecosystem effects of CO_2 concentration: evidence from past climates*, in «Climates of the Past», vol. 5 (2009), pp. 297-307.

Shackleton, N.J., *The 100,000-year Ice-Age cycle identified and found to lag temperature, carbon dioxide, and orbital eccentricity*, in «Science», vol. 289 (2000), pp. 1897-902.

d) Il paleoclima dell'Africa tra Pliocene e Pleistocene.

* Trauth, M.A., Larrasoaña, J.C. e Mudelsee, M., *Trends, rhythms and events in Plio-Pleistocene African climate*, in «Quaternary Science Reviews», vol. 28, (2009), pp. 399-411.

e) Il clima e l'origine dell'uomo.

Behrensmeyer, A.K., *Climate change and human evolution*, in «Science», vol. 311 (2006), pp. 476-78.

* deMenocal, P.B., *Climate and human evolution*, in «Science», vol. 331 (2011), pp. 540-42.

Donges J.F. e altri, *Nonlinear detection of paleoclimate-variability transitions possibly related to human evolution*, in «Proceedings of the National Academy of Sciences of the United States of America», vol. 108 (2011), pp. 20 422-27.

Maslin M.A. e Christensen, B., *Tectonics, orbital forcing, global climate change, and human evolution in Africa: introduction to the African paleoclimate special volume*, in «Journal of Human Evolution», vol. 53 (2007), pp. 443-64.

* Potts, R., *Paleoclimate and human evolution*, in «Evolutionary Anthropology», vol. 16 (2007), pp. 1-3.

II. L'ultimogenito.

a) La scoperta di *Homo sapiens idaltu* in Etiopia.

* White, T.D. e altri, *Pleistocene 'Homo sapiens' from middle Awash, Ethiopia*, in «Nature», vol. 423 (2003), pp. 742-47.

b) La recente origine africana di *Homo sapiens* (*Recent African Origin*).

* Cann, R.L., Stoneking, M. e Wilson, A.C., *Mitochondrial DNA and human evolution*, in «Nature», vol. 325 (1987), pp. 31-36.

Mellars, P., *Why did modern humans disperse from Africa ca. 60,000 years ago. A new model*, in «Proceedings of the National Academy of Sciences of the United States of America», vol. 20 (2006), pp. 9381-96.

* Garrigan, D., Hammer, M.F., *Reconstructing human origins in the genomic era*, in «Nature Reviews - Genetics», vol. 7 (2006), pp. 669-80.

c) Sostituzione o ibridazione?

* Templeton, A.R., *Out of Africa again and again*, in «Nature», vol. 416 (2002), pp. 45-51.

Fagundes, N.J.R. e altri, *Statistical evaluation of alternative models of human evolution*, in «Proceedings of the National Academy of Sciences of the United States of America», vol. 104 (2007), pp. 17 614-19.

* Relethford, J.H., *Genetic evidence and the modern human origin debate*, in «Heredity», vol. 100 (2008), pp. 555-63.

d) Dispersione planetaria e teoria della *Southern Coastal Route*.

Dillehay, T.D., *Probing deeper into first American studies*, in «Proceedings of the National Academy of Sciences of the United States of America», vol. 106 (2009), pp. 971-78.

* Lahr, M. e Foley, R., *Multiple dispersals and modern human origins*, in «Evolutionary Anthropology», vol. 3 (1994), pp. 48-60.

* Oppenheimer, S., *The great arc of dispersal of modern humans: Africa to Australia*, in «Quaternary International», vol. 202 (2009), pp. 2-13.

Stoneking, H. e Delfin, F., *The human genetic history of East Asia: weaving a complex tapestry*, in «Current Biology», vol. 20 (2010), pp. 188-93.

e) Clima e dispersione umana.

Osborne, A.H. e altri, *A humid corridor across the Sahara for the migration of early modern humans out of Africa 120,000 years ago*, in «Proceedings of the National Academy of Sciences of the United States of America», vol. 105 (2008), pp. 16 444-47.

Pope, K.O e Terrell, J.E., *Environmental setting of human migrations in the circum-Pacific region*, in «Journal of Biogeography», vol. 35 (2008), pp. 1-21.

* Van der Made, J., *Biogeography and climate change as a context to human dispersal out of Africa and within Eurasia*, in «Quaternary Science Reviews», vol. 30 (2011), pp. 1353-67.

f) Cervello, *working memory* e linguaggio.

* Bruner, E., *Morphological differences in the parietal lobes within the human genus*, in «Current Anthropology», vol. 51 (2010), pp. 77-88.

Lieberman, P., *The evolution of human speech: its anatomical and neural bases*, in «Current Anthropology», vol. 48 (2007), pp. 39-66.

Martín-Loeches, M., *On the uniqueness of humankind: is language working memory the final piece that made us human?*, in «Journal of Human Evolution», vol. 50 (2006), pp. 226-29.

* Neill, D., *Cortical evolution and human behaviour*, in «Brain Research Bulletin», vol. 74 (2007), pp. 191-205.

Rightmire, G.P., *Brain size and encephalization in early to mid-Pleistocene 'Homo'*, in «American Journal of Physical Anthropology», vol. 124 (2004), pp. 109-23.

* Wynn, T. e Coolidge, F.L., *The implications of the working memory model for the evolution of modern cognition*, in «International Journal of Evolutionary Biology», vol. 2011 (2011), pp. 1-12.

g) Modernità culturale, arte e simbolismo.

* Klein, R.G., *Out of Africa and the evolution of human behaviour*, in «Evolutionary Anthropology», vol. 17 (2008), pp. 267-81.

* McBrearty, S. e Brooks, A.S., *The revolution that wasn't: a new interpretation of the origin of modern human behaviour*, in «Journal of Human Evolution», vol. 39 (2000), pp. 453-563.

* d'Errico, F. e altri, *Archaeological evidence for the emergence of language, symbolism, and music. An alternative multidisciplinary perspective*, in «Journal of World Prehistory», vol. 17 (2003), pp. 1-70.

h) Alimentazione, predazione ed evoluzione umana.

* Kaplan, H. e altri, *A theory of human life history evolution, diet, intelligence, and longevity*, in «Evolutionary Anthropology», vol. 20 (2000), pp. 156-85.

O'Connell, J.F. e altri, *Male strategies and Plio-Pleistocene archaeology*, in «Journal of Human Evolution», vol. 43 (2002), pp. 831-72.

Shea, J.J., *Interdisciplinary approaches to the evolution of hominid diets*, in «Evolutionary Anthropology», vol. 15 (2006), pp. 204-6.

* Stiner, M.C., *Carnivory, coevolution, and the geographic spread of the genus 'Homo'*, in «Journal of Archaeological Research», vol. 10 (2002), pp. 1-63.

III. Impronte in famiglia.

a) Origine dell'uomo di Neandertal.

* Hublin, J.J., *The origin of Neandertals*, in «Proceedings of the National Academy of Sciences of the United States of America», vol. 106 (2009), pp. 16 022-27.

b) La colonizzazione europea di *Homo sapiens*.

Soaresh, P. e altri, *The archaeogenetics of Europe*, in «Current Biology», vol. 20 (2009), pp. 174-83.

* Hoffecker, J.F., *The spread of modern humans in Europe*, in «Proceedings of the National Academy of Sciences of the United States of America», vol. 106 (2009), pp. 16 040-45.

Mellars, P., *A new radiocarbon revolution and the dispersal of modern humans in Eurasia*, in «Nature», vol. 439 (2006), pp. 931-35.

c) Il DNA degli uomini di Neandertal e Denisova.

* Green, R.E. e altri, *A draft sequence of the Neandertal genome*, in «Science», vol. 328 (2010), pp. 710-22.

* Reich, D. e altri, *Genetic history of an archaic hominin group from Denisova Cave in Siberia*, in «Nature», vol. 468 (2010), pp. 1053-60.

d) Sostituzione o continuità antropologica in Europa fra Paleolitico Medio e Superiore? (Tre opinioni molto differenti).

* Mellars, P., *The impossible coincidence. A single-species model for the origins of modern human behaviour in Europe*, in «Evolutionary Anthropology», vol. 14 (2006), pp. 12-27.

* Trinkaus, E., *Modern humans*, in «Annual Review of Anthropology», vol. 34 (2005), pp. 207-30.

Bednarik, R.G., *The mytical moderns*, in «Journal of World Prehistory», vol. 21 (2008), pp. 85-102.

e) Competizione tra Neandertal e *Homo sapiens*.

Hockett, B. e Haws, J.A., *Nutritional ecology and the human demography of Neandertal extinction*, in «Quaternary International», vol. 137 (2005), pp. 21-34.

* Fabre, V. e altri, *Neanderthals versus modern humans: evidence for resource competition from isotopic modelling*, in «International Journal of Evolutionary Biology», vol. 2011 (2011), pp. 1-16.

Richards, M.P. e Trinkaus, E., *Isotopic evidence for the diets of European Neanderthals and early modern humans*, in «Proceedings of the National Academy of Sciences of the United States of America», vol. 106 (2009), pp. 16 034-39.

f) Differenze cognitive e linguistiche fra Neandertal e *Homo sapiens*?

* Coolidge, F.L. e Wynn, T., *A cognitive and neurophysiological perspective on the Châtelperronian*, in «Journal of Anthropological Research», vol. 60 (2004), pp. 55-73.

* Krause, J., *The derived FOXP2 variant of modern humans was shared with Neandertals*, in «Current Biology», vol. 17 (2007), pp. 1908-12.

Beaman, C.P., *Modern cognition in the absence of working memory: does the working memory account of Neandertal cognition work?*, in «Journal of Human Evolution», vol. 52 (2007), pp. 702-6.

Mellars, P., *Neandertal symbolism and ornament manufacture: the bursting of a bubble?*, in «Proceedings of the National Academy of Sciences of the United States of America», vol. 107 (2010), pp. 20 147-48.

IV. Impronte di caccia.

a) Le grandi estinzioni di massa.

Bambach, R.K., Knoll, A.H. e Wang, S., *Origination, extinction, and mass depletion of marine diversity*, in «Paleobiology», vol. 30 (2004), pp. 522-42.

* Barnosky, A.D. e altri, *Has the sixth mass extinction already arrived?*, in «Nature», vol. 471 (2011), pp. 51-57.

Şengor, A.M.C., Atayman, S. e Özeren, S., *A scale of greatness and causal classification of mass extinctions: implications for mechanisms*, in «Proceedings of the National Academy of Sciences of the United States of America», vol. 105 (2008), pp. 13 736-40.

* Twitchett, R.J., *The palaeoclimatology, palaeoecology and palaeoenvironmental analysis of mass extinction events*, in «Palaeogeography, Palaeoclimatology, Palaeoecology», vol. 232 (2006), pp. 190-213.

b) Responsabilità umana nell'estinzione della megafauna.

* Barnosky, A.D., *Megafauna biomass tradeoff as a driver of Quaternary and future extinctions*, in «Proceedings of the National Academy of Sciences of the United States of America», vol. 105 (2008), pp. 11 543-48.

Burney, D.A. e Flannery, T.F., *Fifty millennia of catastrophic extinctions after human contact*, in «Trends in Ecology and Evolution», vol. 20 (2005), pp. 395-401.

McGlone, M., *The hunters did it*, in «Science», vol. 335 (2012), pp. 1452-53.

Steadman, D.W. e altri, *Asynchronous extinction of late Quaternary sloths on continents and islands*, in «Proceedings of the National Academy of Sciences of the United States of America», vol. 102 (2005), pp. 11 763-68.

Surovell, T., Waguespack, N. e Brantingham, P.J., *Global archaeological evidence for proboscidean overkill*, in «Proceedings of the National Academy of Sciences of the United States of America», vol. 102 (2005), pp. 6231-36.

c) Scettici sull'*overkill*.

Grayson, D.K. e Meltzer, D., *A requiem for North American overkill*, in «Journal of Archaeological Science», vol. 30 (2003), pp. 585-93.

Trueman, C.N.G. e altri, *Prolonged coexistence of humans and megafauna in Pleistocene Australia*, in «Proceedings of the National Academy of Sciences of the United States of America», vol. 102 (2005), pp. 8381-85.

d) La complicità uomo-clima.

* Koch, P.L. e Barnosky, A.D., *Late Quaternary extinctions: state of the art*, in «Annual Review of Ecology, Evolution, and Systematics», vol. 37 (2006), pp. 215-50.

e) Le strategie di caccia-raccolta.

Holliday, T., *The ecological context of trapping among recent hunter-gatherers: implications for subsistence in terminal Pleistocene Europe*, in «Current Anthropology», vol. 39 (1998), pp. 711-20.

Lupo, K.D. e Schmitt, D.N., *Upper Paleolithic net-hunting, small prey exploitation, and women's work effort: a view from the ethnographic and ethnoarchaeological record of the Congo basin*, in «Journal of Archaeological Method and Theory», vol. 9 (2002), pp. 147-78.

* Marlowe, F.W., *Hunter-gatherers and human evolution*, in «Evolutionary Anthropology», vol. 14 (2005), pp. 54-67.

f) L'ampliamento della nicchia trofica nel corso del Paleolitico.

Bird, D.W. e O'Connell, J.F., *Behavioral ecology and archaeology*, in «Journal of Archaeological Research», vol. 14 (2006), pp. 143-88.

* Stiner, M.C., Munro, N.D. e Surovell, T.A., *The tortoise and the hare. Small game use, and the broad spectrum revolution, and Paleolithic demography*, in «Current Anthropology», vol. 41 (2000), pp. 39-72.

* Zeder, M.A., *The broad spectrum revolution at 40: resource diversity, intensification, and an alternative to optimal foraging explanations*, in «Journal of Anthropological Archaeology», vol. 31 (2012), pp. 241-64.

v. Impronte collaterali.

a) Coevoluzione piante-erbivori e ruolo ecologico degli erbivori.

Goheen, J.R., *Large herbivores facilitate savanna tree establishment via diverse and indirect pathways*, in «Journal of Animal Ecology», vol. 79 (2010), pp. 372-82.

* Riginos, C. e Grace, J.B., *Savanna tree density, herbivores, and the herbaceous community: bottom-up vs. top-down effects*, in «Ecology», vol. 89 (2008), pp. 2228-38.

Strauss, S.Y. e Agrawal, A.A., *The ecology and evolution of plant tolerance to herbivory*, in «Tree», vol. 14 (1999), pp. 179-85.

Waldram, M.S., Bond, W.J. e Stock, W.D., *Ecological engineering by a mega-grazer: white rhino impacts on a South African savanna*, in «Ecosystems», vol. 11 (2008), pp. 101-12.

* Zangerl, A.R., *Evolution of induced plant responses to herbivores*, in «Basic and Applied Ecology», vol. 4 (2003), pp. 91-103.

b) Conseguenze ecologiche della eliminazione degli erbivori.

* Doughty, C.E. e Field, C.B., *Agricultural net primary production in relation to that liberated by the extinction of Pleistocene mega-herbivores: an estimate of*

agricultural carrying capacity?, in «Environmental Research Letters», vol. 2010 (2010), pp. 1-6.

* Johnson, C.N., *Ecological consequences of Late Quaternary extinctions of megafauna*, in «Proceedings of the Royal Society B», vol. 276 (2009), pp. 2509-19.

Rule, S. e altri, *The aftermath of megafaunal extinction: ecosystem transformation in Pleistocene Australia*, in «Science», vol. 335 (2012), pp. 1483-86.

c) Ruolo ecologico ed evolutivo degli incendi.

* Bond, W.J. e Keeley, J.E., *Fire as a global 'herbivore': the ecology and evolution of flammable ecosystems*, in «Trends in Ecology and Evolution», vol. 20 (2006), pp. 387-94.

* Keeley, J.E. e altri, *Fire as an evolutionary pressure shaping plant traits*, in «Trends in Plant Science», vol. 16 (2011), pp. 406-11.

van Langevelde, F. e altri, *Effects of fire and herbivory on the stability of savanna ecosystems*, in «Ecology», vol. 84 (2003), pp. 337-50.

d) Il controllo del regime degli incendi e le sue conseguenze ecologiche.

* Bowman, D.M.J.S. e altri, *The human dimension of fire regimes on Earth*, in «Journal of Biogeography», vol. 38 (2011), pp. 2223-36.

Beringer, J. e altri, *Savanna fires and their impact on net ecosystem productivity in North Australia*, in «Global Change Biology», vol. 13 (2007), pp. 990-1004.

Bliege Bird R. e altri, *The 'fire stick farming' hypothesis: Australian Aboriginal foraging strategies, biodiversity, and anthropogenic fire mosaics*, in «Proceedings of the National Academy of Sciences of the United States of America», vol. 105 (2008), pp. 14 796-801.

Keeley, J.E., *Native American impacts on fire regimes of the California coastal ranges*, in «Journal of Biogeography», vol. 29 (2002), pp. 303-20.

VI. L'impronta costruita.

a) L'origine del Neolitico nella Mezzaluna Fertile e in Cina.

Balter, M., *The tangled roots of agriculture*, in «Science», vol. 327 (2010), pp. 404-6.

* Bar-Yosef, O., *Climatic fluctuations and early farming in West and East Asia*, in «Current Anthropology», vol. 52 (2011), pp. 175-93.

* Belfer-Cohen, A. e Goring-Morris, A.N., *Becoming farmers: the inside story*, in «Current Anthropology», vol. 52 (2011), pp. 209-20.

Bettinger, R.L., Barton, L. e Morgan, C., *The origins of food production in North China: a different kind of agricultural revolution*, in «Evolutionary Anthropology», vol. 19 (2010), pp. 9-21.

Cohen, D.J., *The beginnings of agriculture in China: a multiregional view*, in «Current Anthropology», vol. 52 (2011), pp. 273-93.

* Zeder, M.A., *The Neolithic macro-(r)evolution: macroevolutionary theory and the study of culture change*, in «Journal of Archaeological Research», vol. 17 (2009), pp. 1-63.

b) La complessa transizione dalla caccia-raccolta al controllo della produzione.

* Bettinger, R., Richerson, P. e Boyd, R., *Constraints on the development of agriculture*, in «Current Anthropology», vol. 50 (2009), pp. 627-31.

Gremillion, K.J., *Seed processing and the origins of food production in eastern North America*, in «American Antiquity», vol. 69 (2004), pp. 215-33.

* Smith, B.D., *Low level food production*, in «Journal of Archaeological Research», vol. 9 (2001), pp. 1-43.

Weiss, E. e altri, *The broad spectrum revisited: evidence from plant remains*, in «Proceedings of the National Academy of Sciences of the United States of America», vol. 101 (2004), pp. 9551-55.

c) La costruzione della nicchia ecologica (*niche construction theory*).

Laland, K.N., Odling-Smee, J. e Feldman, M.W., *Niche construction, biological evolution, and cultural change*, in «Behavioral and Brain Sciences», vol. 23 (2000), pp. 131-75.

Kendal, J., Tehrani, J.J. e Odling-Smee, J., *Human niche construction in interdisciplinary focus*, in «Philosophical Transactions of the Royal Society B», vol. 366 (2011), pp. 785-92.

* O'Brien, M.J. e Laland, K.N., *Genes, culture, and agriculture. An example of human niche construction*, in «Current Anthropology», vol. 53 (2012), pp. 434-70.

* Odling-Smee, J.F., Laland, K.N. e Feldman, M.W., *Niche Construction. The Neglected Process in Evolution*, Princeton University Press, Princeton 2003.

d) I processi della domesticazione.

Dobney, K. e Larson, G., *Genetics and animal domestication: new windows on an elusive process*, in «Journal of Zoology», vol. 269 (2007), pp. 261-71.

* Smith, B.D., *Niche construction and the behavioral context of plant and animal domestication*, in «Evolutionary Anthropology», vol. 16 (2007), pp. 188-99.

Vigne, J.-D., *The origins of animal domestication and husbandry: a major change in the history of humanity and the biosphere*, in «Comptes Rendus Biologies», vol. 334 (2011), pp. 171-81.

* Zeder, M.A., *Central questions in the domestication of plants and animals*, in «Evolutionary Anthropology», vol. 15 (2006), pp.105-17.

e) La propagazione del Neolitico dalle aree d'origine.

Fuller, D.Q., *Pathways to Asian civilizations: tracing the origins and spread of rice and rice cultures*, in «Rice», vol. 4 (2011), pp. 78-92.

Richards, M., *The Neolithic invasion of Europe*, in «Annual Review of Anthropology», vol. 32 (2003), pp. 135-62.

* Rowley-Conwy, P., *Westward Ho! The spread of agriculturalism from central Europe to the Atlantic*, in «Current Anthropology», vol. 52 (2011), pp. 431-51.

* Zeder, M.A., *Domestication and early agriculture in the Mediterranean basin: origins, diffusion, and impact*, in «Proceedings of the National Academy of Sciences of the United States of America», vol. 105 (2008), pp. 11 597-604.

f) La rivoluzione dei prodotti secondari.

* Fall, P.L., Falconer, E. e Lines, L., *Agricultural intensification and the secondary products revolution along the Jordan rift*, in «Human Ecology», vol. 30 (2002), pp. 445-82.

Hodder, I., *Wheels of time: some aspects of entanglement theory and the secondary products revolution*, in «Journal of World Prehistory», vol. 24 (2011), pp. 175-87.

Marciniak, A., *The secondary products revolution: empirical evidence and its current zooarchaeological critique*, in «Journal of World Prehistory», vol. 24 (2011), pp. 117-30.

g) La diffusione della metallurgia.

* Amzallag, N., *From metallurgy to Bronze Age civilizations: the synthetic theory*, in «American Journal of Archaeology», vol. 113 (2009), pp. 497-519.

Linduff, K.M. e Mei, J., *Metallurgy in ancient Eastern Asia: retrospect and prospects*, in «Journal of World Prehistory», vol. 22 (2009), pp. 265-81.

De Ryck, I., Adriaens, A. e Adams, F., *An overview of Mesopotamian bronze metallurgy during the 3rd millennium BC*, in «Journal of Cultural Heritage», vol. 6 (2005), pp. 261-68.

VII. L'impronta rivelata.

a) I metodi della demografia preistorica.

Bocquet-Appel, J.-P. e altri, *Estimates of upper Palaeolithic meta-population size in Europe from archaeological data*, in «Journal of Archaeological Science», vol. 32 (2005), pp. 1656-68.

* Excoffier, L., *Reconstructing the demography of prehistoric human populations from molecular data*, in «Evolutionary Anthropology», vol. 11 (2002), suppl. n. 1, pp. 167-70.

* Riede, F., *Climate and demography in early prehistory: using calibrated ^{14}C dates as population proxies*, in «Human Biology», vol. 81 (2009), pp. 309-37.

b) La demografia nel Paleolitico e la transizione demografica del Neolitico.

* Bocquet-Appel, J.-P., *When the world's population took off: the springboard of the Neolithic demographic transition*, in «Science», vol. 333 (2011), pp. 560-61.

* Boone, J.L., *Subsistence strategies and early human population history: an evolutionary ecological perspective*, in «World Archaeology», vol. 34 (2002), pp. 6-25.

Gignoux, C.R., Henn, B.M. e Mountain, J.L., *Rapid, global demographic expansion after the origins of agriculture*, in «Proceedings of the National Academy of Sciences of the United States of America», vol. 108 (2011), pp. 6044-49.

Peros, M.C. e altri, *Prehistoric demography of North America inferred from radiocarbon data*, in «Journal of Archaeological Science», vol. 37 (2010), pp. 656-64.

* Shennan, S., *Evolutionary demography and the population history of the European early Neolithic*, in «Human Biology», vol. 81 (2009), pp. 339-55.

c) Il raccordo tra la demografia storica e preistorica.

Zimmermann, A., Hilpert, J. e Wendt, K.P., *Estimations of population density for selected periods between the Neolithic and AD 1800*, in «Human Biology», vol. 81 (2009), pp. 357-380.

d) Idee sul rapporto tra demografia e sviluppo culturale.

* Powell, A., Shennan, S. e Thomas, M.G., *Late Pleistocene demography and the appearance of modern human behaviour*, in «Science», vol. 324 (2009), pp. 1298-301.

Shennan, S., *Demography and cultural innovation: a model and its implications for the emergence of modern culture*, in «Cambridge Archaeological Journal», vol. 11 (2001), pp. 5-16.

e) Le foreste all'inizio dell'Olocene.

Allen, J.R.M. e altri, *Last glacial vegetation of northern Eurasia*, in «Quaternary Science Reviews», vol. 29 (2010), pp. 2604-18.

* Birks, H.J.B., *Mind the gap: how open were European primeval forests?*, in «Trends in Ecology and Evolution», vol. 20 (2005), pp. 154-56.

Dodson, J.R. e altri, *Vegetation and environment history for the past 14,000 yr BP from Dingnan, Jangxi Province, South China*, in «Journal of Integrative Plant Biology», vol. 48 (2006), pp. 1018-27.

f) I segni piú antichi della deforestazione.

Gnecco, C., *Against ecological reductionism: the late Pleistocene hunter-gatherers in the tropical forests of northern South America*, in «Quaternary International», vol. 109 (2003), pp. 13-21.

Piperno, D., *Quaternary environmental history and agricultural impact on vegetation in Central America*, in «Annals of the Missouri Botanical Garden», vol. 93 (2006), pp. 274-96.

Poska, A., Saarse, L. e Veski, S., *Reflections of pre- and early-agrarian human impact in the pollen diagrams of Estonia*, in «Palaeogeography, Palaeoclimatology, Palaeoecology», vol. 209 (2004), pp. 37-50.

Roberts, N., *Did prehistoric landscape management retard the post-glacial spread of woodland in Southwest Asia?*, in «Antiquity», vol. 76 (2002), pp. 1002-10.

* Turner, R. e altri, *Fire, climate and the origins of the agricolture: micro-charcoal records of biomass burning during the last glacial-interglacial transition in Southwest Asia*, in «Journal of Quaternary Science», vol. 25 (2010), pp. 371-86.

g) La deforestazione dalla preistoria alla storia.

Goldewijk, K.K. e altri, *The HYDE 3.1 spatially explicit database of human-induced global land-use change over the past 12,000 years*, in «Global Ecology and Biogeography», vol. 20 (2011), pp. 73-86.

Hjelle, K.L., *Human impact and landscape utilization from the Mesolithic to medieval time traced by high spatial resolution pollen analysis and numerical methods*, in «Journal of Archaeological Science», vol. 39 (2012), pp. 1368-79.

* Kaplan, J.O., Krumhardt, K.M. e Zimmermann, N., *The prehistoric and preindustrial deforestation of Europe*, in «Quaternary Science Reviews», vol. 28 (2009), pp. 3016-34.

Kleinen, T. e altri, *Comparison of modelled and reconstructed changes in forest cover through the past 8000 years: Eurasian perspective*, in «The Holocene», vol. 21 (2011), pp. 723-34.

* Williams, M., *Dark ages and dark areas: global deforestation in the deep past*, in «Journal of Historical Geography», vol. 26 (2000), pp. 28-46.

h) Il clima dell'Olocene e le dinamiche antropologiche.

* Berglund, B.E., *Human impact and climate changes - synchronous events and a causal link?*, in «Quaternary International», vol. 105 (2003), pp. 7-12.

Kuper, R. e Kröpelin, S., *Climate-controlled Holocene occupation in the Sahara: motor of Africa's evolution*, in «Science», vol. 313 (2006), pp. 803-7.

* Mayewsky, P.A. e altri, *Holocene climate variability*, in «Quaternary Research», vol. 62 (2004), pp. 243-55.

Jalut, G. e altri, *Holocene circum-Mediterranean vegetation changes: climate forcing and human impact*, in «Quaternary International», vol. 200 (2009), pp. 4-18.

Mercuri, A.M., Sadori, L. e Uzquiano Ollero, P., *Mediterranean and north-African cultural adaptations to mid-Holocene environmental and climatic changes*, in «The Holocene», vol. 21 (2011), pp. 189-206.

Roberts, N. e altri, *The mid-Holocene climatic transition in the Mediterranean: causes and consequences*, in «The Holocene», vol. 21 (2011), pp. 3-13.

i) Il paesaggio devastato, il paesaggio disegnato - il Mediterraneo.

* Blondel, J., *The design of Mediterranean landscapes: a millennial story of humans and ecological systems during the historic period*, in «Human Ecology», vol. 34 (2006), pp. 713-29.

Butzer, K.W., *Environmental history in the Mediterranean world: cross-disciplinary investigation of cause-and-effect for degradation and soil erosion*, in «Journal of Archaeological Science», vol. 32 (2005), pp. 1773-800.

j) Il costo ambientale della prima metallurgia.

Breitenlechner, E. e altri, *The impact of mining activities on the environment reflected by pollen, charcoal and geochemical analyses*, in «Journal of Archaeological Science», vol. 37 (2010), pp. 1458-67.

* Hunt, C.O., Gilbertson, D.D. e El-Rishi, H.A., *An 8000-year history of landscape, climate, and copper exploitation in the Middle East: the Wadi Faynan and the Wadi Dana National Reserve in Southern Jordan*, in «Journal of Archaeological Science», vol. 34 (2007), pp. 1306-38.

Li, X. e altri, *The impact of early smelting on the environment of Huoshiliang in Hexi Corridor, NW China, as recorded by fossil charcoal and chemical elements*, in «Palaeogeography, Palaeoclimatology, Palaeoecology», vol. 305 (2011), pp. 329-36.

k) L'alterazione precoce dell'atmosfera e le prime conseguenze climatiche.

Boyle, J.F. e altri, *Modelling prehistoric land use and carbon budgets: a critical review*, in «The Holocene», vol. 21 (2011), pp. 715-22.

* Doughty, C.E., Wolf, A. e Field, C.B., *Biophysical feedback between the Pleistocene megafauna extinction and climate: the first human-induced global warming?*, in «Geophysical Research Letters», vol. 37 (2010), L15703, 5 pp.

* Kaplan, J.O. e altri, *Holocene carbon emission as a result of anthropogenic land cover change*, in «The Holocene», vol. 21 (2011), pp. 775-91.

Olofsson, J. e Hickler, T., *Effects of human land-use on the global carbon cycle during the last 6,000 years*, in «Vegetation History and Archaeobotany», vol. 17 (2008), pp. 605-15.

* Ruddiman, W.F., Ellis, E.C., *Effect of per-capita land use changes on Holocene forest clearance and CO_2 emissions*, in «Quaternary Science Reviews», vol. 28 (2009), pp. 3011-15.

Salinger, M.J., *Agriculture's influence on climate during the Holocene*, in «Agricultural and Forest Meteorology», vol. 142 (2007), pp. 96-102.

l) Coltivazione del riso, allevamento del bestiame e modificazione precoce della concentrazione del metano.

Bousquet, P. e altri, *Contribution of anthropogenic and natural sources to atmospheric methane variability*, in «Nature», vol. 443 (2006), pp. 439-43.

Fuller, D.Q. e altri, *The contribution of rice agriculture and livestock pastoralism to prehistoric methane levels: an archaeological assessment*, in «The Holocene», vol. 21 (2011), pp. 743-59.

Li, X. e altri, *Increases of population and expansion of rice agriculture in Asia, and anthropogenic methane emissions since 5000 BP*, in «Quaternary International», vol. 202 (2009), pp. 41-50.

* Ruddiman, W.F. e altri, *Early rice farming and anomalous methane trends*, in «Quaternary Science Reviews», vol. 27 (2008), pp. 1291-95.

* Singarayer, J.S. e altri, *Late Holocene methane rise caused by orbitally controlled increase in tropical sources*, in «Nature», vol. 470 (2011), pp. 83-86.

m) Il dibattito sull'Antropocene.

* Crutzen, P.J. e Steffen, W., *How long have we been in the Anthropocene era?*, in «Climatic Change», vol. 61 (2003), pp. 251-57.

* Ellis, E.C., *Anthropogenic transformation of the terrestrial biosphere*, in «Philosophical Transactions of The Royal Society A», vol. 369 (2011), pp. 1010-35.

* Head, L., *Is the concept of human impacts past its use-by date?*, in «The Holocene», vol. 18 (2008), pp. 373-77.

* Messerli, B. e altri, *From nature-dominated to human-dominated environmental changes*, in «Quaternary Science Reviews», vol. 19 (2000), pp. 459-79.

* Ruddiman, W.F., *The anthropogenic greenhouse era began thousands of years ago*, in «Climatic Change», vol. 61 (2003), pp. 261-93.

* Steffen, W., Cruzen, P.J. e McNeill, J.R., *The Anthropocene era: are humans now overwhelming the great forces of nature?*, in «Ambio», vol. 36 (2006), pp. 614-21.

* Vitousek, P.M. e altri, *Human domination of Earth's ecosystems*, in «Science», vol. 277 (1997), pp. 494-99.

Il protagonista smemorato.

Frisch, M., *L'uomo nell'Olocene*, Einaudi, Torino (1981) 2012.

Le parole del processo

Luoghi, tempi, climi

Organismi, biologia, ecologia

Volti dell'uomo, culture, economie

Idee, metodi, teorie

Grandi investigatori

Stampato per conto della Casa editrice Einaudi
presso ELCOGRAF S.p.A. - Stabilimento di Cles (Tn)

C.L. 21593

Ristampa — Anno

1 2 3 4 5 6 — 2023 2024 2025 2026

Piccola Biblioteca Einaudi
Nuova serie

Filosofia

6. Jean-Jacques Wunenburger, *Filosofia delle immagini*
8. Pierre Hadot, *Plotino o la semplicità dello sguardo*
14. Franca D'Agostini, *Breve storia della filosofia nel Novecento*
30. Pascal Engel, *Filosofia e psicologia*
40. Bernard Williams, *La moralità*
55. Karl Löwith, *Da Hegel a Nietzsche*
67. Karl R. Popper, *Scienza e filosofia*
69. Anne Cheng, *Storia del pensiero cinese* (2 voll.)
77. Michael Dummett, *Origini della filosofia analitica*
78. Giorgio Agamben, *Infanzia e storia*
101. Massimo Mugnai, *Introduzione alla filosofia di Leibniz*
110. Fulvia de Luise e Giuseppe Farinetti, *Storia della felicità. Gli antichi e i moderni*
112. Chaïm Perelman e Lucie Olbrechts-Tyteca, *Trattato dell'argomentazione*
134. Giulio Schiavoni, *Walter Benjamin. Il figlio della felicità*
139. Gilles Deleuze, *Il bergsonismo e altri saggi*
144. Carlos Lévy, *Le filosofie ellenistiche*
154. Kurt Flasch, *Introduzione alla filosofia medievale*
173. Paolo Rossi, *Storia e filosofia*
176. Vincenzo Costa, Elio Franzini e Paolo Spinicci, *La fenomenologia*
177. *Storia della filosofia analitica*, a cura di Franca D'Agostini e Nicla Vassallo
187. Gilles Deleuze, *Nietzsche e la filosofia*
194. Camille Dumoulié, *Il desiderio*
209. Gilles Deleuze e Félix Guattari, *Che cos'è la filosofia?*
212. Jean Starobinsky, *Montesquieu*
214. Max Horkheimer, *Filosofia e teoria critica*
215. Maria Lorenza Chiesara, *Storia dello scetticismo greco*
222. Anthony Kenny, *Frege*
228. Max Weber, *Il metodo delle scienze storico-sociali*
229. Bertrand Russell, *La filosofia dell'atomismo logico*

235. Stefano Petrucciani, *Modelli di filosofia politica*
238. Mario Vegetti, *Quindici lezioni su Platone*
242. Nicla Vassallo, *Filosofie delle scienze*
248. Franco Farinelli, *Geografia*
253. Gilles Deleuze, *La piega*
258. Nigel Warburton, *La questione dell'arte*
262. Alain Badiou, *Deleuze. «Il clamore dell'essere»*
264. *La filosofia di fronte all'estremo*, a cura di Simona Forti
266. Karl Marx, *Manoscritti economico-filosofici del 1844*
267. Norberto Bobbio, *Thomas Hobbes*
271. Maria Bettetini, *Figure di verità*
273. Michel Foucault, *L'ordine del discorso*
281. Andrea Iacona, *L'argomentazione*
285. *Storia della filosofia nell'Islam medievale*, vol. I, a cura di Cristina D'Ancona
286. *Storia della filosofia nell'Islam medievale*, vol. II, a cura di Cristina D'Ancona
291. *La Scuola di Francoforte*, a cura di Enrico Donaggio
292. Pierluigi Donini e Franco Ferrari, *L'esercizio della ragione nel mondo classico*
297. Pierre Hadot, *Esercizi spirituali e filosofia antica*
298. Benjamin Constant, *La libertà degli antichi, paragonata a quella dei moderni*
305. Giorgio Agamben, *Homo sacer*
306. Ludwig Wittgenstein, *Causa ed effetto*
307. Roberto Esposito, *Communitas*
311. Thomas S. Kuhn, *La tensione essenziale*
323. Samir Okasha, *Il primo libro di filosofia della scienza*
326. John R. Searle, *La costruzione della realtà sociale*
332. David Hume, *Dialoghi sulla religione naturale*
333. Crispin Sartwell, *I sei nomi della bellezza*
339. Walter Benjamin, *Strada a senso unico*
342. Jean-Paul Sartre, *L'immaginario*
351. Walter Benjamin, *I «passages» di Parigi*
356. Hans-Georg Moeller, *La filosofia del Daodejing*
358. Baruch Spinoza, *Trattato teologico-politico*
359. Jürgen Habermas, *Morale, Diritto, Politica*
360. Peter Szondi, *La poetica di Hegel*
363. Theodor W. Adorno, *Terminologia filosofica*
366. Ludwig Wittgenstein, *Zettel*
367. Nigel Warburton, *Il primo libro di filosofia*
369. Italo Sciuto, *L'etica nel Medioevo*
371. *Il sapere greco*, vol. I
372. *Il sapere greco*, vol. II
373. Peter Kivy, *Filosofia della musica*

377. Georges Canguilhem, *Sulla medicina*
385. Giorgio Agamben, *Il linguaggio e la morte*
386. Georg Wilhelm Friedrich Hegel, *La fenomenologia dello spirito*
387. Pierre Hadot, *La filosofia come modo di vivere*
391. Jan Patočka, *Saggi eretici sulla filosofia della storia*
402. Platone, *Sofista*
404. Georg W. Bertram, *Arte. Un'introduzione filosofica*
405. John Stuart Mill e Harriet Taylor, *Sull'eguaglianza e l'emancipazione femminile*
429. Glenn W. Most, *Il dito nella piaga*
431. *Antologia del buddhismo giapponese*, a cura di Aldo Tollini
436. Thomas S. Kuhn, *La struttura delle rivoluzioni scientifiche*
438. Ludwig Wittgenstein, *Ricerche filosofiche*
442. Elisabeth Young-Bruehl, *Hannah Arendt: perché ci riguarda*
444. Steven Nadler, *Il migliore dei mondi possibili*
446. Norberto Bobbio, *Teoria generale della politica*
449. Alberto Voltolini e Clotilde Calabi, *I problemi dell'intenzionalità*
450. Vladimir Jankélévitch, *La morte*
452. Hannah Arendt, *Sulla rivoluzione*
453. Ludwig Wittgenstein, *Tractatus logico-philosophicus* e *Quaderni 1914-1916*
458. Steven Nadler, *Baruch Spinoza e l'Olanda del Seicento*
459. Hannah Arendt, *Le origini del totalitarismo*
462. Theodor W. Adorno, *Teoria estetica*
463. Andrea Tagliapietra, *Il dono del filosofo*
464. Friedrich Nietzsche, *La nascita della tragedia*
468. Hans Jonas, *Il principio responsabilità*
476. Franco Farinelli, *Crisi della ragione cartografica*
478. Gilles Deleuze, *Due regimi di folli e altri scritti*
487. Albert Newen, *Filosofia analitica*
489. Max Horkheimer e Theodor W. Adorno, *Dialettica dell'illuminismo*
490. Pierre Hadot, *Che cos'è la filosofia antica?*
491. Karl R. Popper, *Logica della scoperta scientifica*
495. Platone, *Menone*
499. Andrea Iacona, *L'argomentazione* (nuova edizione)
504. Roberto Esposito, *Pensiero vivente*
508. Hannah Arendt, *Responsabilità e giudizio*
519. Jürgen Habermas, *Il futuro della natura umana*
525. Jonathan Israel, *Una rivoluzione della mente*
526. Giorgio Agamben, *Stanze*
534. Immanuel Kant, *Critica del giudizio*
535. Vladimir Jankélévitch, *Il non-so-che e il quasi-niente*

561. Vladimir Jankélévitch e Béatrice Berlowitz, *Da qualche parte nell'incompiuto*
568. Hubert Dreyfus e Sean Dorrance Kelly, *Ogni cosa risplende*
570. John Rawls, *Liberalismo politico*
577. Sergio Givone, *Metafisica della peste*

Storia

5. Jean Flori, *Cavalieri e cavalleria nel Medioevo*
12. Marc Bloch, *La società feudale*
24. Eileen Power, *Vita nel Medioevo*
26. Jacques Le Goff, *La civiltà dell'Occidente medievale*
29. Giovanni Tabacco, *Le ideologie politiche del medioevo*
37. Edward H. Carr, *Sei lezioni sulla storia*
42. Christopher Tyerman, *L'invenzione delle crociate*
43. Moses I. Finley, *Gli antichi Greci*
45. David S. Landes, *Prometeo liberato*
47. Roland H. Bainton, *La Riforma protestante*
Storia moderna e contemporanea:
49. I. Adriano Prosperi, *Dalla Peste Nera alla guerra dei Trent'anni*
50. II. Adriano Prosperi e Paolo Viola, *Dalla Rivoluzione inglese alla Rivoluzione francese*
51. III. Paolo Viola, *L'Ottocento*
52. IV. Paolo Viola, *Il Novecento*
54. Giovanni Tabacco, *Egemonie sociali e strutture del potere nel medioevo italiano*
71. Carlo Ginzburg, *Miti emblemi spie*
73. Jacques Le Goff, *L'Italia nello specchio del Medioevo*
80. Edward Grant, *Le origini medievali della scienza moderna*
84. John Bossy, *L'Occidente cristiano. 1400-1700*
88. Jonathan Dewald, *La nobiltà europea in Età moderna*
95. Peter Brown, *Genesi della tarda antichità*
111. *Costituzione italiana*, a cura di Giangiulio Ambrosini
117. Adriano Prosperi, *Il Concilio di Trento: una introduzione storica*
121. Frances A. Yates, *Astrea*
123. Franco Venturi, *Utopia e riforma nell'illuminismo*
125. Lawrence Stone, *Le cause della rivoluzione inglese (1529-1642)*
138. Georges Duby, *L'Anno Mille*
142. Federico Chabod, *L'Italia contemporanea (1918-1948)*
143. Giorgio Vercellin, *Istituzioni del mondo musulmano*
145. Dimitri Gutas, *Pensiero greco e cultura araba*

146. Carlo Ginzburg, *I benandanti*
147. Jörg Jarnut, *Storia dei Longobardi*
157. Robert Fossier, *Il lavoro nel Medioevo*
162. Wolfgang Reinhardt, *Storia del colonialismo*
165. Manfred Heim, *Introduzione alla storia della Chiesa*
167. Eric J. Hobsbawm e Terence Ranger, *L'invenzione della tradizione*
169. Frances A. Yates, *Cabbala e occultismo nell'età elisabettiana*
170. Manfred Clauss, *Introduzione alla storia antica*
172. Francesco Barbagallo, *La modernità squilibrata del Mezzogiorno d'Italia*
174. Johan Huizinga, *Homo ludens*
178. Silvia Ronchey, *Lo Stato bizantino*
179. Eric J. Hobsbawm, *I banditi*
180. Eric J. Hobsbawm, *I ribelli*
199. Johan Huizinga, *Erasmo*
202. Eric J. Hobsbawn, *I rivoluzionari*
204. Eric J. Hobsbawn, *Nazioni e nazionalismi dal 1780*
210. Léon Poliakov, *Il nazismo e lo sterminio degli ebrei*
216. Franco De Felice, *L'Italia repubblicana*
217. Donna R. Gabaccia, *Emigranti*
219. Marcello Carmagnani, *L'altro Occidente*
220. François-Louis Ganshof, *Che cos'è il feudalesimo?*
231. Jaime Vicens Vives, *Profilo della storia di Spagna*
233. Merry E. Wiesner, *Le donne nell'Europa moderna*
241. Tiziano Mannoni e Enrico Giannichedda, *Archeologia della produzione*
244. Ludo Milis, *Monaci e popolo nell'Europa medievale*
246. Adriana Castagnoli e Emanuela Scarpellini, *Storia degli imprenditori italiani*
247. Gian Carlo Ferretti, *Storia dell'editoria letteraria in Italia. 1945-2003*
251. Claudio Lo Jacono, *Storia del mondo islamico*, I. *Il Vicino Oriente*
252. Michele Bernardini, *Storia del mondo islamico*, II. *Il mondo iranico e turco*
261. *Storia della letteratura polacca*, a cura di Luigi Marinelli
263. Santo Peli, *La Resistenza in Italia*
270. Paolo Viola, *L'Europa moderna. Storia di un'identità*
279. Christopher R. Browning, *Uomini comuni*
293. Peter Brown, *Agostino d'Ippona*
316. Francis Conte, *Gli Slavi*
318. Valerio Castronovo, *Storia economica d'Italia*
327. Fernand Braudel, *Civiltà materiale, economia e capitalismo*
341. Paul Ginsborg, *Storia d'Italia dal dopoguerra a oggi*
345. Paul Ginsborg, *L'Italia del tempo presente*
348. Jacques Le Goff, *San Luigi*
352. Jean-Pierre Vernant, *Mito e società nell'antica Grecia*

357. James L. Gelvin, *Il conflitto israelo-palestinese*
365. David Cook, *Storia del jihad*
384. Guido Samarani, *La Cina del Novecento*
389. Orlando Figes, *La danza di Nataša*
390. Carlo Ginzburg, *Storia notturna*
406. Maxime Rodinson, *Maometto*
408. Antonella Tarpino, *Geografie della memoria*
410. Johan Huizinga, *La civiltà olandese del Seicento*
418. Karl Brandi, *Carlo V*
419. Piero Gobetti, *La Rivoluzione Liberale*
433. Christopher A. Bayly, *La nascita del mondo moderno*
454. Delio Cantimori, *Eretici italiani del Cinquecento*
460. Marc Bloch, *Apologia della storia o Mestiere di storico*
461. James L. Gelvin, *Storia del Medio Oriente moderno*
465. Carlo Ginzburg, *Il formaggio e i vermi*
467. Renato Bordone e Giuseppe Sergi, *Dieci secoli di medioevo*
471. Peter Wende, *L'Impero britannico*
472. Adriano Prosperi, *Tribunali della coscienza*
488. Georges Duby, *La domenica di Bouvines. 27 luglio 1214*
493. Fernand Braudel, *Civiltà e imperi del Mediterraneo nell'età di Filippo II* (2 voll.)
494. Andrea Carandini, *Storie dalla terra. Manuale di scavo archeologico*
502. Peter Brown, *Il corpo e la società*
505. Charles Freeman, *Il cristianesimo primitivo*
514. Chaim Cohn, *Processo e morte di Gesù. Un punto di vista ebraico*
516. Donald Bloxham, *Lo sterminio degli ebrei. Un genocidio*
531. Louis Godart, *L'invenzione della scrittura*
532. Alberto M. Banti, *La nazione del Risorgimento*
541. Elise K. Tipton, *Il Giappone moderno*
544. *Dizionario dell'Occidente medievale*, a cura di Jacques Le Goff e Jean-Claude Schmitt (2 voll.)
547. Paolo Sarpi, *Istoria del Concilio Tridentino* (2 voll.)
562. Felix Gilbert, *Machiavelli e Guicciardini*
564. Charles Freeman, *Sacre reliquie*
569. Massimo Bucciantini, Michele Camerota, Franco Giudice, *Il telescopio di Galileo*
575. Ernst H. Kantorowicz, *I due corpi del re*
580. Jan-Werner Müller, *L'enigma democrazia*
582. Hughes, *Pietro il grande*
590. Bainton, *Martin Lutero*

Scienza

4. Robert Kandel, *L'incertezza del clima*
9. Pascal Duris e Gabriel Gohau, *Storia della biologia*
19. Ilya Prigogine e Isabelle Stengers, *La nuova alleanza*
22. J. Douglas Macdougall, *Storia della Terra*
48. Piergiorgio Odifreddi, *La matematica del Novecento*
63. Thomas S. Kuhn, *La rivoluzione copernicana*
76. Alexandre Koyré, *Dal mondo del pressappoco all'universo della precisione*
218. Steven Shapin, *La rivoluzione scientifica*
277. Timothy Gowers, *Matematica. Un'introduzione*
289. Giulio Barsanti, *Una lunga pazienza cieca*
314. Franco Carlini, *Lo stile del Web*
381. Saskia Sassen, *Una sociologia della globalizzazione*
509. Karl Polanyi, *La grande trasformazione*
591. Guido Chelazzi, *L'impronta originale. Storia naturale della colpa ecologica*

Scienze religiose e antropologiche

3. Maurice Sachot, *Genesi del cristianesimo*
124. Gershom Scholem, *La Kabbalah e il suo simbolismo*
195. Jan Assmann, *La morte come tema culturale*
196. Peter Brown, *Il culto dei santi*
275. Giovanni Filoramo, *Che cos'è la religione*
338. Guy G. Stroumsa, *La fine del sacrificio*
340. Gavin Flood, *L'induismo*
361. *Passioni d'Oriente*, a cura di Giuliano Boccali e Raffaele Torella
407. Martin Lutero, *Degli ebrei e delle loro menzogne*
434. *Dizionario di antropologia e etnologia*, a cura di Pierre Bonte e Michel Izard. Edizione italiana a cura di Marco Aime
457. Giovanni Filoramo, *Il sacro e il potere. Il caso cristiano*
496. Damien Keown, *Buddhismo*